U0069982

www.sweethometw.com

www.sweethometw.com

天花板設計聖經

Plafond Design Ideas

風和文創編輯部 著

目錄 Contents

CH1

天花板設計前的基礎課×48守則

建築物的結構是經過建築師縝密的計算，

但是居住者的家庭型態不同或是喜好不同，

就會造成室內的空間區隔更改，

「樑」–這個東方人很在乎的結構就會出現眼前，

當兩者產生的視覺壓迫或面積不協調時，

最優且入手最快的處理方法就是，透過天花板的設計修飾，

馬上解決建築困擾，達到視覺平衡、放大空間比例的優點。

而作為專業設計人士來說，

天花板更是展現天才創意、帶領消費者進入另一個世界的極致工法。

資料來源：李果樺設計師、林文隆設計師、林良穗設計師

圖片協助：許寶聰設計師

〈圖片提供：水相設計〉

天花板對空間的任務

Design Style Special Report Desig

□想要房子看起來更高？

一定要進行天花板工程，透過高低差的比例，來改變房間尺寸的視覺感。

□想要二手房看起來像全新屋？

天花板可以修飾建築物不平整的細節，給內部進行醫美級的回春，即使其他家具都買現成，也能有像豪宅。

□想要更有氣氛的世界？

天花板造型可以將人的心情帶到另一個世界，享受曲線或律動的氣氛；或是結合照明讓住家更有味道。

就算只有一點經費，做出天花板漂亮又實用的區塊，絕對讓房子變更美。

1.協助室內空間達成「實質修飾」＋「抽象視覺」的雙重功能

天花板公認是「決定室內空間尺寸」和「使用目的」時，相當重要的技術。同時具有實質與抽象變化兩種層面：實質的功能是提供系統性整合空間機能和設備，在抽象運用上，以「視覺感受」的方式提供協助角色，不只高度與照明運用更多元，當有天花板造型時，無形中對下方地面的物件，提供心理上的保護感受。

2.天花板造型任務一：區分空間

人們需要明確且固定性的功能定位，產生生活需要的安定秩序性，這種秩序性是室內設計隔間的進化。（編者按：在17世紀之前，室內空間是沒有明確功能定義的，人們會在同一個房間中吃飯，夜晚直接在此睡覺，一個房間擠上7或8人是很常見的情況。）

而天花板的區塊性，提供了開放式空間有區分的功能。

3.天花板造型任務二：修整建築樑的位置

集合式建築是將生活需求的最大公約數進行統一化，只是因應人類生活文化不同或個人需求調整後，空間比例可能被改變，樑或柱因此會顯露出來，天花板也就是設計者可以採用、來處理結構樑的手法。

4.天花板造型任務三：整合生活設備

科技進步後，人類為了更良好的室內生活而發明愈來愈多的設備，從電線、空調、高樓層的消防設備，近年來高級住宅也將水路走在天花板（吊管），讓天花板的「負擔」愈來愈重，對於各種管線佔用的高度，建議設計者時首先盡量靠近樑來進行安排，或是人們通過但不停留的地區，也比較不會佔用室內淨高度。

區分且定義各空間的功能

天花板與地坪在區分不同空間上有異曲同工之處，可以採取平整一致性的手法，表現流暢開闊的空間感；也可以利用高低、異材質和造型變化，暗示不同空間的功能與屬性。更可以配合空間的動線行進，加上天花板燈光的明與暗、強與柔，使空間更有豐富的層次。

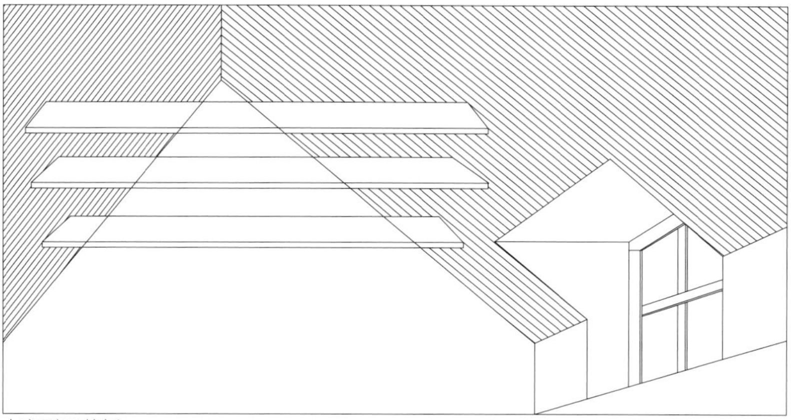

人字形天花板

5.常用天花修飾的方式

當隔間牆位置剛好在樑下時，樑的問題自然就被化解了，但遇到樑的位置尷尬且無法避開，就需要利用天花板來修飾，最基本有三種觀念：

①低天花板：直接在遇樑處降低天花板，利用天花板高低落差，順勢區分不同空間功能。

②假樑：新增假樑做視覺修正，營造出與真樑對稱的美感。

③斜天花：順應樑位的高低錯落，拉出斜屋頂的意象，找回人們對斜屋頂房子的共同記憶。此種作法不一定只能用在挑高住宅，事實上集合住宅也可以採取此種方法，順勢模糊樑的位置。（詳見 CH2 模糊界線）

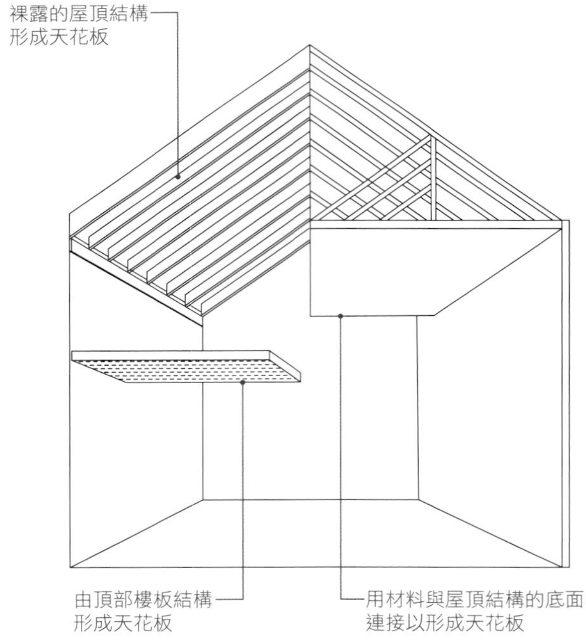
裸露的屋頂結構
形成天花板
由頂部樓板結構
形成天花板
用材料與屋頂結構的底面
連接以形成天花板

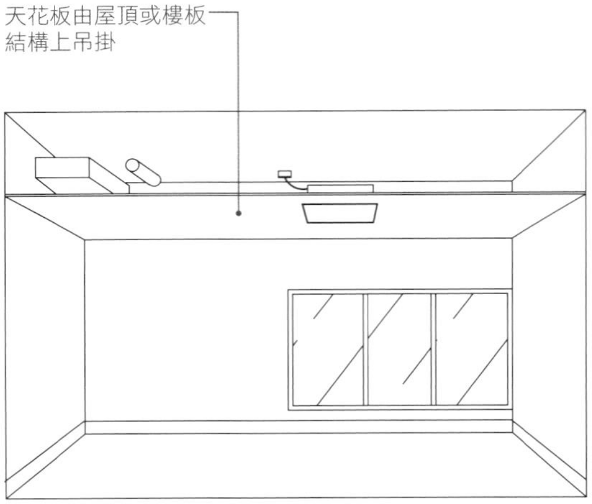
天花板由屋頂或樓板
結構上吊掛

天花板的形成

依序安排整合生活設備

天花板整合所有設備，但在設計前必須嚴格遵守以下順序來思考：

6.進行細節要事先確認，避免損失

天花板要整合的工種與廠商數量很多，事前細節必須完全確定，否則容易造成建材與人工損失。天花板規劃雖然是在平面配置完成後才進行的，在工程上卻是最先開始進行的，因為，木工是由上而下作業的。管線最多，要配合空調、水電、消防、換氣，工種最多，如果默契不好，就會發生挖錯洞、施工失誤造成建材損失的問題。

7.安全的消防工程

①灑水頭的位置與半徑都有國家法律嚴格規定，不能任意移位或廢除，但可以配合天花造型往下移，天花板的區域安排必須順應消防管線區域，造型也不能影響灑水功能所涵蓋的半徑，可更改的幅度經中央主管機關認可者，其水平距離，得超過二點六公尺。

②設計大型公共空間時，緊急排煙設備的風管路線最重要、體積也最大，更會因為室內坪數大小而有不同的規格，本項目需配合消防專業公司，計算正確的通風導管斷面。

8.空氣的進出設計

空調設備，使用主流為壁掛式與吊隱式：

①壁掛式只須預留冷媒銅管的空間，出風與回風是在同一機件上，因此機件前方必須留意天花板造型，不要影響迴風，以免冷房力不足；如果不得已必須以造型藏住，要加大空調設備的噸數。吊隱式空調則需要預留整個機件深度與維修口，會佔用比較多的高度，送風分為下吹式與側吹式兩種，必須安排在人不會停留的地方，例如走道、電視機前方等。吊隱式也有回風的問題，通常是安排在送風機回風處附近。

②空氣交換機、除濕機、空氣清淨機、吊扇、電風扇等，尤其大型商空必須有新鮮空氣送風裝置。

③廚房與浴室的抽風風管最好不要從樑下通過，因為風管擠壓變形會影響抽風的功能，考慮天花就必須局部下降。

9.燈光設備與視聽設備

①依功能分基礎照明、氣氛照明（間接照明）、閱讀照明與工作照明（餐桌與廚房），商業空間還必須有緊急照明與指示照明。

②視聽設備：升降投影機、升降螢幕、喇叭。

天花板設計分類：骨架＋面材

天花板造型是以「面材」+「骨架」構成，造型名稱有很多種，最簡單的方式是以施工骨架方式來分類，設計者也可以以此為基礎，容易變化出種種創意：

10.骨架-明架式

指的是看得到骨架，例如輕鋼架天花、流明式天花，骨架本身是外型的一部分。(流明天花板：將天花板的板材改為可透光的玻璃或塑膠材質，讓光源可以從天花板透下來。)

11.骨架-暗架式

是指看不到骨架，例如平頂式的天花，或造型式天花，看不到支撐用的角材骨架。

12.骨架-外露式

是指即使有天花板造型，仍能看到建築頂部，格柵天花就是其中一種。

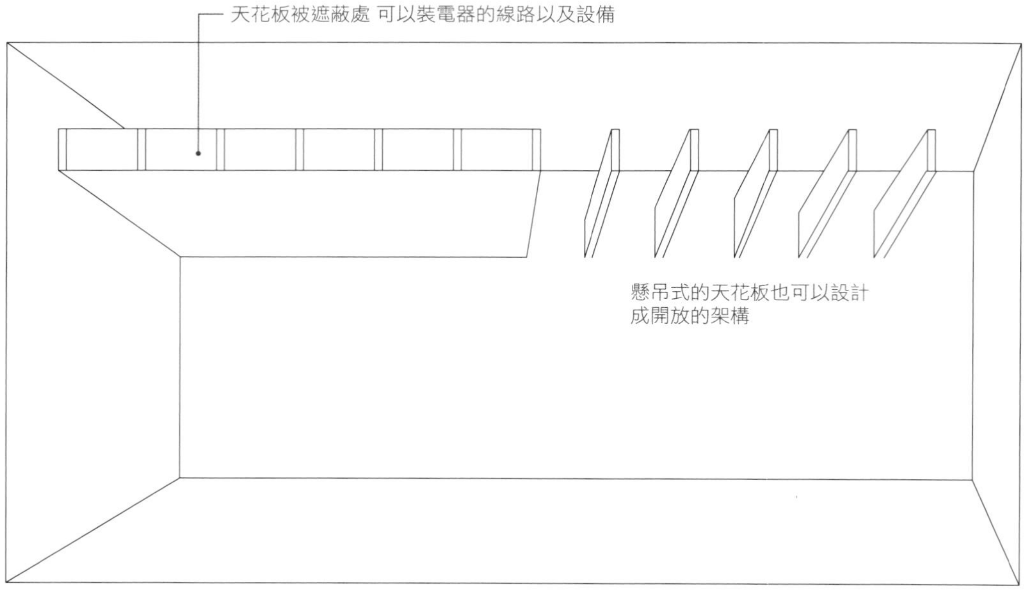
天花板被遮蔽處 可以裝電器的線路以及設備
懸吊式的天花板也可以設計成開放的架構

13.外型-平式

最常見的住宅天花，通常是以安排照明與空調為主，通常空間的樑剛好位在四周。

14.外型-模糊式

模糊式是近幾年開始出現的設計之一，主要在設計師不希望空間被太清楚區分，或是長型空間中，樑處在不理想的位置，將天花以「片狀」的方式曲折過去。

15.外型-人字形、單面斜頂與金字塔形天花

人字形天花板使空間伸展至屋脊線，因為雙斜線條會使人注意力集中到屋脊的高度或長度；金字塔形的天花板則是直接將人的視線引到頂端，視線則可從焦點部分天窗，透出陽光延伸出去。

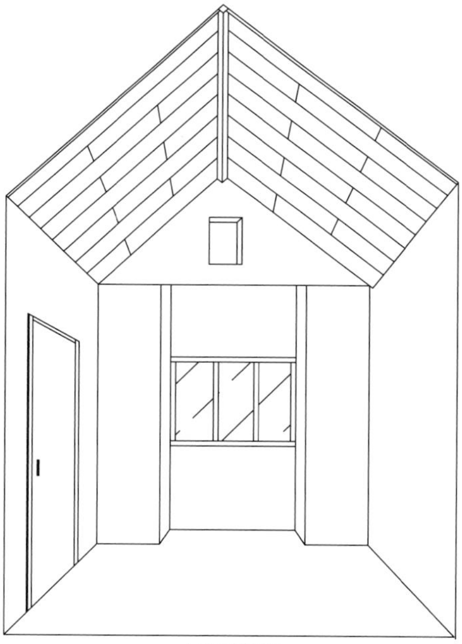
人字形雙斜

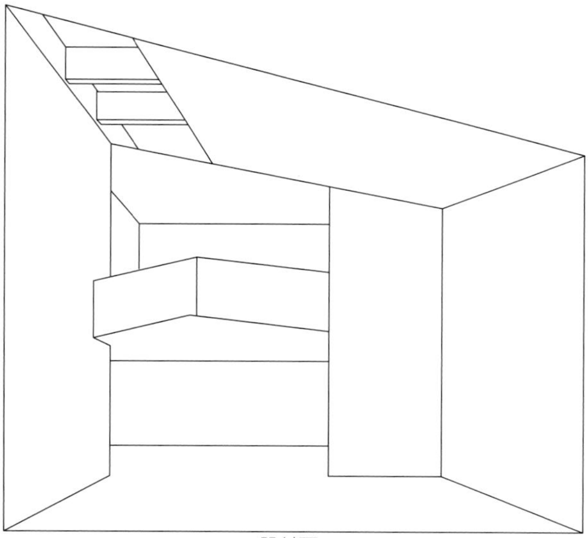
單斜面

16.外型 - 圓拱形天花

圓拱形天花的圓滑曲線與牆面的接縫處融合，成為整體塑造的結構性。弧形尺寸會使人的視線沿弧形往上延伸，最後聚焦於圓頂處，然後往下，所以圓拱具有向下聚攏的無形力量。運用時要注意平面面積與真實空間高度，建議250公分以下的空間盡量不要用，以免形成反效果。

17.開放空間的天花板造型也要有「主從」之分

在公共空間常常會碰到客、餐廳，廚房與走道連接在一起，天花板塊要區分哪區是主角、哪區是配角，設計上分出輕重層次，選定區域是主角或配角，空間反而整齊；否則即使是全部白色，都可能變成混亂無重心，加上照明的挖洞，更顯凌亂。最簡單的排序就是，在本空間中，哪個地方的生活最重要？就是本區的重心。

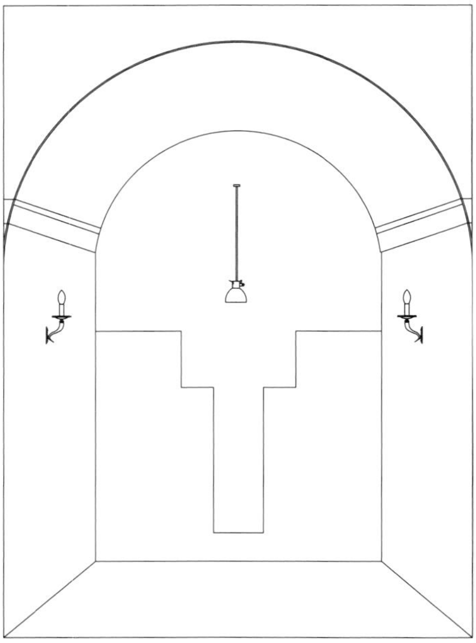

拱形天花板(1)

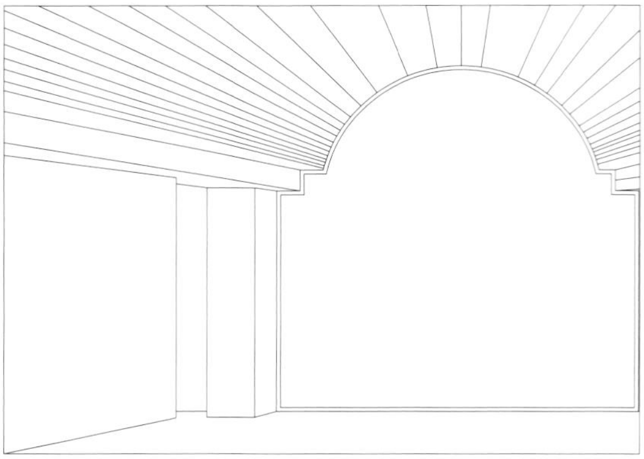

拱形天花板(2)

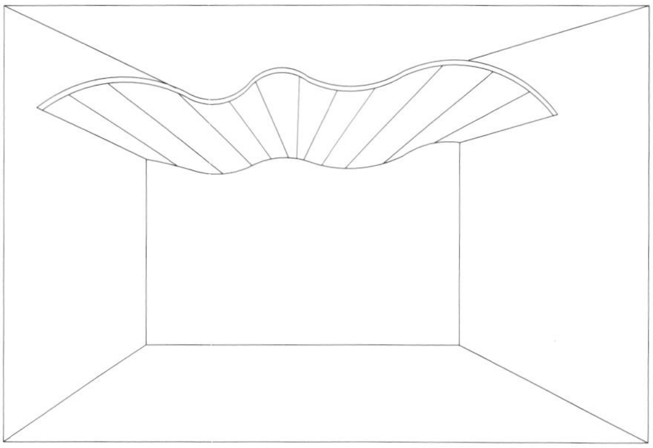

木頭或金屬板條

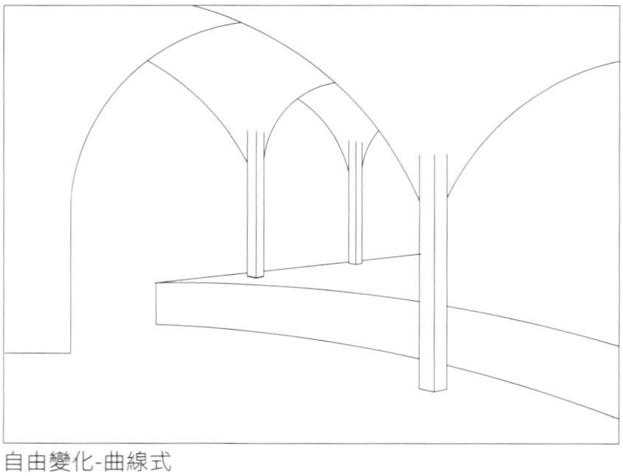

自由變化-曲線式

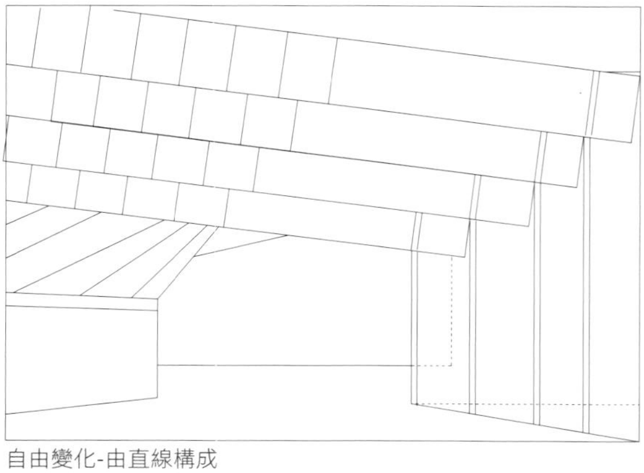

自由變化-由直線構成

與平面配置的重要關係：「上下對應」、「水平對應」

天花板設計在界定空間的區域，基本上就是「對應法」，對應又分三種情況運用：

18.天地上下對應

上下對應有時是要涵蓋整個空間，顯示整區都是客廳或餐廳，有時是局部對應，例如電視櫃、餐桌中心點等，通常會運用不同的建材或是比較強烈的造型來強調。（詳見 CH2）

19.橫向水平對應

空間與空間之間對應：會發生在客廳與餐廳之間，或是客廳與走道、餐廳與廚房之間，一般而言，設計師會選擇天空軸線可以拉齊的方式，也就是比較對稱的作法。（詳見 CH2）

20.家具配置對應

但有時因為大門或管道間不能移動，造成不能選擇天空軸線對齊，就只能改成用家具對齊的軸線來安排空間，這時的天花造型就會選擇非對稱的作法。

高度心理學，「高」或「低」各有意義

天花板的不同高度，對人的心理產生兩種意義，一種是放大、寬敞的感覺，一種是有安全感的下降包覆。原則上來說，可以採取「低天花配小空間，高空間配高天花」的基本觀念。

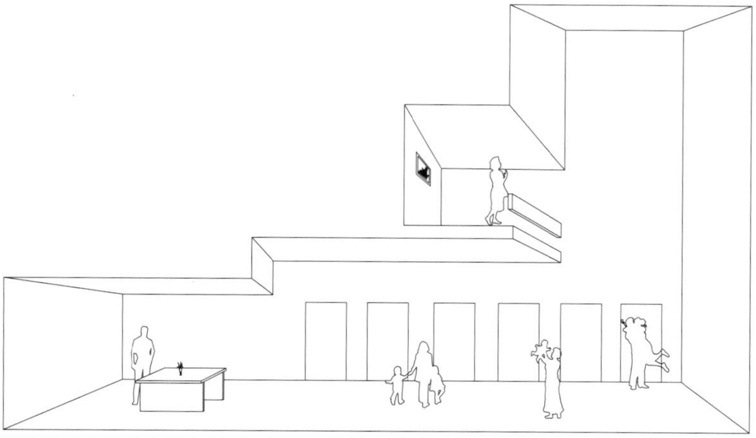

較高的天花板使空間有開闊、通風、巍然之感，同時更有莊嚴肅穆的氣象。尤其是四平八穩的格局，低矮的天花板強調了它的隱蔽保護的姿態 具有溫暖舒適的感覺。改變空間裡的天花板高度，或是相鄰的兩個空間，用不同高度的天花板來界定兩個空間的範圍，兩邊用高低相反的天花板來強調差別。

21.高度通則：250公分-240公分

對居住者來說，當然盡可能愈高愈好，扣除必要設備所需的深度之外，最好不要低於 250 公分，因為 250 公分以下就容易產生壓迫感，萬不得已僅可規劃為人不會停留的地方。

22.產生安全感的高度：210-220公分

這種設計通常是有「包覆」、「區塊集中」的感受，例如小孩遊戲區、餐廳(位在動線通道上時)、閱讀區都可能採用這種設計，建議 220 公分已經是最低限度，或者是，把手往上伸時，不能碰到天花板是關鍵法則。

23.不是「高」就絕對好

很多人以為天花愈高愈好，就能創造空間寬敞的效果，這並非絕對性，建築界曾經投入研究顯示，挑高的空間使人產生宏偉、正式的感覺，但如果設計過了頭，相對也會變成令人嚴肅緊張、失去親密安全感的場所，有時還會令人產生鬱悶的情緒。

而造成挑高空間不同影響的就是光源設計，因為一整天的光源變化會影響到居住者的心情，所以設計時的重點在於徹底了解使用者的心理、想法會如何轉變，同時要熟知光線在一整天中的變化，以及引光或反射光的，中間介質設計，所產生更多、超過想像的光影變化，天花板的造型設計變因應而產生不同做法。

24.高度與寬度對比，決定空間大小

天花板的高度與房間尺度(寬度)的關係，都是「兩者對比」造成的結果。也就是說，會「影響」整個空間尺寸的「大小」感受，除了規範的基本尺寸，事實上是與房間水平尺寸共同造成影響的結果，並不是市場上一昧的說，「不做天花板保持房子高度」的偏見。

25.過高的天花板會使房間突然變成「狹窄感」

高的天花板會由於對比性，使空間的視覺寬度縮小，也就是當高度與寬度的比例不對，例如過高的高度搭配過窄的面積，房子反而會顯得窄小，尤其是所謂挑高小夾層普遍都有這種現象。

26.高度與用途也有關係

好的設計者應掌握天花板的「正常」高度，與房間的水平尺寸及房間的用途成比例：例如會議室與餐廳，主要用途是集中注意力，矮一點比較好；或是空間寬度不大，天花的高度略微下降一些，反而會使空間感覺比較大。

27.善用天花板與牆面銜接變化，產生拉高與壓低不同目的

如果需要天花板稍微降低，可以擴大天花板裝修的範圍(或材質)，往下延伸至牆面上半部，就能以視覺減少牆面高度。如果想再升高天花板，可以把牆面裝修範圍(或

材質）拉成圓角，上升至天花板區，就能增加天花板的視覺高度。

28.空間容積變大更耗電

「挑高空間＝空間容積大」，因此空調的消耗非常可觀。因此目前流行所謂不做天花板的工業風，美其名是節省天花板的工程費，但未來在夏天降低溫度、冬天要開暖氣時，將耗費更多能源。所以，天花板的設計要因地制宜，在費用、維修和美感上多方評估。

29.「大或小」引導人們的精神變化

高度的確會影響人們對空間感的感受，挑高的大空間使人放鬆，但也可以說是精神渙散；降低天花板的設計會使空間變小一點，而小空間使人親密、容易集中注意力，所以書房或臥室小一點並不是件壞事。

30.挑高+斜屋頂運用

有些設計者發現建築物淨高比較理想時，會安排斜的天花設計或是挑高斜屋頂，還要搭配照明光源的引導，使視線順利「上升」到屋脊或「下降」到屋簷。

31. 挑高+斜屋頂注意事項

①避免陰暗面出現視覺死角：在尖頂區最好開設天窗，或是特殊照明。

②較低處的天花板與人的平視的視線高度區，運用人造光源設計出靜謐的氣氛。

③低點：斜線的最低處可以落在 240 公分處；最高處：與最高點的關係，千萬不可太高、不可太斜。

④絕對要在挑高的最高處設計「開口式天花」，將人的視線引導至室外的天空，如果在執行上有客觀的困難，就運用人造光源來補強，延伸視線的功能。

32.圓拱或圓弧

很多人以為圓拱或圓弧是挑高的效果，事實上，圓拱往中心集中具有明顯的「聚攏」效果，若想運用圓頂天花造型學古典建築的挑高效果，有幾個基本知識要注意：

①當面積太窄，保留挑高就有難度：圓弧挑高只適用在「胖」一點的矩形天花板範圍，當空間體積屬於「窄」的長方形，就要避免使用此造型，或是先降低天花的高度，重塑空間體積的比例。

②除非直徑或深度超過一定的垮距，反而會適得其反，一般住家要特別留意使用此種方式。

33.雙層樓的挑高天花設計

遇到上下兩層的空間規劃，配合樓梯設計區域，可以運用局部樓地板開口，形成挑高天花的設計，讓空間更有戲劇張力。若房子是在頂樓，在條件允許下可以考慮天花樓板開一天窗，引進天光進到屋內。

34.垂墜造型天花設計

牆面的上端與天花相銜接的地方，在垂直面處為它繞一圈寬飾板吧！會有意想不到的好效果。當然你也可以在吧台上這樣做，垂板變成垂吊造型。

35.延伸牆面的天花設計

打破牆壁與天花壁壘分明的風格，適時將牆面造型向上延伸到天花板，放手雕塑空間讓它成為一件藝術品。

色彩與建材的搭配

36.天花板的選色原則與受光程度有關

在自然光的條件下，以受光度而言，地板最亮、牆壁次之、天花板最暗，由此可知，因天花板比牆面受光少，壁面選色最簡單的方式是：比牆面淺一號的色彩，就具有膨脹效果。

如果天花板比較低，淨高大約是240公分，天花要使用淺色；如果天花板高過250公分以上，可以選擇與牆面相同的色，但絕對避免「亮色」，因為一旦施工的細節處理不好，反而是明顯的瑕疵。

37.建材運用最基本的觀念：兩種交替

如果有高低天花同時出現時，高處採用木料時，低處最好採用塗裝；若低處採用木料時，高處就採取塗裝法。也就是兩者相互使用，有層次的搭配設計時，風格也會比較強烈。

照明

38. 大型反射裝置

天花板的高度與表面材質是可以左右空間的亮度，嵌在天花板造型的燈，可以靠反射與折射得到和直接照明(垂掛燈具)差不多的照明效果，卻能得到更多燈光的光與影的表現，尤其是淺而柔和的色彩可以成為有效的光源反射體，當光線由旁邊或下面照射到天花板時，本身就成為大片柔和的「照明裝置」。這就是不做天花板達不到的細緻柔和效果。

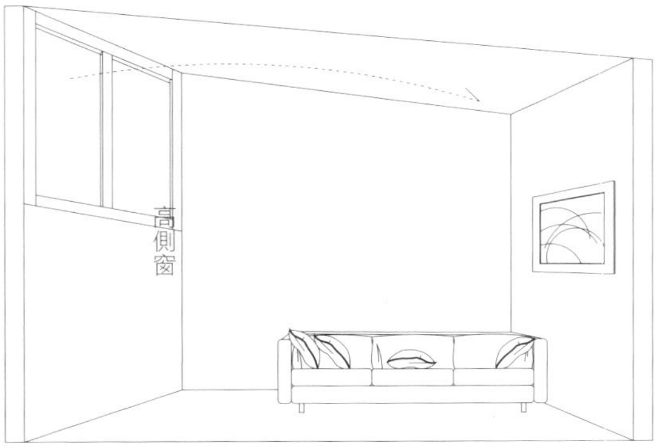

整個天花板本身就成為照明光源

39.照度：燈光可以製造明暗與距離感

不同的照度可以創造距離感是很多設計師知道的，例如在庭園走道燈光的安排就是運用此「水平可以拉長」原則，同樣的道理改在垂直運用也有同樣的效果。

當運用在天花時，在走道設計出一盞一盞燈的天花板造型時（尤其是隔柵造型），也是利用光源和光源之間的陰暗面，讓天花顯得更深邃。天花板常見的各種間照，就是製造出地板與天花板之間或是樓板與天花板頂之間的距離感。

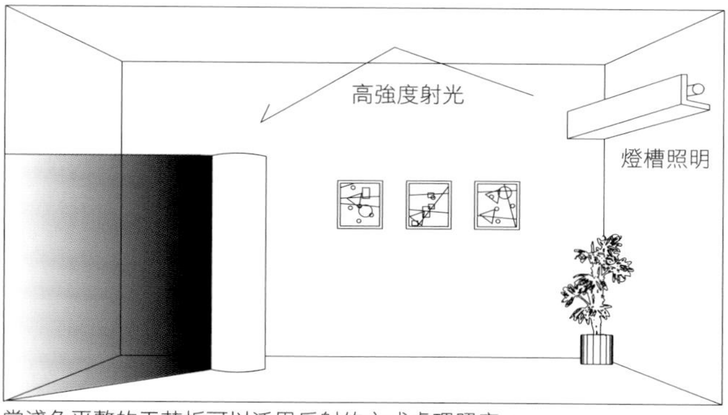

當淺色平整的天花板可以活用反射的方式處理照度。

40.間接照明的美好距離一：洗牆光

以「光」表現目的，來決定天花板與牆壁的正確距離，「洗牆」指的是光只從天花板縫沿牆壁流瀉而下，也就是區塊平頂天花周圍藏燈，此種天花本身與牆的距離大約保留10～15公分，不可超過。

41.間接照明的美好距離二：光帶

光帶就有照明的功能，離牆距離可以在20公分以上，這時要非常注意間照的區段與光帶，隱藏在天花板造型內的連接燈或日光燈，須重疊5公分以上，避免斷光。就失去設計者希望達到的視覺延伸感。如果是設計格柵，各個隔柵之間，維持在25公分內，不要太開。

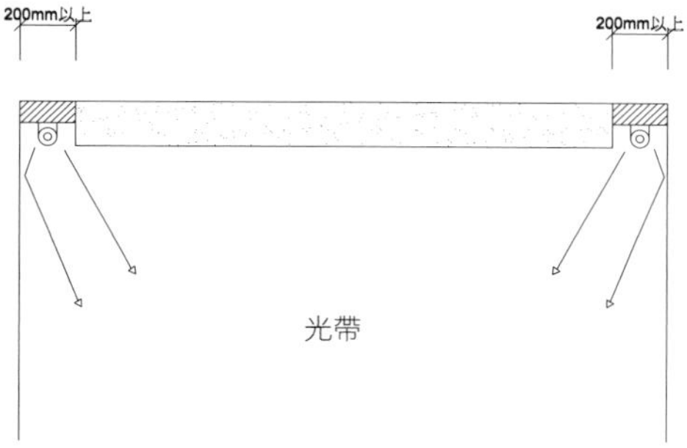

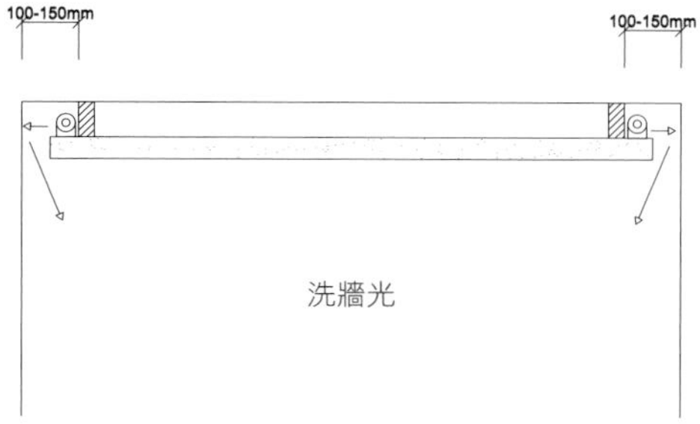

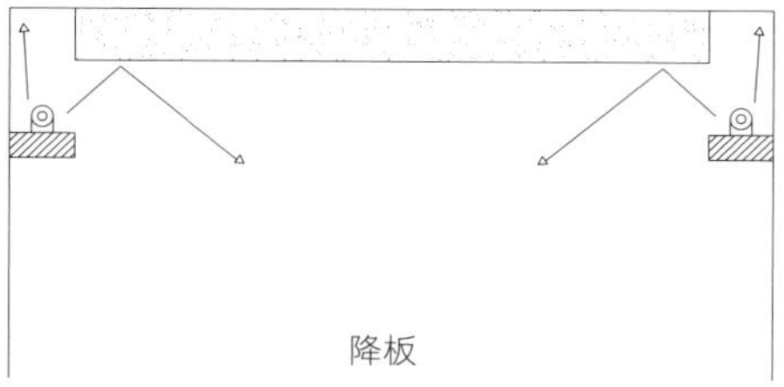

42.間照的美好距離三：降板

降板則是強調空間中央重心的手法，燈光設計在四周時，不只有往下照明的功能，也有從降板反射下來的較柔和的光，光線的反射面不可距離燈太近或太遠，白色為佳。如離縫開設距離不當，會變成硬生生的一片的天花板壓在頭上，反而造成視覺上沉重壓頂的感覺。

天花板與聲音反射

43. 天花板的吸音功能

天花板表面材質與形狀對室內聲音有極大的影響，所以大部分不做天花板的工業風格的空間，都比較吵雜或有回音，對於聽覺敏感、睡眠品質不佳的人來說，住進去後才發現就很難補救了。

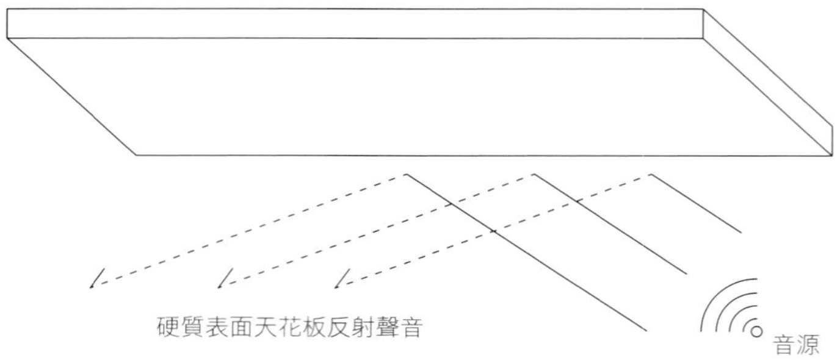

硬質表面天花板反射聲音

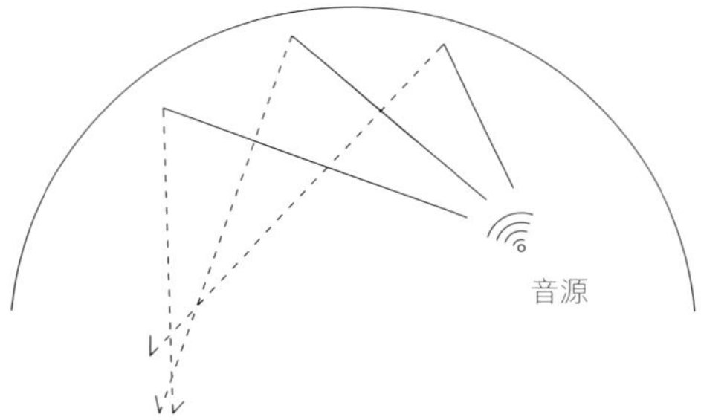

穹窿以及拱頂產生焦點並強化顫音

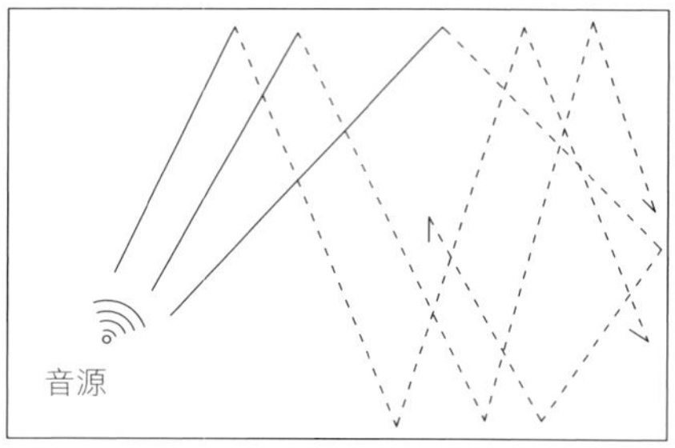

平行的兩個硬面能產生重複的回聲顫音

44.各式天花板對聲音的反射結果

平式天花板比較會反射聲音，但因為住家空間中還有其他布料、設備等可以吸音，所以還可以接受；凹形與拱形的天花的屋頂反射聲音的現象是回音和飄盪的拍打聲，因此在圓弧表面改為多層次，就可以減緩此問題。格柵則是有良好反射聲音的效果。

施工重點--吊筋角料

45.角料數量

以30坪的住家的客廳來說，至少需要30～45隻角料，才是安全的承重施工。

46.吊燈的天花板承重

主燈處如吸頂燈或小吊燈，固定處需要角料特別加強，大型吊燈的固定處，須直接鎖在建築結構的樓板樑上。。

47.進行前的測量工作

請注意施工人員是否確實丈量每一根樑的大小尺寸與位置，並應該註明樑下淨高尺寸有多少。

48.各設備需要的深度

	灑水頭	排煙設備	壁掛式	吊隱式	全熱交換機	空氣清淨機
機器深度（機器或管線）	30 公分	須配合專業消防設備業者先進行評估	45 公分	35 公分	25-35 公分	30 公分
天花預留深度	可修改長度			40 公分	35 公分	

	筒燈	間照燈管	升降投影機	升降螢幕	喇叭	
機器深度（機器或管線）	3 公分	依品牌	依螢幕尺寸	看升道與厚度		
天花預留深度	5 公分		根據厚度至少 +5 公分	至少 +5 公分		

CH2

天花板的設計進階課

先整合、修飾，後造型

走進室內、進行平面布局前，必須帶著「連結」的眼睛，

因為空間有六個面，設計者必須綜合構思，

設計的思考有次序性，

為了處理建築結構、空間區分、視線平衡，

必須連同牆面、外環境一起思考，

加上機能設備、高度是綜合的重要設計。

〈圖片提供：森境設計〉

天花板是跨界的立體思考

Advanced class of interior designer × 王俊宏

雖然，天花板造型工程被安排在環境觀察、平面配置之後，但是，天花板最終必須能擔任平衡空間比例、整合機能，甚至擔任「跨界」的角色，帶給水泥室內空間變身成「另一個空間」的能量，或是擔任「平衡穩定」的任務。

「跨界」本身就是一種交替運用的思考，天花板也可能變成牆的延伸，所使用的材質可能是相同的，因此要綜合評量。

很多人無法理解為什麼天花板的經費這麼高，因為要整合與修飾空間中所有的事物，工程複雜度極高，大部分的細節都是隱藏在眼睛看不到的地方。

天花板代表的意義是：一個空間被整理的井然有序的思維。(圖片：森境設計)

人物file 王俊宏

給室內設計師的話

不管是年輕時跟隨師傅的實習過程，或是個人的獨立運作的實務過程中，室內設計師有相當多時間是在做「整合」的工作，這是我很重視的觀念，「造型」是會被放到最後面才思考。

整合、修飾是最重要的任務，然後才是造型

□ 設備系統整合→外型修飾

□ 室內觀察→開始進行格局切分

□ 設計→需要各區清晰分界或是模糊樑與空間的界線

□ 照明與高度心理

一個有功能的天花板、或是處理的讓空間順暢的天花板，必定有三個重要的設計特質：就是「機能」、「結構」、「比例」。

而在進行天花板設計前的思考順序為：機能、視覺、造型、修飾。每位設計師的思考順序都有些不同，但是公認處理設備與機能整合，是第一優先。

修飾沙發上方的樑，不一定要用強烈的造型轉移視線。
(圖片：森境設計)

1-1 第一步「機能」：

光電機能的整合＋修飾

為什麼必須最著重天花板的「機能」與「修飾」？這是與業主最密切的，必須修整而產生出來的造型，最後有可能產生獨到的設計標誌。所以，設計師先想機能安排，把基礎事情做好，會比先想造型更實際，因為空間是重複被使用，並不會光為視覺而存在，「好不好用」最終會是真正 評價標準。

換言之，天花板造型設計，就是要先面對「整合」這個現實，照明、空調、消防、線路這是生活中的所有瑣碎與日後維修的重心。

外顯的整合：回風口、出風口與維修口

想要使住宅看起來質感更好，吊隱式空調是設計師會選擇的配備之一，標準的空調設計，是在天花板對稱兩側安排回風與出風口，並且距離 1.5 公尺以上，冷房效果是最理想的。

除了機體需要比較多天花空間外，還有另一個惱人的問題，就是兩側都出現風口格柵，再加上維修口，天花板區會出現很多零碎的「線」。如果是發生在不對稱的天花板造型，設計者就盡量要以簡化的方式來處理問題，「一條線」也就是出風、送風功能都在一起，是設計師要考慮的一種選項。

「強化」這個不能避免的物件也是一種反向思考法，因此我採行深色設計，安排一個適當的顏色訂做外隔柵，現在卻變成天花板的鑲邊造型。

外顯的整合：格柵不能擋住灑水頭

前面說的訂製格柵設計，寬度尺寸被設定 16 公分×12 公分。

原因是高層樓有消防灑水措施與偵煙感測器，偵煙器直徑 8 公分，灑水頭啟動後彈掉、灑水有固定的半徑距離，都不能受到影響，設計師應該花最多時間在思考如何滿足機能，還同步解決現實問題，例如決定將偵煙器外殼拆掉，只要感測器的晶片功能不受限就行；消防灑水頭則是找到一種器材，並且貼上木皮修飾（當灑水管降下來後，頭會自己彈掉），兩者都嵌合入天花格柵裡面，而隔柵的寬度也是因為這樣決定。

分區不清楚、但餐桌是空間重心的天花板設計法。（圖片提供：森境設計）

一個有完整功能的天花板必須有滿足機能、構造清晰、
空間比例順暢的三個原則。（圖片提供：森境設計）

1-2 第二步「結構」：
修飾結構×樑、柱、牆

天花板造型確實和內外環境都有關，進行環境觀察時，包括室內空間牽涉樑的位置、深度，柱子的位置以及隔間牆，進行外觀察時，要注意窗外的各個角度，嚴格來說就是「高度運用」與「平面配比」。

設備所需的深度

首先考慮高度的問題，例如空調與樑，這是空間中常見的現象。近代的空調機器比較薄23公分，但是施作高度必須保留到35公分，這就是「既定的深度」，深度會決定那些區域必須下降處理，

如果是在中國，則還有板牆位置的限制（意指不能拆除的隔間牆面），你只能把這些安排在不會產生壓迫感的地方，然後修飾。

分界：清晰分區還是模糊界線

是要清楚標示另一個空間？還是要模糊化兩區？天花板佔有改變整面建築內部的決定性功能。

樑柱系統的建築有可能出現「橫樑」從空間跨過，公共空間可能被切歪一邊，造成客餐廳比例不合理，私密空間最怕切在床上；板牆系統的問題則是，很多牆面不能移動，一旦空間面積比例失當，又不能拆牆來重組空間，設計師要先回到初始點思考：

想要清楚區分每個空間嗎？

1.「模糊界線」：通常是用在面積分配真的很不理想的地方，或是不希望被樑打斷連續性設計的想法下可以運用的，轉彎處的摺區會落出陰影，也是可以學習的。

2.「清晰分區」：如果空間面積合理，樑的位置還好，通常採取順應建築的做法，但如果是長寬比不太理想時，尤其是樑落在桌面或床面時，設計師也可以選用「強勢分區」的處理，也就是強勢將樑變成造型的一部分。

有段時期，台灣建築很喜歡在沙發後面安排一間書房，這種狀況下就可以做一個整體天花；但如果這兩個空間之間有根橫樑，模糊有連貫感的天花就是一個好選擇，不會因為這個樑而被切割開。

樑的存在是正常的現象，現代人不可能因此不在意「樑下」的問題，如果真的不想做天花板，只可能多利用工業風手法弱化樑的問題，例如漆上深色天花。

平行垂直的天花板造型，或非幾何類造型：就看解決樑與柱時，要採取的動線方式。

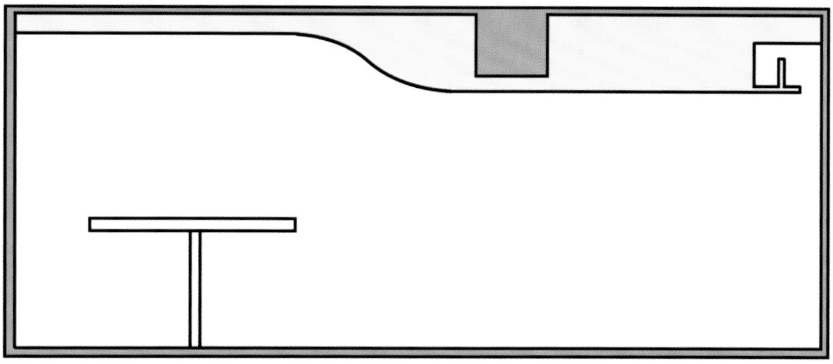

當樑出現的位置不理想，或是開放空間想保持連貫性時，天花板設計就可以採取「模糊界線」的手法。

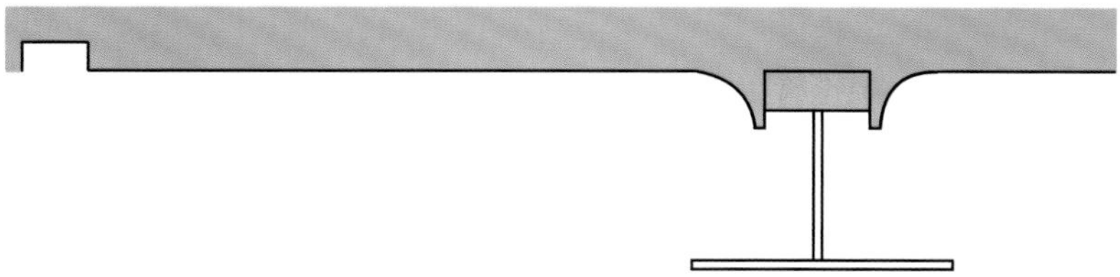

有些時候反而可以利用樑來增加造型感。

案例練習

A 從牆面轉折到天花板，是「跨界」的設計法

專業的設計師始終在建築體、工程細節、生活機能與視覺美學不同領域間穿梭，天花板更是集結細節的大成。因為基地條件特殊，衛浴就位在大門附近。必須從玄關入門處就開始安排，狹窄的入口，將盥洗檯機能挪出衛浴之外，與玄關端景展示櫃融合的設計，於玄關與客廳銜接處必須採取連貫的處理，延續圓弧造型語彙，勾勒出貫穿縱軸的廊道動線，牆面建材延伸至頂，更是天花板跨界的示範。

設計公司：森境設計

1.不停留區的廊道，弧狀一路直接延伸到底，同時整合臥室、餐廚、電器櫃的開口，一氣呵成通往工作室，延伸視覺放大空間感受。

2.平面配置已經決定重要停留區與不重要停留區，天花就出現安定的區塊軸線。多功能懸空造型牆整合了端景櫃、盥洗檯、鏡子與時鐘，成就專屬空間概念的複合牆體。

2

1

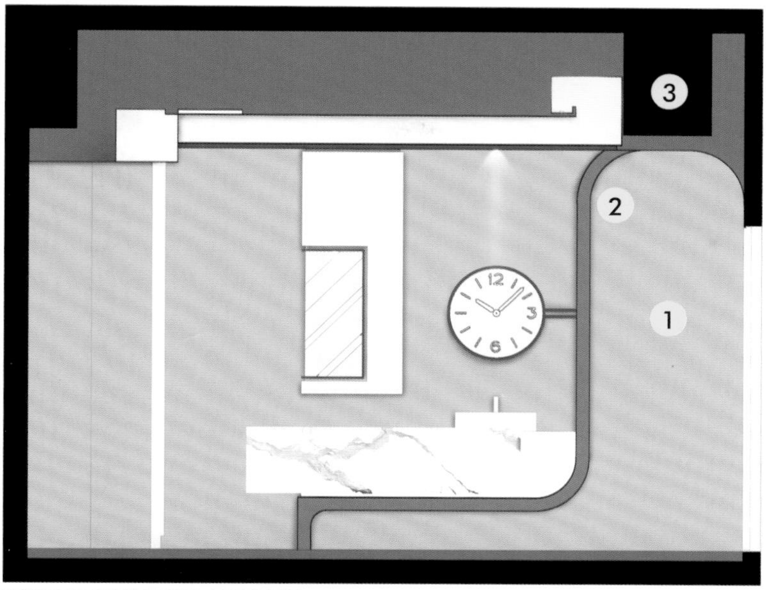

兩個天花區塊施工銜接立面關係圖
1.樑下是不停留區
2.壁面材跨界延伸到天花板
3.橫樑

3.軸線內與衛浴出入口，產生走道、洗手台與主空間之間必須有界面銜接的考慮，曲線狀入口就以強烈未來感的設計銜接這部分。

案例練習 B

正確的格柵尺寸，滿足消防與美感

複式樓層建物中，在往上樓層分界區有兩隻大柱子，並排成虛擬的延伸軸線，看起來空間暗中被分成左右兩個區塊了，設計師透過垂直水平的線條安排一層一層的生活空間，反而引申舒適開闊的視角。

全室開放的設計，一步走到底的線狀是處理燈光、空調和樑柱的共同手法，順帶整合生活細節與流程，維持區域之間協調、俐落的契合表情。

在主牆間接燈光區，還刻意加上幾隻小假樑，平衡人類視覺對過長的平面擔心的承重感。

設計公司：森境設計

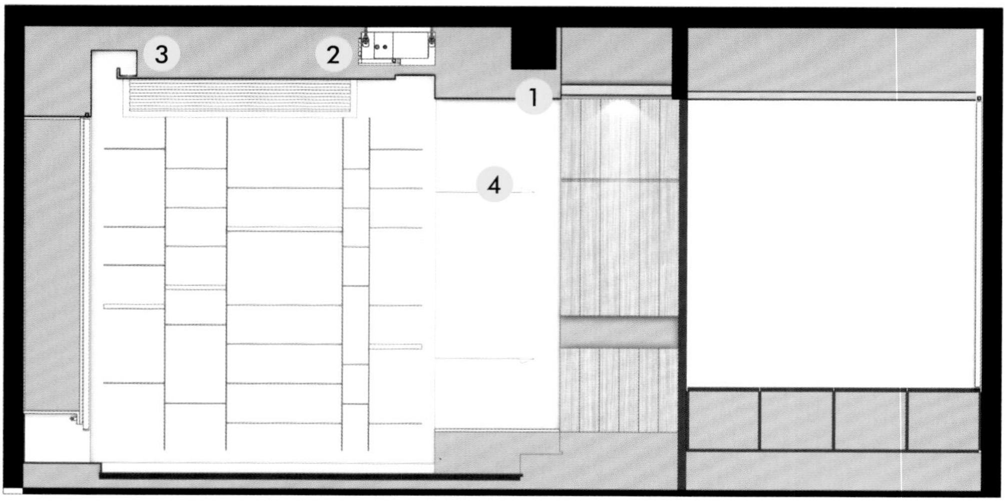

書櫃區的天花板立體變化
1.收齊樑
2.空調機體
3.間接燈光區
4.對齊柱子的立櫃

1.複式樓層建築因為樑與柱的關係，必然要先順著建築紋理切，因此平面配置進行並不難，但是難在，選擇的手法不能令空間「斷掉」。

2.走道的格柵與格柵之間的距離寬幅比格柵本身寬，才顯得格柵本身的纖細輕盈。

案例練習

C 模糊界線＋餐廳主角的混合手法

空間大就容易設計嗎？其實反而常常看到擁擠混亂的隔間，或是比例不平衡的開放公共空間。為了解決這個現象，設計師運用減少分界的設計，用模糊建築的手法來處理大坪數。

大門開在整個空間中斷，設計師增加了電視牆與展示櫃分出玄關和公領域內外的格局層次，也重新調配色彩調性，透過局部的鏤空，保留公領域的敞朗光度。

天花板利用潤和的流線造型包覆樑體至走道區，就是「模糊界線」的手法，邊緣飾以銅金色框構，部分內藏空調的出風口與回風口，為了不要天花板東一片西一片零碎難看，安排的邊緣反而可以整理成飾邊，營造低調隱約的奢華質感，並向兩側衍伸為客廳與餐廚區域，使空間縱深具有合宜的段落區分，餐廳的深色隔柵顯示出是開放區的主角。

設計公司：森境設計

1.深色的迴風口與出風口，是設計師特別訂製的，原本因為修飾而做造形，後來成為空間的線條表現了。

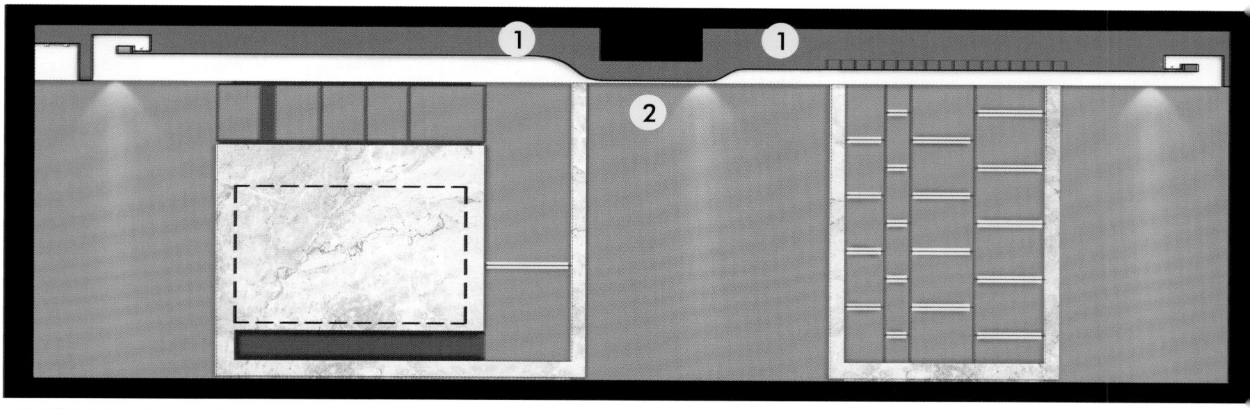

電視牆與餐廳牆的立面圖
1.左側天花略高＋右側融入格柵。
2.曲線天花讓樑不會明顯切分客廳或餐廳兩區。

2.樑出現在過道上，卻又且在入口區某一邊，造成空間失衡，這時就要採取模糊界線的方式。讓客廳區連同走道一起延伸。
3.如果將風口與維修整合在一起，以深色的訂製格柵修飾。

3

2

案例練習

D 與音響設備結合考驗造型的天花板

對室內設計而言，每個家都是依屋主需求量身打造，但其中而是更進一階，追求設計品味與工匠藝術的極致表現，越是設計細緻的思維，其實暗藏在天花板的設中。

整個公共空間一整片光花順著樑彎折，展現柔軟延伸的特質，中段還有特意露出的小假樑，玄關處彷如藝術品的天花板造型，其實是結合頂級音響需要的喇叭，化身為家中的裝置藝術，融合各種管線需求，打造出獨一無二設計精準。

客廳的高級音響設備，則透過設計創意，其中管線的配置與安排，則透過室內天花板，在玄關的有機造型中藏了揚聲器，完整結合起來。

設計公司：森境設計

1.餐廚區的照度很複雜 ，必須有間照與工作照明，天花的造型還要考慮排風等，因此設計師選用蘋果光膜處理工作照明。整個細如薄片的天花板設計延伸到拓採岩門板，正彰顯了廚具的珍貴與稀有。

2.從玄關開始的天花，以有機的變化向內裡延伸。著重居家娛樂與生活享受，是金字塔頂端客戶空間設計的關鍵，位在玄關區的重低音箱設備是與專業音響廠商配合而規劃，恰如玄關入口處的美型空間端景。

3.客廳與書桌區確實存在的明樑，被以模糊界線的方式修飾，但在與走道平行的樑之間界面銜接處，特意讓「離縫」明顯，並且加做一隻比較細的假樑，讓離縫視覺更顯趣味。

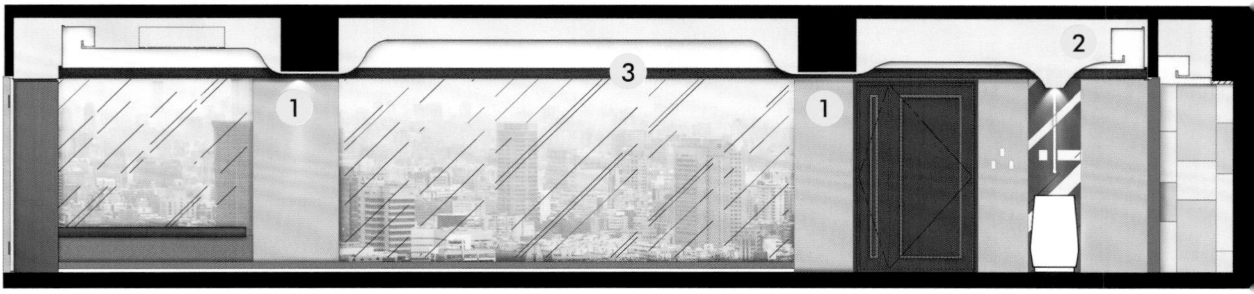

從玄關到書桌區的立面圖
1.收攏兩隻樑
2.結合重低音箱
3.鑲邊造型

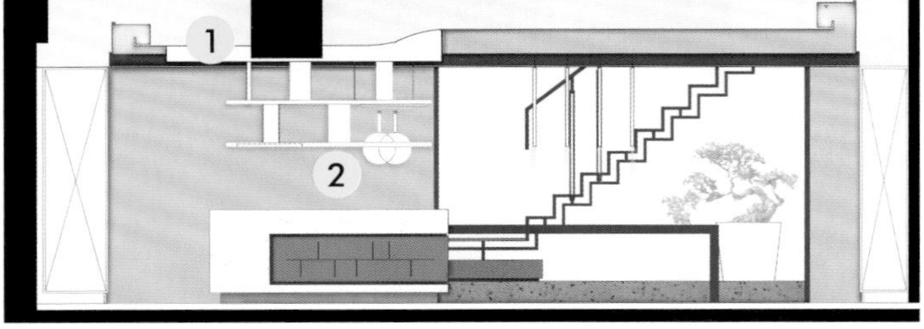

餐廚區的天花板整合功能細節圖
1.收攏樑
2.工作燈光

案例練習

E 凸顯建築結構天花，以視覺分配格局

雙併宅邸會面對的問題是，往左與往右的空間都比較深，而且難以分辨，動線該往哪裡走，本戶一入門即面對同樣的問題，往左是靜謐的私領域，向右則是肩負家庭與宴客都需要的廚房，偏偏還有些結構牆不能改變，那麼，處理過道就很重要，設計師在走道天花板區，以穿越層架交錯的天花與層架來設計過道，將俐落的鐵件與溫潤的木質融合。

設計公司：森境設計

1.延伸到餐廳因為有橫樑出現了，才採取重心比較強勢的作法。側翼可以形成與客廳不對稱的手法。

2.如果淨高度在240公分的空間，天花板造型其實可以考慮簡單的平頂式。
3.入門後對左右各分的公與私兩個領域 。

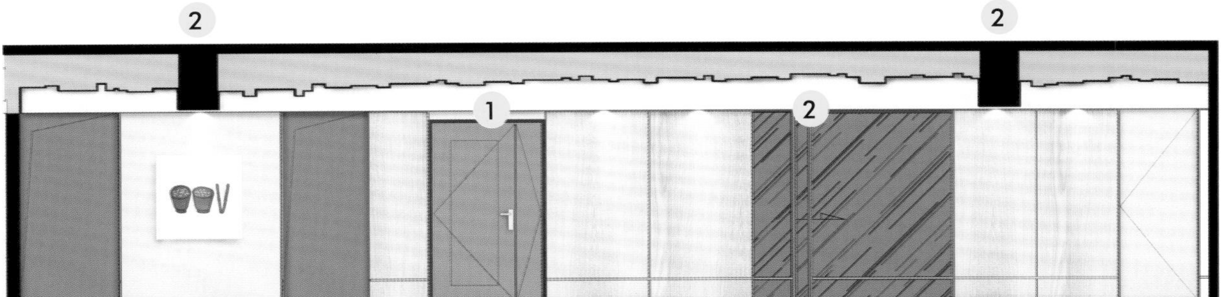

大門橫向水平立面圖
1.決定將主動線強勢安排，將人的注意力從大門口直接引入，
2.天花便是高低層次混合運用，樑本身也參與其中。

1-3 第三步「比例」：
高度，先影響生理還是心理

天花的高度不是絕對，而是相對的，換個角度來說，「使用頻率」、「使用者」都可以決定天花的高度的合理性。

挑高好還是低點好？因使用而異

天花的高度會因人而異，大人喜歡愈高愈好，小孩子就很喜歡鑽來鑽去，可能是需要安全感的區塊。設計師就該思考：小孩子和大人對空間的感受有甚麼不同？還有甚麼變化？能不能再做的更多？當我有機會設計幼稚園時，就在天花內再做一個天花，形成一個包覆性的閱讀區。

240公分的絕對關鍵

視覺在天花上如果在240公分下就是一個安全保護感，240公分以上就讓空間變得很深邃，無形中也會覺得天花板好高，這是一種利用錯覺錯視技巧的展現。

只是，天花板還牽涉空間容積問題，你想要快速暖房或是冷房？沒有天花板的空間，業主覺得好像省了天花板工程費，日後卻得到電費比較高的帳單，這只是長痛或短痛的問題。

其實天花板有「低」才有「高」，這是一個相對視覺。

1-4 第三步「比例」：平面配置切分

先找出最大一塊面積後，軸線就出來了，同時大的平面配置完成。接下來天花設計與空間軸線是息息相關的，也就是「上下對應」。

第一個思考點決定天花板好不好用

第一刀，我會先找出空間最大塊，主要中軸線就會出來(圖1)，有時中軸線也會是主動線，這是空間與空間之間的對應，於是我們開始處理，要「對稱」還是「不對稱」都可以，只要是根據六大美學平衡來設計天花與牆面的關係，都是可以的。

還有一種軸線，是是家具之間的延長線出來的結果，很有可能讓另一區的中心點變成不在中軸線上，這時，天花的工作就是要整合這些多出來的線之外，要位在連接的空間找尋新的中心點(視覺上)。

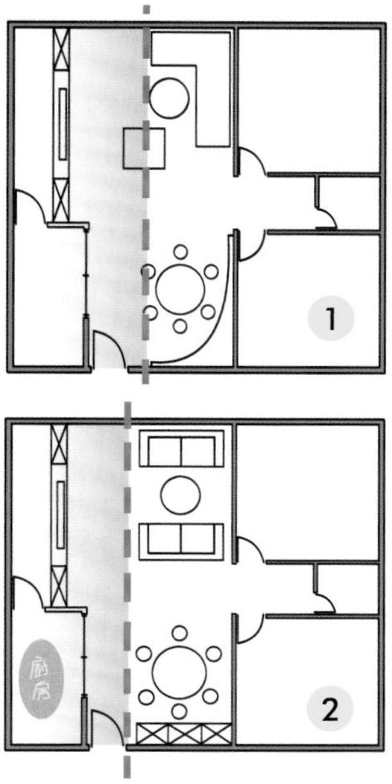

1.從沙發延伸到客廳，中心點並不在一條水平線上，餐廳天花板就做不對稱設計。
2.家具與空間都符合水平軸線。

主動線：人不常停留的地方，適合整合機能

大家都知道人不停留的地方可以安排管線與機具，但是，一個比較低的區域相對高的區域，又應該如何計算面積比例？

我習慣的機具大約需要一米一的寬度，相對總面積一定要四米五以上，才會好看。因此，我就會根據整個空間決定，到底要走在電視機前？橫過客餐廳兩區？還是主動線上？這和比例美感有絕對關係。

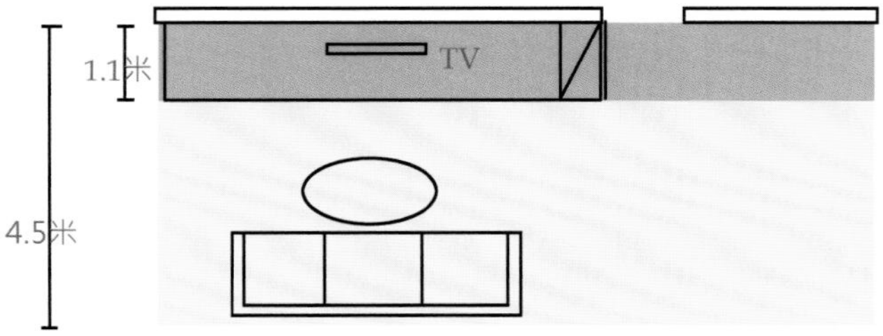

案例練習

F 包覆式的設計 適合臥室內使用

複雜的樑柱結構，將天、地之間的距離壓縮，為了藏起樑與不符需求的隔間，形成壓迫感。

尤其是私領域的臥房，大樑沿窗而過，使得床位怎麼放都不對，設計師決定改變思維，床位重新安置，特意降低天花板整片的高度，反而可以創造「有包覆性的安全感」，也同步解決樑的疑問，床位搭配複合機能的書桌設計，重新定位並創造雙動線，使臥室通到陽台或衣櫥都非常方便。

設 計 公 司：森境設計

1.主臥室在頭尾皆有大樑橫過與窗戶，床頭放哪邊都不行，既然位在中心點，因此必須給睡臥區重新界定空間與安全感，整面深色木作天花板便是與床區「上下呼應」。

2.稍微降低有包覆感的造型，容易產生安全感。唯小心高度不可低於210公分或是伸手就會摸到的情況。

案例練習

G 壓低再拉高，放大空間的視覺特效

因應對風水的在意與左右兩側客餐廳的通暢性，在入口玄關處以一道如同水墨畫般的雅緻石牆，區隔內、外，同時也可以將許多機件設備安排在此。與降低天花板上下對應的是仿石磁磚作出空間界定。

運用蘊含東方特色的格柵語彙，設計玄關收納，延續到客廳的電視牆俐落的線性切割銜接，而中分客餐廳的分界通道，是無法避免的，設計師不只將空調處理在這段人們不會停留的區域，降低的同時，還加上隔柵照明，變成展示走道的明顯特色。私領域在空間鋪陳上，也同樣採取從狹窄過道進入開闊的寢居區，隱喻柳暗花明的生活意境。

設計公司：森境設計

1.玄關區式停留時間最少、卻又是第一印象區，因此將設備集中在此、降低高度，可以達到集中訪客注意力的效果。

2.走道也是處理設備的區域，但要注意從天花板往下延伸時，端點(格柵電視牆懸空櫃區)的銜接，是否比例合理、合乎美學。

3.視覺的高度變化處理得好，先壓縮再升高，會換來突然挑高的更強烈感受以一道如水墨畫的隔屏，界定內外，也創造藝術感十足的端景。

2

3

案例練習

H 以一側整合的跨界天花板

因為位在湖畔的景觀地理位置，這是一個先觀察出房屋坐向的各種優勢，再決定空間機能的良好示範，而且讓所有空間連串在一起，因此就必須將所有機能謹慎隱藏好，當然隱藏容易，要讓屋主方便生活、視覺清爽就是一個難關。

針對座向應用，設計團隊將南面優良的採光保留給客廳與臥房，同時感受溫煦的氣流，北向湖景則留給開放式餐廚、臥榻與複合茶室，將客廳與餐廚置於同一水平，並採開放設計，更利用拉門阻絕內廚房的油煙問題；中島吧台旁的臥榻援引湖光山色。

大門進來的左右兩區塊都被整合成廚房電器設備、主牆、廚房門、收納等，櫃體建材往上延伸到天花板區，處理建築大樑與隱藏空調和各種管線，最後形成視覺焦點。

設計公司：森境設計

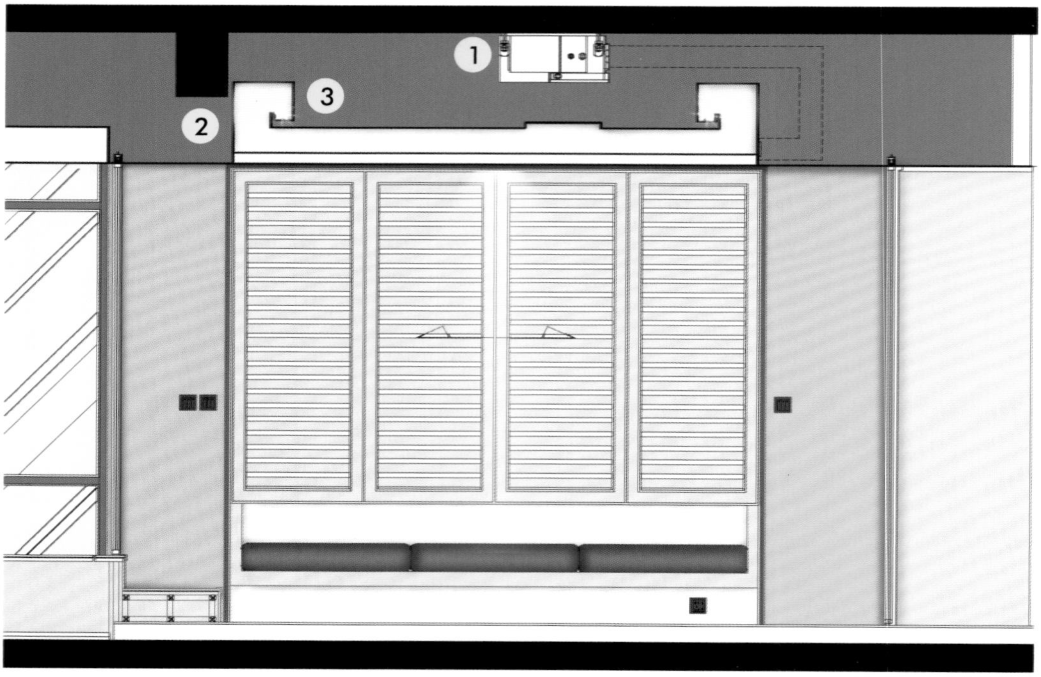

1.抽風機體
2.齊樑天花板線
3.間接燈光

1.一進門就有大樑，勢必要在此處理天花板設計與設備，因此造成空間軸線就必須以家具擺放軸線為切分的方式，不對稱的天花板設計就是適合這種情況來運用。

2.另一邊剛好對應窗邊的結構窄牆
3.本區同時安排所有的收納與廚房電器的櫃體，因此特意採用與牆面一樣的建材，往上延伸。

案例練習 1

分區清楚的天花板設計

二手屋的問題常常是空間為了機能，把內部隔的七零八落，屋主又是一對夫妻居住而已，所以公領域採用全開放設計，與線條俐落的無色彩家具單品，但是還是必須將玄關、客廳與餐廚切分清楚，玄關、電視櫃區降低，包括安排設備。以磐多磨形塑圓弧造型，讓全室的灰階色調營造冷靜、大方的氣息，不規則排列的格柵屏隔成為內外地坪的另類分界，正面迎來的日光將格柵立柱的影子落在地面，每個時間位置都不同。

另外採用延伸至天花的溫潤木質電視主牆，就是安排空調出風口，中島吧檯成為客廳與餐廳的鏈結。

設計公司：森境設計

1.電視區就處理了出風口與送風口，這區域下降也是合理的安排。

2.其他的天花幾乎等於是一種底景，讓光與家具的影子落出各種變化。

1.電視主牆區只是走動用，可以做為設置機件的地方。
2.抓樑為同一水平。

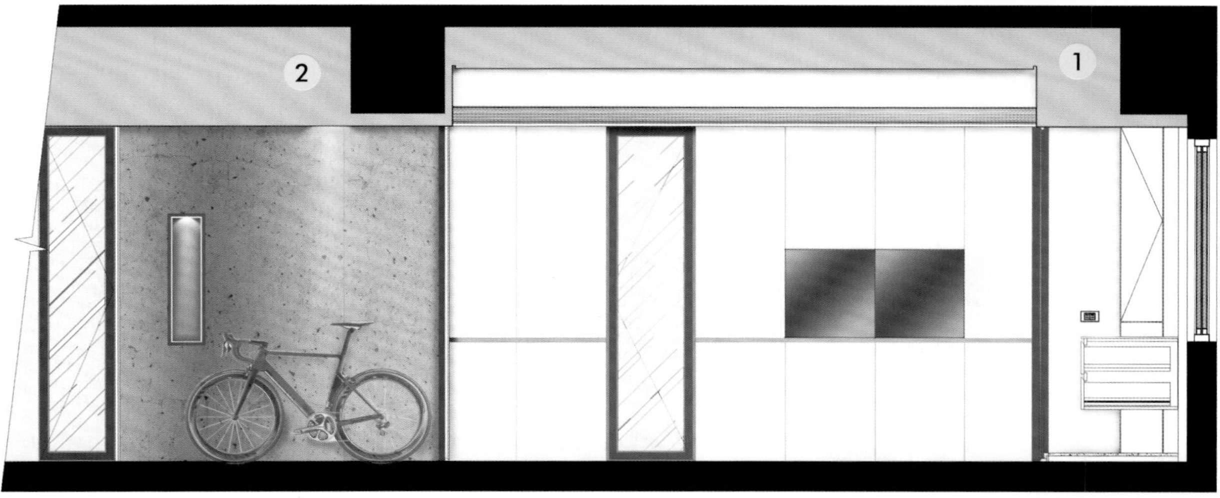

1-5 和照明有關係

要看空間屬性，決定照明方式，然後才決定了天花的處理手法，例如，看書的照明跟其他空間用途照明不同，廚房的照明更頭痛，因為要做菜還有做其他事情，需要高照度的照明，如果做一個開放式廚房的話，照明的分區切割就會變得困難，現在因為Apple的大燈膜我們運用在中島上，可以增加中島照射明度，這樣就又會改變天花板的設計。

離縫或脫開的手法是兩種觀念，正確的寬度會決定正中央的下降板塊，會不會造成壓迫感，務必注意。

與客廳相連的書房區，面積不大，所以模糊界線是很理想的手法。

流明天花的另一種做法。

1-6 收尾：

界面創意 天花、窗與窗簾的三角關係

窗簾是絕對與天花板相連，窗簾的形式通常是往上開或是左右開，會有軌道的產生就要跟天花板結合，除了預留寬度的問題，還有窗簾型式也會決定天花作法與介面收尾。

窗外的景觀連動到窗簾，天花的設計就要處理窗簾與天花的收尾關係。

再來像台灣地震很多，官方數字一年就有4000多次，天花板的材質到了牆邊要做結合時，因為材質不同，磚牆和RC，即使再高的技術還是很困難，常常會看到裂縫。

早期設計師會在天花做溝縫，也是因為防止震動後，裂縫太多；所以我開始思考，如果不是平面銜接，改以立框面的設計，眼睛就看不到天花與牆面的銜接面，即使因地震搖晃出小裂縫，也不會影響美觀。

天花板設計：底襯為先、照度搭配

Advanced class of interior designer× 李智翔

以肋骨為創意起點，運用預鑄建材，精準完成暗藏燈光的片狀天花。（圖片提供：水相設計）

天花板造型設計的思考邏輯有：照度、設備、被整理出有系統性、空間性質(=樣子)。

設計者最不能避免是整合空調與電路，而這些物件一定會令空間內的淨高度降低，我的建議是盡量先沿著樑的路線規劃，因為這些設備既然會佔用高度，使天花板下降，利用樑的側邊優點是，就算必須作天花板造型，降低的區域也會與樑接近，進行空間區分時，也會和建築貼在一起，產生合理的行進邏輯。

人物file 李智翔

給室內設計師的話

創意的開始不要只停留的第一時刻，要再進一步想，還可以如何轉換；但要保持純淨的原貌與動機。

整合之後，天花先朝簡單思考

□乾淨→控制燈孔數量
□觀察→只做底襯？還是誇張的做？
□照度→會改變天花板每個角度的效果

再來才是思考天花板設計，我覺得「被限制」是很好的訓練，如果設計者被限制建材與誇張手法、只能選擇白色作為天花板的主色彩時，就是以單純為基礎，反而可以迫使自己做到滿足設備、區分、照度、美型全方位的功能。這也是我在設計時，能不斷延伸思考的特點。

空調設備先安排在緊靠樑的側邊，可以保持大部分空間有足夠高度，燈光從側面中洩下(洗牆光)，溫柔而美麗。（圖片提供：水相設計）

2-1 第一步：學習體會樑與柱的美感

天花設計不能免除的兩大任務：規劃機能和修飾樑柱，有時候，先體會樑柱的位置，也能產生出人意表的安排，

國外的樑露出來的美感，有種「體」的效果，極簡主義大師的設計手法都是「一平平到底」，所以如果天花淨高能達240公分時，盡量全封平，乾淨俐落。但在東方的社會，尤其華人對樑有先天的障礙，一是風水，二是普遍集合住宅的高度都不理想。

除非以下兩種情況，就可以採取「強勢」的天花板設計：一是樑柱太明顯，二是高度不佳。

新式的建築工法與結構都有很大的進步，樑與柱都是對稱的，寬度與深度都有一定的邏輯性，把空間框成口字型，比較單純；舊式的建築就可能出現有大小尺寸不同的樑與柱，這種情況天花板的設計會比較複雜。

所謂的高度不理想，指的是樑下淨高在240公分以下，建議盡量只做局部的天花板，也就是沿著樑走的空調管線必須安排謹慎。

在頂部開窗的四周，以兩道漸層天花板作為細緻的收尾。（圖片提供：水相設計）

靠近河岸的集合住宅，客餐廳之間有樑，波浪型的設計，低的部位就是容納量與空調的位置。（圖片提供：水相設計）

2-2 天花板角色是空間的底襯

設計師應該把天花板造型當成建築物的一部分，而且是因地制宜的思考，視空間建築本身需要或是氣質補充。「形式」與「功能」都要同步進行，順應基地形狀，讓天花板完成最後的工作。

淡化或是誇張

當天花板只是整體設計的配角時，不要用太多材質，盡量淡化，因為天花是「底襯」，設計的目的是反射地面，這樣空間就容易「有氣質」，例如，即使只用了圓弧的語彙，不該停止在這個階段，還可以順角度多產生一些側的折面，即使是人造光，還是可以產生不同面的照度與陰影，如此一來，純淨的白色也可以產生氣質感。

「誇張」，是因為空間條件與照度需要共同形成

有時當樑柱太低，卻又需要造型時，設計師的確可以採取比較強烈一些的造型。

造型也和想賦予的未來結果有關，以辦公室來說，常常會面臨沒甚麼對外窗的情況，使用者人數又多，除了安排機能，也會給予比較強烈的形式去形成有效的空間需求。

屬於座位區就可以降低天花高度，創造一個足以專心的環境，以乾淨平整的新式流明處理照度。（圖片提供：水相設計）

單面斜頂也可以運在一般住宅的室內，只要搭配好燈光與角度，就會十分有趣。（圖片提供：水相設計）

考慮高度，也會和造型有關

運用光線與天花板造型的基本原理就是光的物理學，所以設計者想如何控制更多光源，就與「讓光進來的方式」有極大的關連，因為關係著直接光有多少、間接光有多少，也就決定了照度。

尤其是斜度對高度與光線的物理影響非常有興趣，所以旁人看起來只是造型的，其實都有真正實際的功用。

例如以圓柱和錐體進光的方式就不同，光透過圓柱體射進來與落下的面積是一樣大的。

錐體則因側面從窄至寬的面積不同時，光進來就會產生變形的間接光，這是設計者可以控制自然光的方式之一。

從壁面到天頂是完整的結構，光從側面進來落進深井中，引導人的視覺往亮處走。（圖片提供：水相設計）

2-3 天花造型與照度

人造的溝縫

溝縫是最常見的手法，用來表現光的變化與陰影退縮，但是多寬就是很重要的學問，從2公分到15公分，各有不同的效果。

燈孔是天花板外觀必定出現的物件，如果沒有安排整體照明計畫，天花板就會佈滿燈孔，視覺會非常凌亂。設計師如果不想天花板上布滿燈孔，希望天花板保持純淨，必須運用間照來補足，不同的寬度與亮度，這就是突破的設計思考。

天花板的離縫技巧

離縫功能是因為材質不同，例如矽酸鈣板與RC牆面銜接，本來就會有介面問題，加上建築物本身也會產生共振而產生裂縫，我控制的離縫標準是2×2公分，這樣產生的陰影，我覺得是最漂亮的。

在處理光與天花板時，設計師要清楚你是要表現光帶還是要反射環境光源？這兩者是差異很大，如果目的不清楚，就會發生天花板最後挖很多燈孔，亂七八糟的景象，或中央的板塊變成巨大的沉降物，反而降低了天花的視覺高度。

窗邊的光帶要表現的漂亮，立面的天花板就很重要。（圖片提供：水相設計）

利用燈光排列創造科幻的序列效果。（圖片提供：水相設計）

光在不同的面材上，都會有的效果。（圖片提供：水相設計）

底部懸浮光和天花板間照相呼應。（圖片提供：水相設計）

案例練習

J 天花造型是光的物理學演進

每個建築都有天然的建築條件，只是與當時的環境有關，設計者的工作就是重新思考與修整整個建築。

這是專門為度假而重新設計，業主本身就是非常喜歡包浩斯學院風，也就是德式風格，在現代主義影響中，非常自由的平面配置，功能與空間可以自由調度，即尊重垂直與水平的交互運用，尤其是將室外引進到室內，都是非常重要的特色。

這棟舊建築，需要有更多光線，所以不光是拆掉舊的牆面，並且補強建築物安全，所以整個空間以灰黑白為主調，在天花板頂部就故意以不對稱的椎體開窗，讓日光進來的時間，有不同的面積變化。

設計公司：水相設計

光是空間最好的禮物，而要讓光的表情更多元，就必須靠天花板的造型設計。

在方形椎狀體中，刻意在右邊採直線轉折，這樣當光走到另一側時，轉折出來的光塊又會有不同的層次。

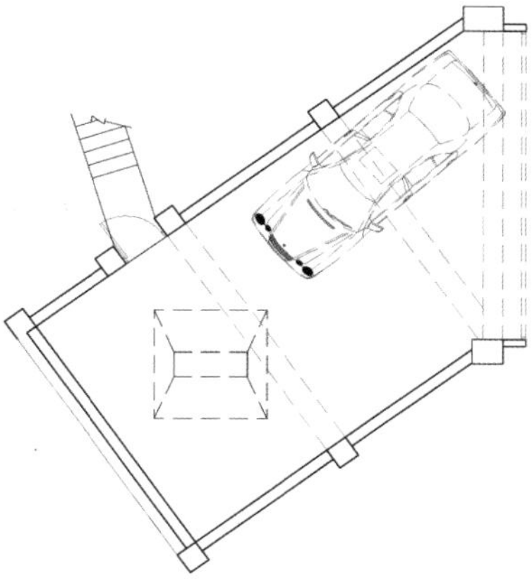

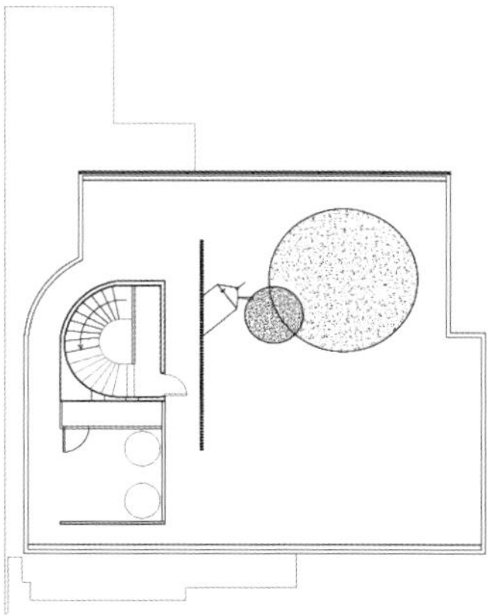

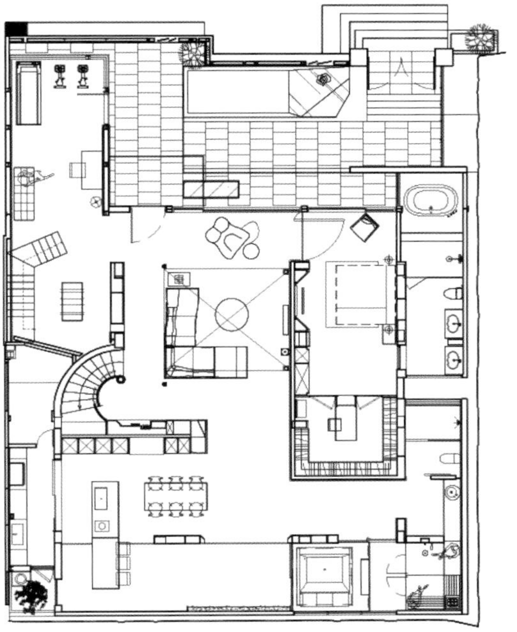

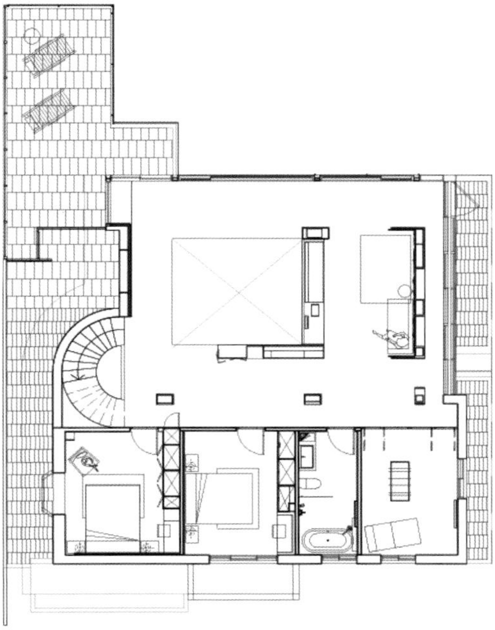

案例練習

K

弧狀層次為空間主題，表現現代文藝復興

網路金融公司，是非常特殊的型態，金融業本身是非常保守的行業，科技業則是對未來超前衛的行業，兩者很對立，我以文藝復興時代的語彙放進未來性的新表現，創造衝突的美學表現在材質、配色上。

廳區的天花採取圓弧的層疊排列，主因之一當然是要考慮照度的安排，而我也不希望乾淨的天花板出現許多黑黑的燈孔，於是便以不同高度來層疊。

設計公司：水相設計

素淨的大廳，要藏管線與照明的天花板，成為空間的主角，一層一層的弧形以精準的曲度組成。

1. 會議室的天花板還有聚焦的任務，這就是脫開的手法，寬度比例要正確，中央的塊狀才能產生懸浮的效果。

2. 天花板幾乎沒有燈孔，整個空間需要的照度都透過層疊的天花板落差中滲透出來，陰影則讓造型更加立體。

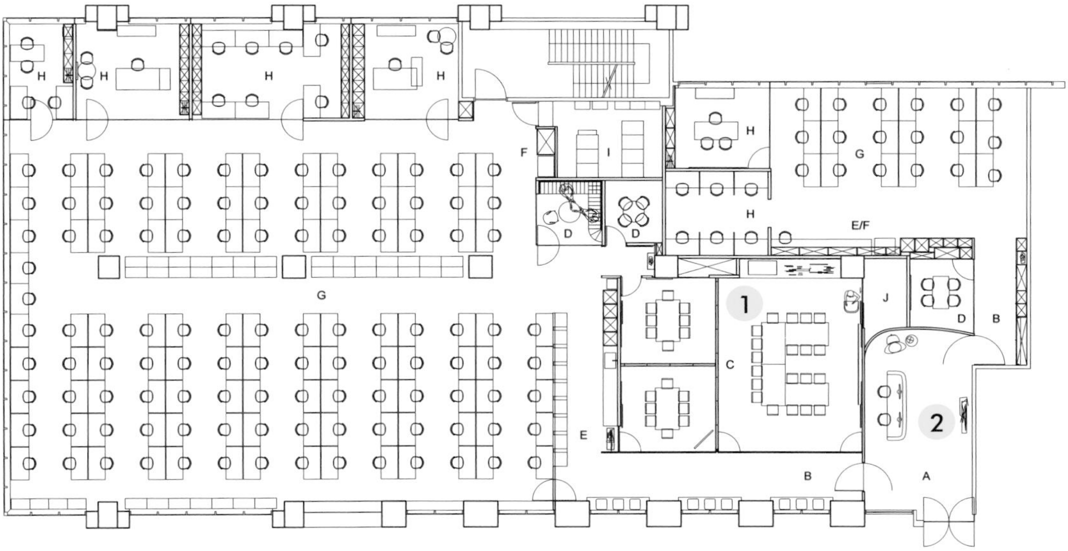

案例練習 K

簡單且強勢的造型，帶來趣味的空間

屋主是位服裝設計師，在這樣的職業，在設計上以法式插畫的線條來架構空間，黑白線條有粗有細，服裝的系統也放進去，所以用藍色和橘色這些比較大膽狂妄的顏色。

從餐廳到客廳的過程中，藏了空調與樑柱，所以會下降一些，我刻意以粗黑的線條裝飾整個客廳的天花板框邊，出風口的黑色柵欄也好似衣服上的拉鍊，變成趣味的一環。

餐廳區因為位在所有空間行經的動線交叉點，如果是依照一般方正格局，勢必會有動線死角，所以改成圓弧空間，天花板的圓弧也順勢層疊，帶有動態的優點。

設計公司：水相設計

1

2

3

1.具有幽默感的創意，轉換成迷人精準的線條，特意畫在天花板下降區的四周。

2.把服裝設計系統的區位與機能連結在一起，出風口故意拉長，好像衣服上的拉鍊。

3.4. 餐廳位在全部空間動線的通道上，改成弧形讓空間有流暢感，因此天花當然也是一樣，但是圓弧也採稍微不規則的方式，讓光可以有不同陰影與層次。

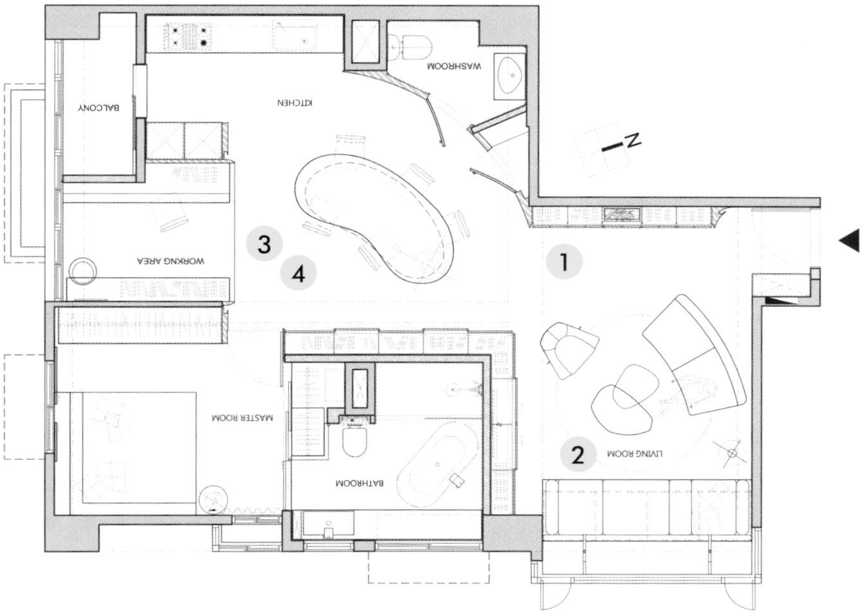

案例練習

L

無定向平面配置，搭配無界定波浪天花板

這是先決定家具的案例，主軸是北歐和一些經典家這是先決定家具的案例，主軸是北歐和一些經典家具，臨河的景況已經解決景色的問題，帶著非垂直的建築外觀，因此決定大膽採取沒有固定面向的室內平面規劃，希望家具可以隨意組合，想一個框可以任意布局，而非習慣是面對電視或是面對廚房。

空間已經採無定向了，就將主題運用到天花板了，波浪式的設計藏了機件與大樑，不對稱的高低形狀，也讓下方的空間分區不明顯，家具愛怎麼擴張或是換位置都可以。我即使是白色都是不同材質的白色，透過光源達到有趣的效果。

設 計 公 司 ：水相設計

非定向的空間格局安排，希望給屋主未來更多自由，而天花當然也就必須採「模糊空間」的手法。

1.2.將空調系統沿著有樑的地方安排，加上不同曲度的天花板造型收攏，賦予自由感。

3.玄關區稍微下降，也有壓縮再放大的效果，客廳區就會有更寬敞的效果。

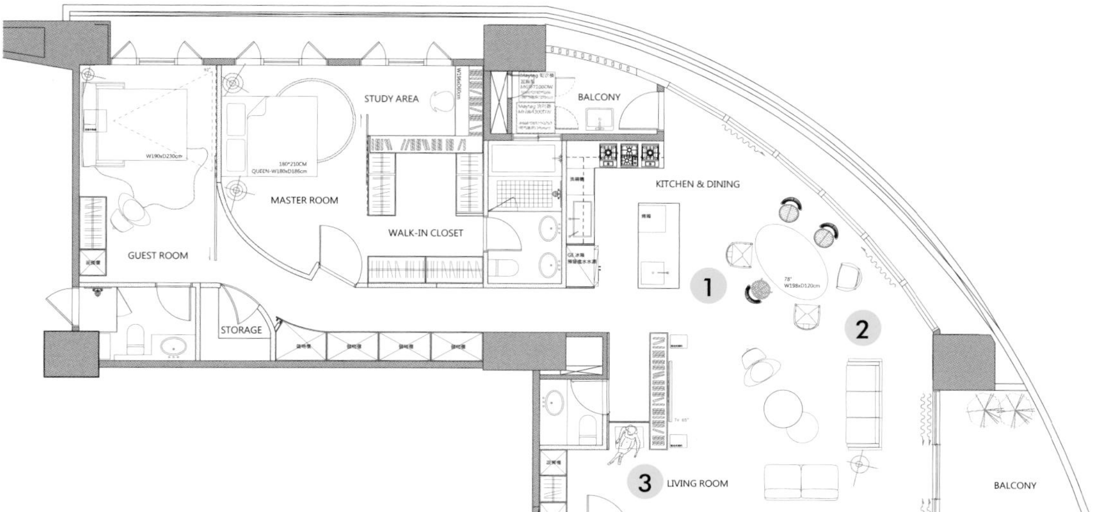

案例練習

M 倒V型格柵，轉換格柵的觀念

這是一間比較封閉式的辦公室，本身是五金行業，內部工作人數多，還會常常有各式的快遞公司前來接洽，形成很混亂的場景；而且室內的公司員工人數多到無法分區，只能用屏風來架構大區。

與外界人員之間的工作銜接，我必須創造一個緩衝地帶，因此在梯廳和辦公空間之間，一個必須作為通道功能，也必須是交接處。

這條「河流」我以天花板的造型來呈現，兩片一組、向上傾斜的面，會讓燈光落下來時，形成明暗漸層的陰影，簡潔卻有十足效果。同樣的語彙進到辦公區，就是立板型的格柵，日光燈管直接安置在寬縫中，遠看也有放射狀的光帶。

設計公司：水相設計

1.天花造型可以改變燈光烙下的明暗漸層。

2.燈管安排在格柵縫中，提供足夠的照度與造型兼具。

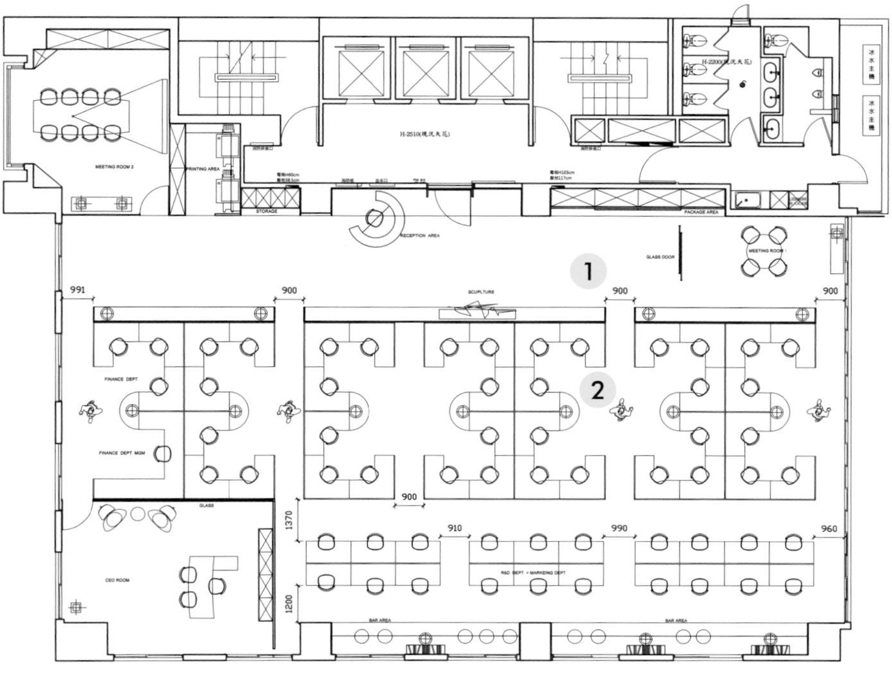

CH3

案例設計

如何運用材料、色彩、燈光照明等規劃，

決定氛圍的變化呈現，以及視覺感官的舒適與否，

就是設計師在處理室內「第二動線」所思考的先決要件。

本章含括 91 個天花板設計案件，

由設計師親自告訴你，

讓設計看起來和諧的整合關鍵為何。

〈圖片提供：格綸設計〉

【林祺錦建築師事務所CCL Architects & Planners】

Designer:林祺錦

CCL Architects & Planners

圓形天花板呼應空間需求，用以舒緩緊繃的工作氣氛

本案為位於內湖科技園區十樓，主責國際網路業務的廠辦。業主希望為員工打造一處放鬆的交誼場所，設計者便以「圓」作為天花板與地面呼應的空間元素。湛藍湖泊上的木船作為主角，隱喻企業與世界連結的意象；串聯一旁的翠綠草地、樹木造型的圓桌，最後將視線引向明亮窗景。地面大小不等的圓形區塊，皆對應比例相稱的圓形天花板；同時運用休閒木色圍構可隨意坐臥的童趣角落，為空間融入自然意象，以圓潤線條與繽紛色彩營造柔和的視覺效果。

休息區縱剖面圖

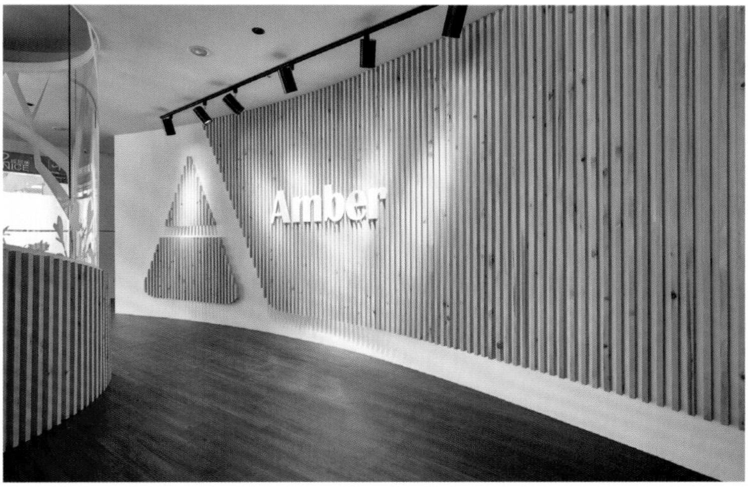

天花板與地面以「圓」相互呼應，呈現童趣意象。

CCL Architects & Planners

天花板造型如波浪起伏，無形導引室內外動線

校方計畫將原本圖書館的一隅改建為創造力教育學習中心。設計者先利用流動的天花板造型克服空間自明性不足的問題，從電梯出口起，運用層板造型提升天花板高度，一路向前漫延，並包覆柱體，如波浪起伏的天花板層層推進，將動線轉進室內。實際執行時，先以每五片夾板訂出間距基準，以斷面放樣規範出基本尺寸，再由木工現場調整漸變層次，保留施工彈性。由於需保留原有的天花板，施工時先以螺絲鋼棒向上固定，並以橫向的金屬管穿過夾板，再逐一吊起。純淨的流動天花板線條回應了開拓創造力的教育願景，波浪造型的天花板一氣呵成串聯室內外，在有限的預算與空間條件下，為既有場域製造清新意象。

【林祺錦建築師事務所CCL Architects & Planners】

Designer:林祺錦

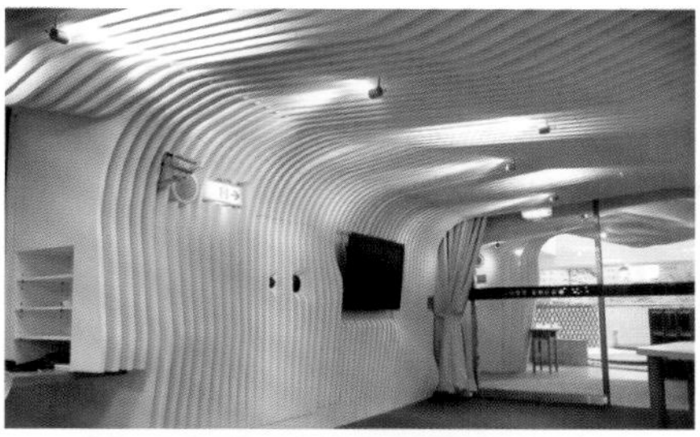

層板的起伏韻律串聯半戶外與室內空間。

先提升後下降的天花板高度，將動線流暢轉進室內。

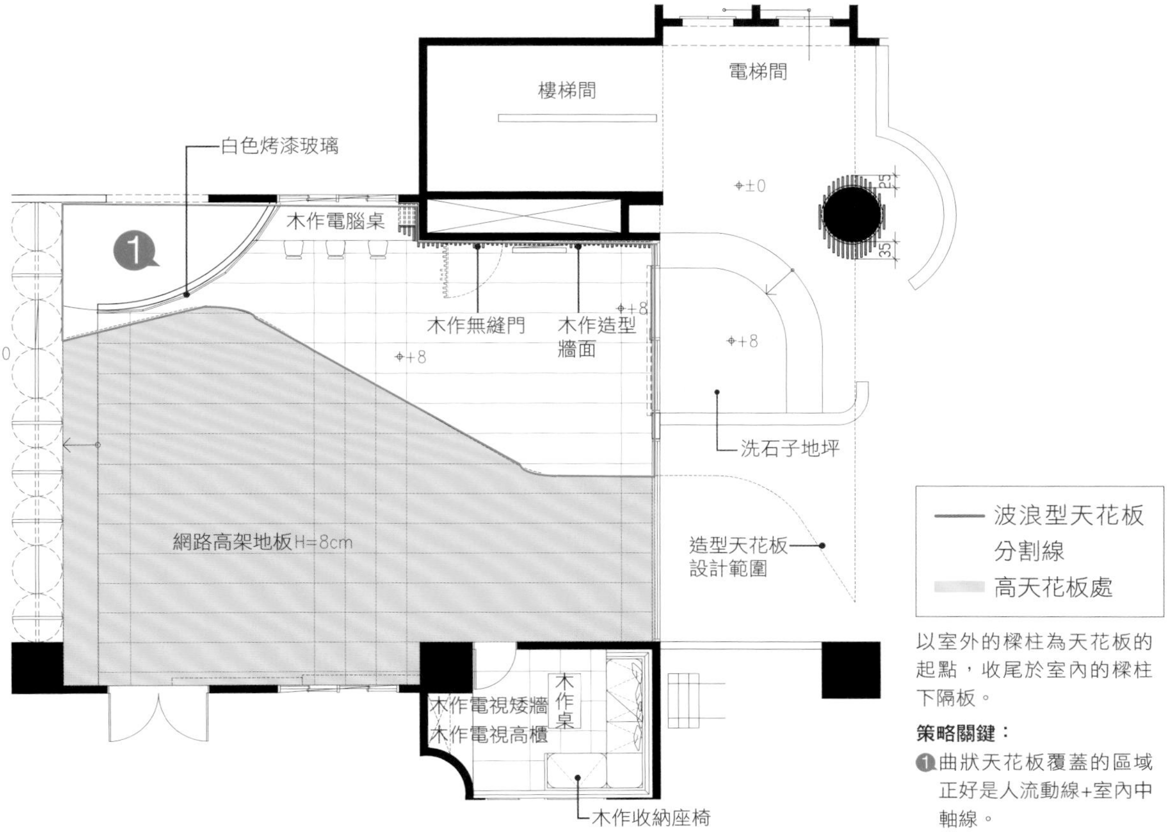

以室外的樑柱為天花板的起點，收尾於室內的樑柱下隔板。

策略關鍵：

❶曲狀天花板覆蓋的區域正好是人流動線+室內中軸線。

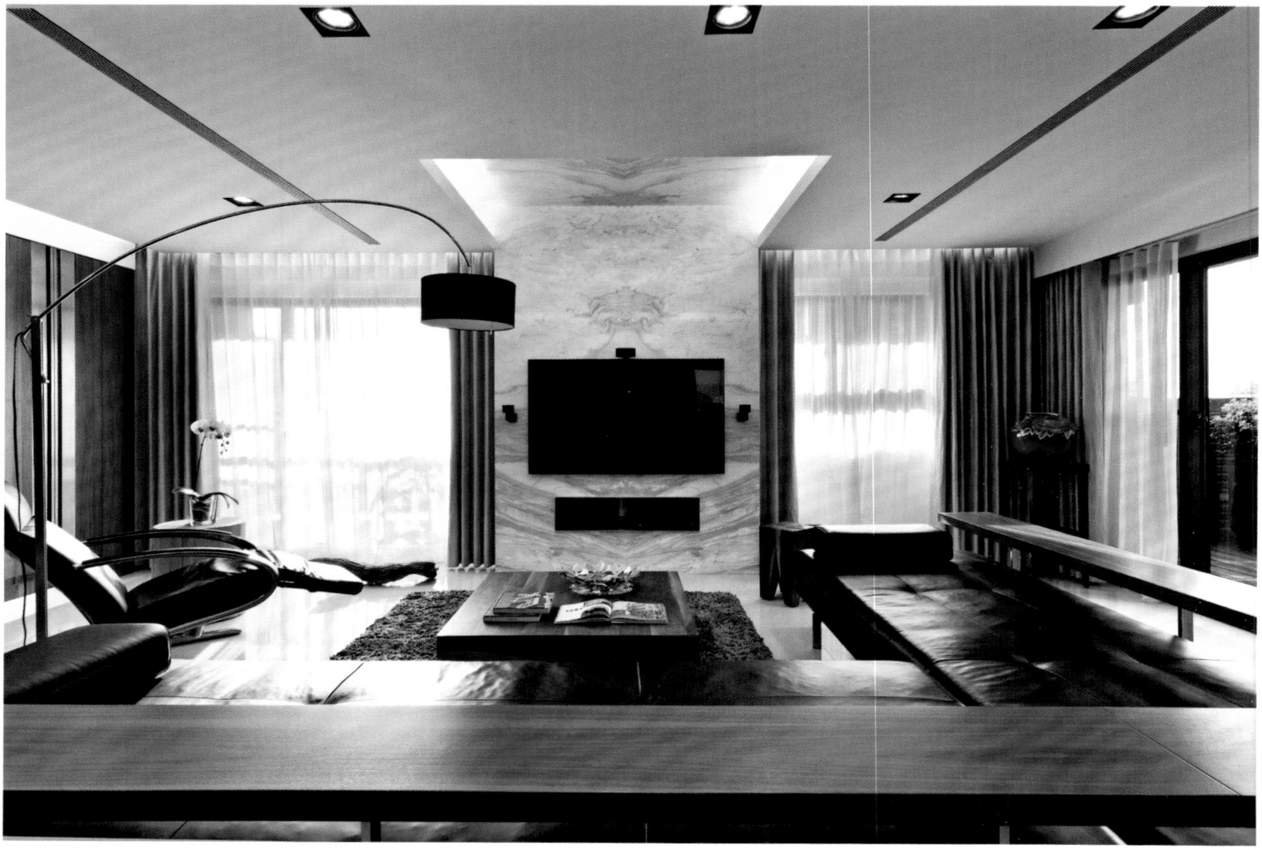

[林祺錦建築師事務所CCL Architects & Planners]
Designer:林祺錦

CCL Architects & Planners

銀狐大理石拼接，呈現空間沉穩氣度

本案以「材質」劃分大宅的空間量體。客餐廳中間的兩側牆面皆選用洞石，並從一樓延伸上二樓的相同位置；以洞石塊體發揮空間錨釘的作用，營造穩定的空間感知。與洞石牆垂直的客廳電視牆，同樣讓石材轉上天花板，而不只停留於牆面，成為空間中突出的視覺焦點，呼應整體的空間定位。一般天花板造型甚少以石材呈現，而設計者將天花板挖出方正開口，讓石材沿壁面轉折向上，搭配間接照明光帶，呈現大器氣度。紋路飄逸的銀狐大理石在電視上方拼接出唯妙唯肖的祥獅吐水，意外的巧合成為獻給業主的圓滿祝福。天花板石材並非以薄板技術黏貼，而是先以螺絲固定結構再以特殊膠黏貼，才能呈現堅實質地並兼顧使用者安全。

間接照明
中天花板處
高天花板處
↓↓↓↓↓ 冷氣出風方向

將整根樑柱做石材特色，向上挑高成為客廳的視覺重心。

策略關鍵：

❶客廳沙發區上方的天花板特別挑高施作冷氣出風口。

天花板內挖開口、黏貼石材，讓寫意石紋一路攀附向上。流暢生動的石紋是開放空間的大器景緻。

木、石、金屬材質互搭，流暢和諧的一體奏鳴

CCL Architects & Planners

餐廚區如畫框堆疊，線條由壁面延伸至天花板，以木、石、金屬的和諧奏鳴，呈現豐富的空間畫面。臥室入口是以房門寬度沿天花板繞出框架，線條對應餐桌，讓造型燈飾落在餐桌上方。用餐區的牆面以洞石與木皮形成交錯韻律，烹調區則使用黑色石材，兩個區域之間以一道不鏽鋼區隔，界定出兩個空間的中心點，區隔前後不同功能的使用區塊並作收邊。最後，空調出風口再依比例融入層層排列的天花板線條中。本案的天花板看似沒有刻意造型，卻透過設計者的巧思，利用材質與線條區分開放空間，營造出優雅而不失休閒的氛圍，完成一幅純淨流暢的餐食畫面。

木皮天花板區隔客、餐廳，定位餐桌並聚焦燈飾位置。

用餐區與烹調區以不鏽鋼區隔並收邊，空調也融入其中共譜韻律。

【林祺錦建築師事務所CCL Architects & Planners】

Designer:林祺錦

CM Interior Studio

文化石牆面+斜面屋頂，打造原生北歐居家風

原本業主希望呈現黑白色調的現代感，而女主人希望帶有溫暖清新感，後來決定用北歐風，但由於樓高偏低，天花板的斜度控制就是造型的關鍵，設計師用溫暖的北歐基調搭配文化石牆面，營造清新與粗獷的對比，同時滿足男女主人的需求。以北歐風格呈現，結合自然元素與灰白色系做基底，動線以ＸＹ軸為概念，讓視野隨著腳步逐漸敞開。引進自然光營造不同氛圍並使整體空間更為明亮，特別是天花板結合北歐當地特色「斜屋頂」，增添視野多變性，實木材質也替室內增添溫馨親切的感受。

斜天花板與白色系大理石電視主牆搭配，擷取北歐國家的建築特色，將斜屋頂元素帶入天花板設計，讓居家氛圍更添豐富神采。

【澄穆空間設計】

Designer:叢翌權、林子哲

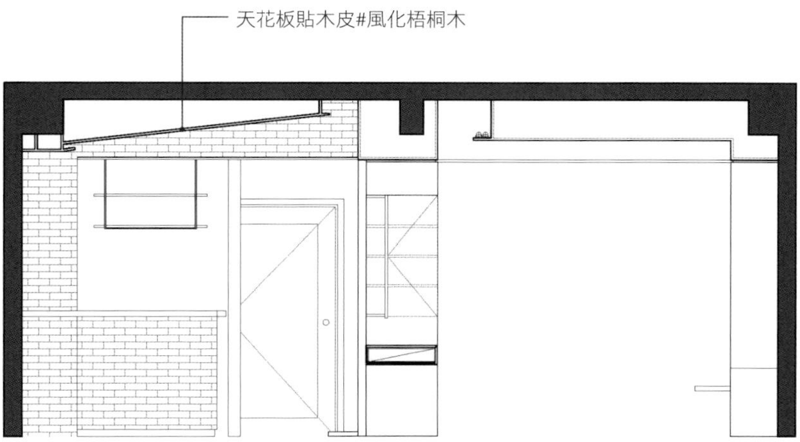

CM Interior Design

延伸天花板與壁面的格柵造型，無形凝聚家人情感

屋主相當重視家庭感情的培養，於是設計師將餐廳與客廳放置於整體空間的中央，利用玄關的燈溝牽引出動線，再配合天花板交錯的格柵讓線條延伸到各個角落，達到視覺放大的效果，而木格柵也轉折向壁面延伸，除了塑造視覺效果的整體性，格柵的平行排列模式也替空間增添層次感，還與客廳電視實木背牆串連起來，讓客廳與餐廳有所分隔，既保有各自的使用機能，又形塑雙方交互融合的自然感受，住家格局也因此愈顯寬廣，更重要的是透過這樣的設計，讓一家人忙完各自的事情後，離開房門便是可以聚在一起，家的意義也由此獲得彰顯。

[澄穆空間設計]

Designer:叢翌權、林子哲

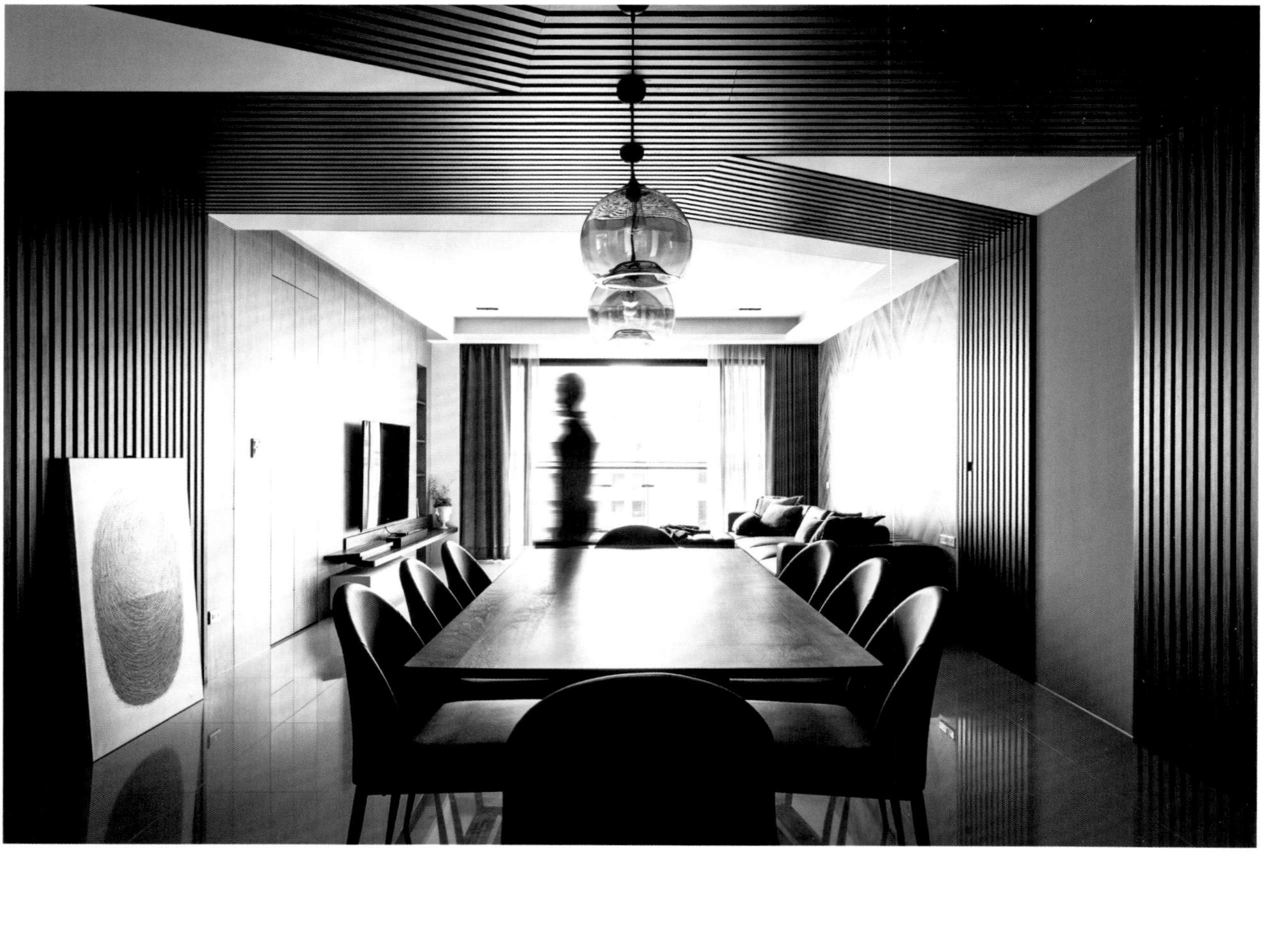

天花板的交叉下面是主臥跟小孩房的隱藏門，餐廳成為凝聚情感的地方，天壁立面使用格柵設計，帶來延伸交錯的線條感，象徵一家五口感情緊密相連。

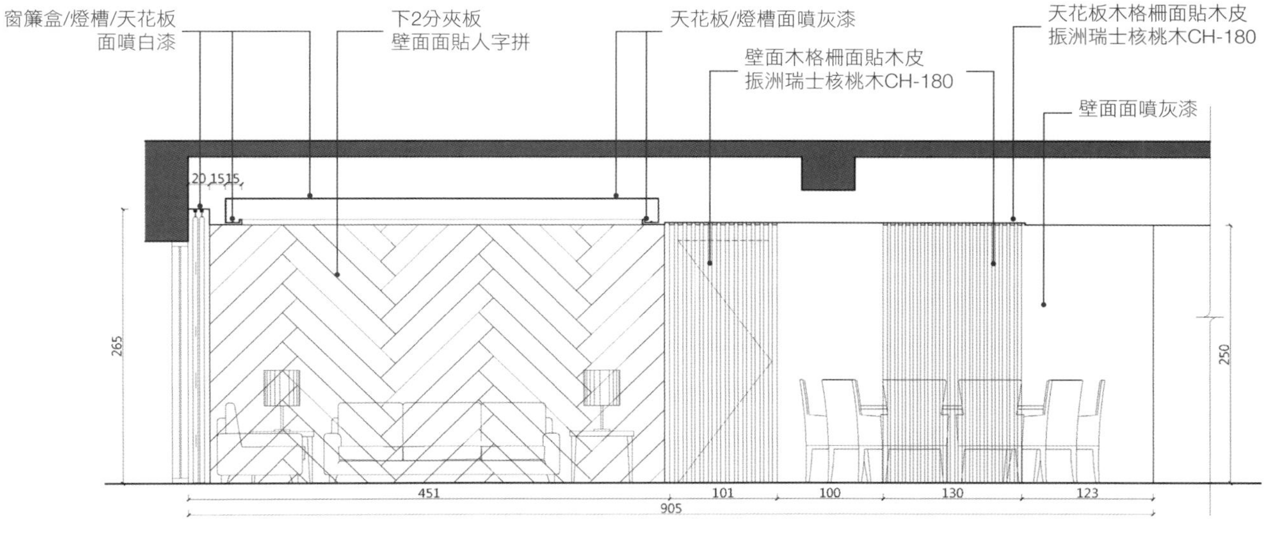

細緻內斂，沉穩純淨風尚宅

Guru Interior Design

本案屋主熱愛原木質地，家中擁有豐富藏書與風格逸品，並養成揮毫興趣。設計者以立體木紋的層次結構鋪陳天花板，線條由玄關俐落延伸，串聯餐廚區、客廳與閱讀區，透過天花板造型巧妙拉出一道日常生活動線；並利用玄關端景牆面收攏機能。同時，以「書頁」意象為靈感，讓重複的線性美學爬滿天花板、地坪與壁面，延伸整體視覺感受，拉闊精緻空間的尺度，巧妙呼應書本的扉頁肌理。設計師以深色木紋鋪敘空間，創造高純淨度的視覺色彩，傳遞內斂的創作深度，隨窗引自然光入室，灑亮細緻紋理與色澤，於平淡中烘托優雅質韻，整體空間佈滿自然紋理的質材，調和放鬆、愜意的人文氛圍。

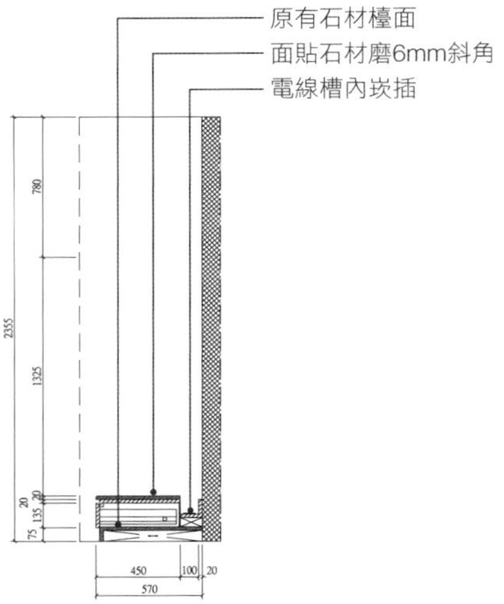

【格綸設計工程Guru Interior Design】

Designer:虞國綸

高天花板處
低天花板處
線型出風口

以樑柱為中心點一分為二，確保客廳、餐廳與閱讀區的空間分配。

策略關鍵：

❶主牆為洗牆式的間接照明。

❷仿格柵式天花板造型順勢區分入門的動線和座位區。

善用材質與線條，創造天花板的層次美學，開闊空間尺度。

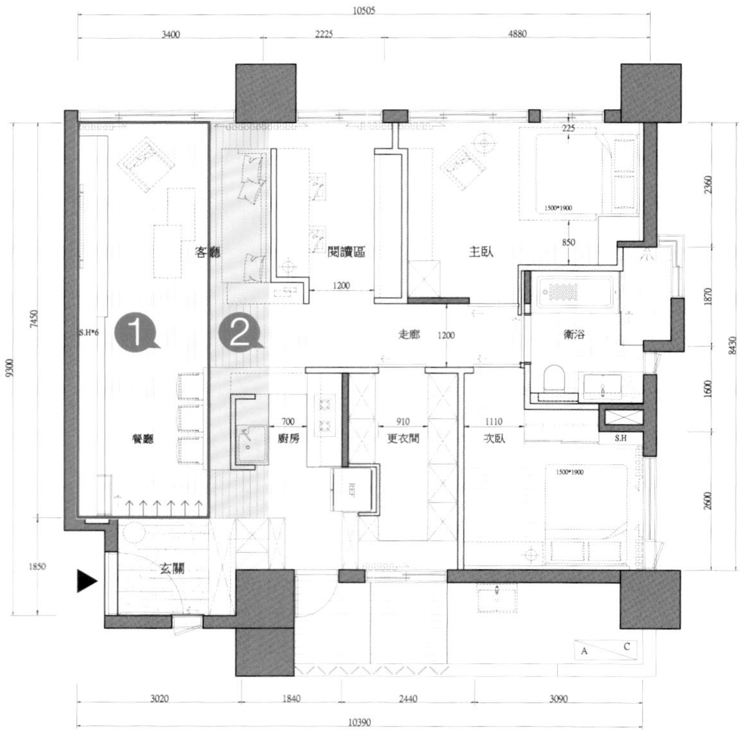

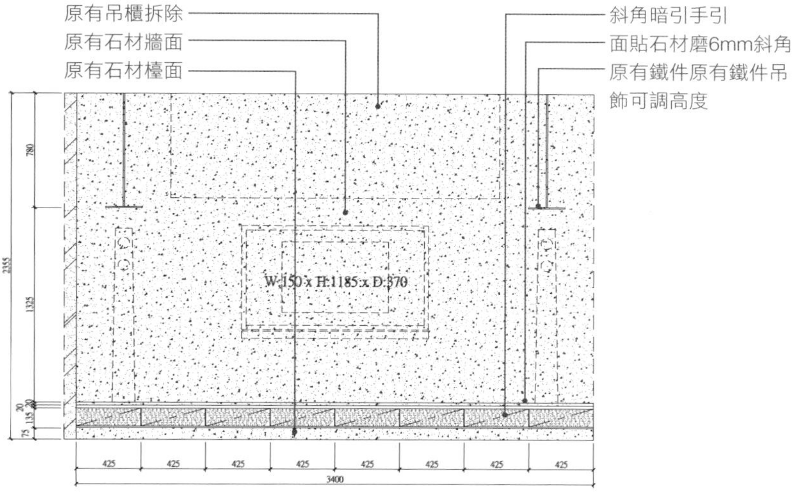

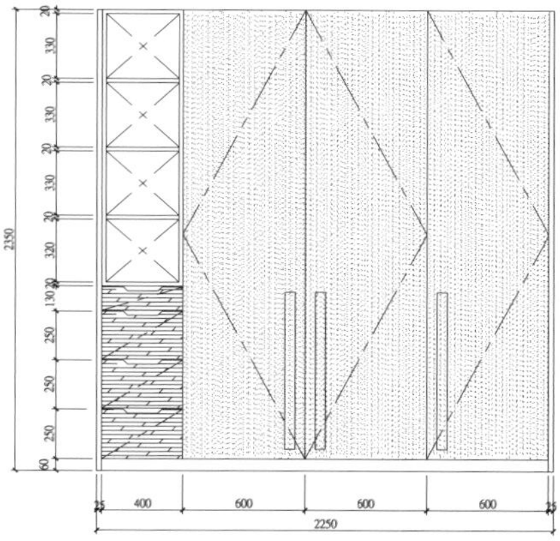

天花板木紋由客廳延伸至日式用餐空間，是日常動線的優雅比喻。

空調出風口呼應書牆尺度，維持整體的簡約線條。

Guru Interior Design

翼狀天花板延伸再分界，型隨機能上

本案以垂直縱向的線條律動作為空間基底，襯托30度向的切面語彙，以蘊含主題性的美學巧思，向剛成家且事業穩健起步的屋主獻上祝福。吧檯區面向落地窗方向，以面積不等的三角板塊打造一氣呵成的翼狀造型，自天花板向牆面轉折延伸，其間穿插木作、薄石板、鐵件等材質變化，在背景光的襯托下，釋放蓄勢起飛的能量，並讓開放空間的不同單元彼此交疊、延伸、再分界。兩窗之間由翼狀天花板往下縱向發展的30度斜角裝飾牆，以鐵件包鑲薄片石皮製成，除了作為窗景黏著，也兼具窗簾盒的功能。

【格綸設計工程Guru Interior Design】

Designer:虞國綸

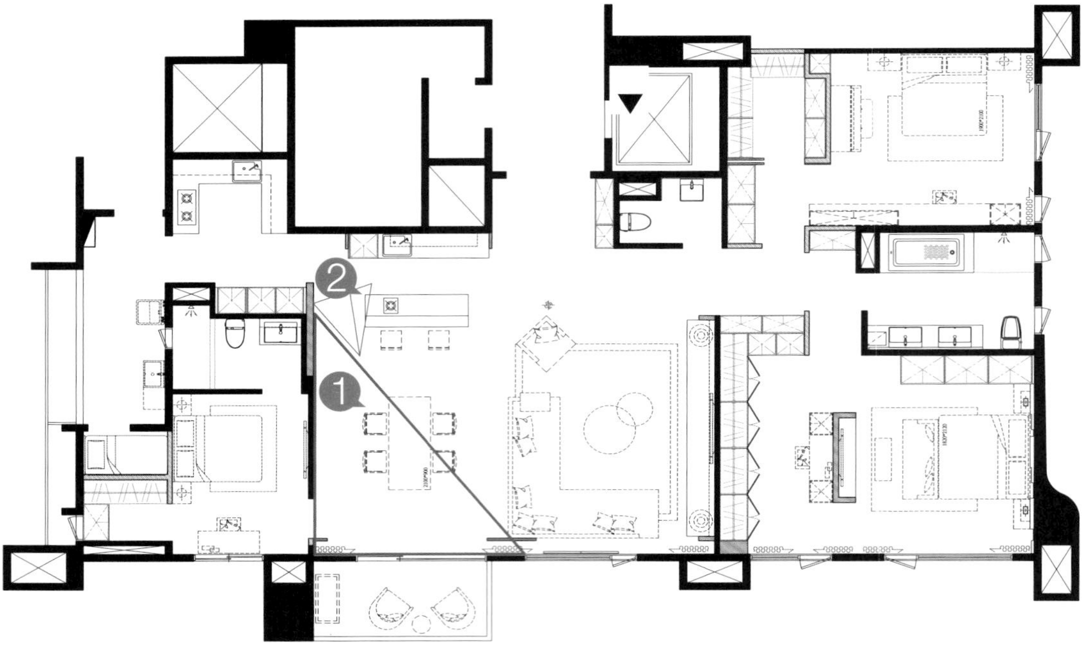

—— 翼狀天花板
—— 翼狀天花板

天花板與假牆做出完美隔間，修飾了畸零空間，也有了橫向水平對應。

策略關鍵：

❶以落地窗框的距離和造型天花板區分客廳與吧檯的分界點。

❷三角板塊延伸中島與吧檯+安裝空調出風口。

玄關處的屏風造型亦呼應天花板設計，隱喻穩健發展的人生藍圖。

翼狀天花板與斜角裝飾牆皆生動演繹 30 度向的切面語彙。。

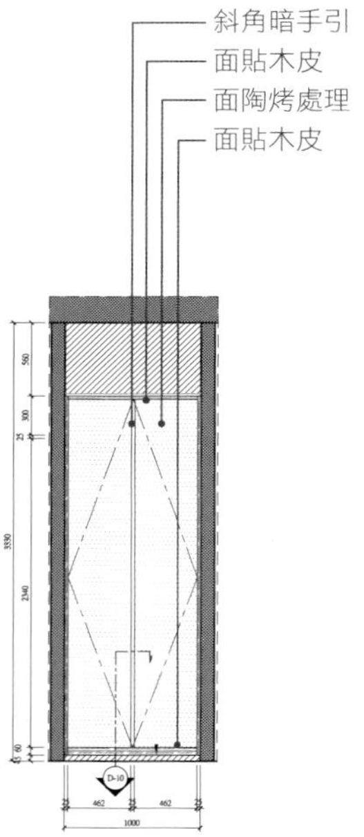
斜角暗手引
面貼木皮
面陶烤處理
面貼木皮

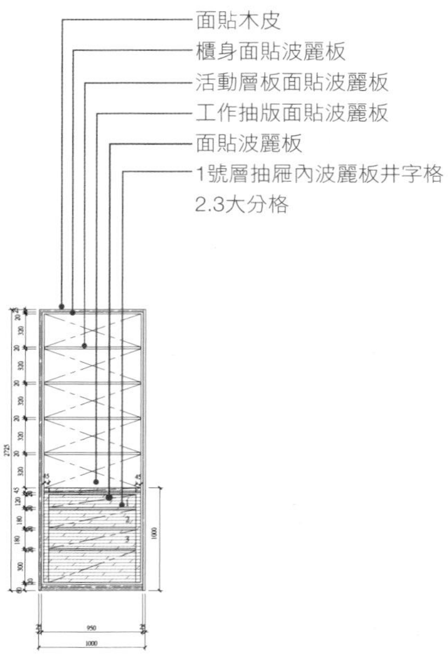
面貼木皮
櫃身面貼波麗板
活動層板面貼波麗板
工作抽版面貼波麗板
面貼波麗板
1號層抽屜內波麗板井字格
2.3大分格

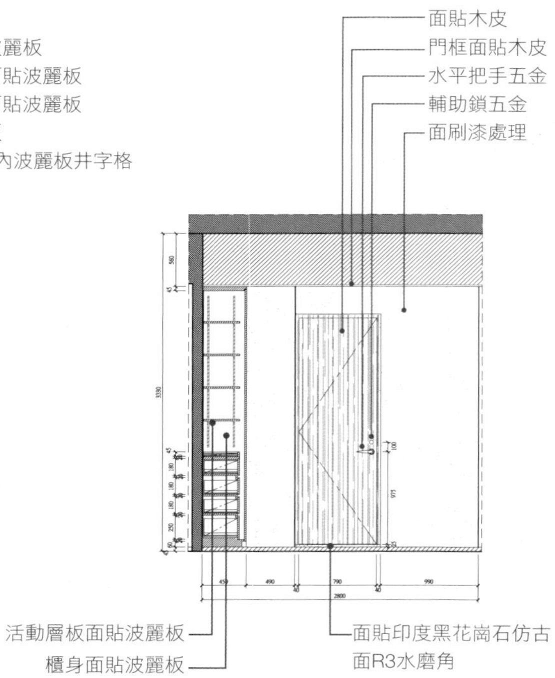
面貼木皮
門框面貼木皮
水平把手五金
輔助鎖五金
面刷漆處理
活動層板面貼波麗板
櫃身面貼波麗板
面貼印度黑花崗石仿古
面R3水磨角

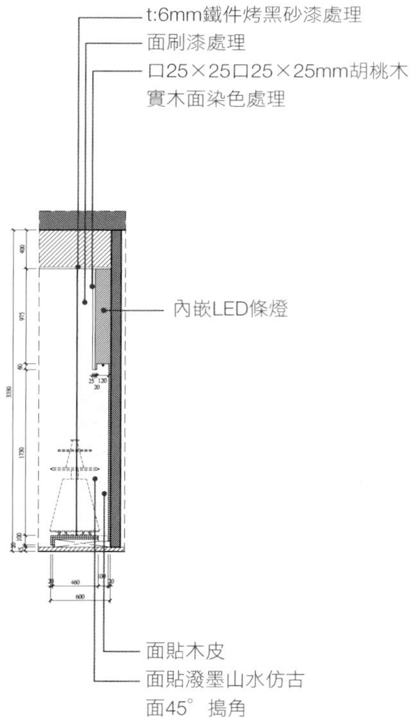
t:6mm鐵件烤黑砂漆處理
面刷漆處理
口25×25口25×25mm胡桃木
實木面染色處理
內嵌LED條燈
面貼木皮
面貼潑墨山水仿古
面45° 搗角

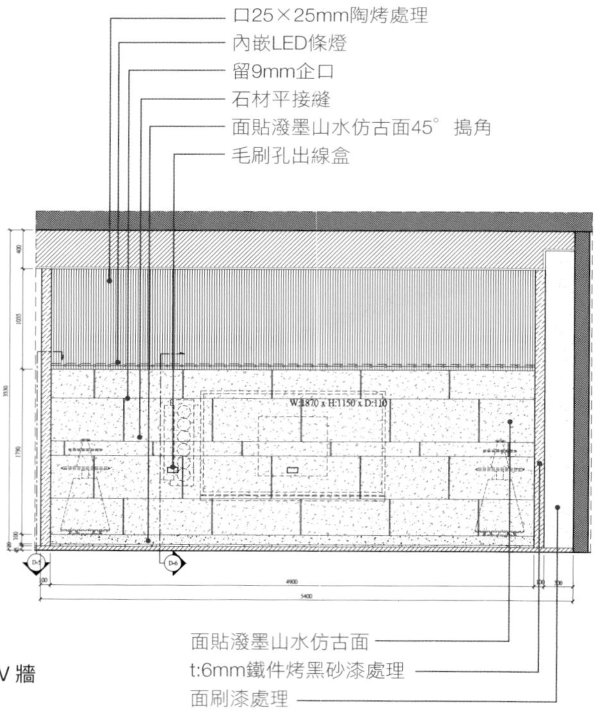
口25×25mm陶烤處理
內嵌LED條燈
留9mm企口
石材平接縫
面貼潑墨山水仿古面45° 搗角
毛刷孔出線盒
W:1870 x H:1150 x D:110
面貼潑墨山水仿古面
t:6mm鐵件烤黑砂漆處理
面刷漆處理

TV 牆

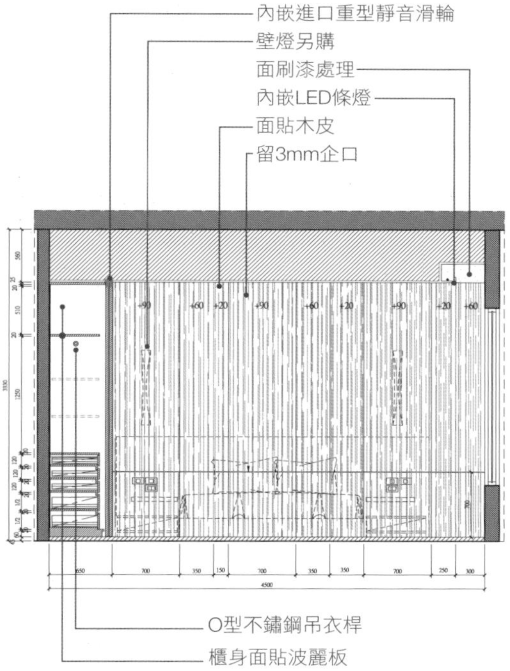

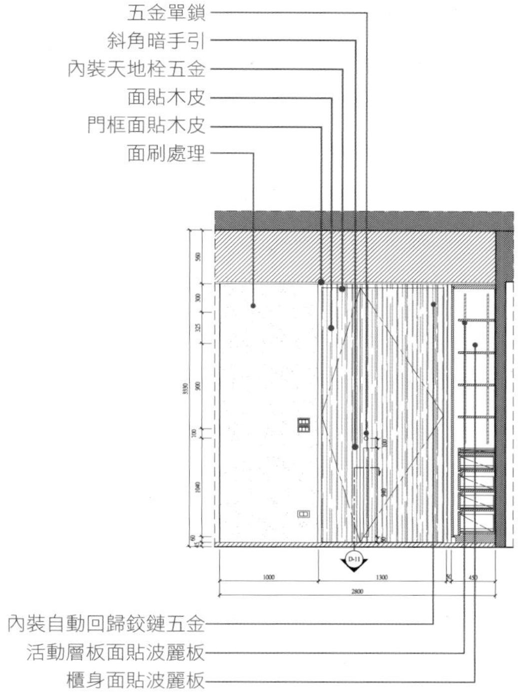

餐桌上方形似飛行器的設計燈飾恰如其分地為情境加分。

【格綸設計工程Guru Interior Design】
Designer:虞國綸

Guru Interior Design

溫潤的木天花板整合生活區域，真正的和光沐景

本案位於擁有四季美景的陽明山，設計者特別消融實體牆線，靜觀媒材潛藏的特性，釀構出與自然山林相映成趣的靜緩風景。打破制式界限，以溫暖舒適的氛圍連結人與環境，促成有機價值的生活體現。質感溫潤、線條俐落的木天花板整合生活區域，並與不同材質的牆面連結，讓整體空間契合一體。環山綠景引動和煦日光，在線面媒材脈絡的轉折間，滲透、釋放生活能量。木天花板以色塊分割與拼貼細節，隱藏燈具、冷氣出風口，並與立面柱體產生對話，延續消弭界線，靜觀原始本質、引用動態介質的初衷。

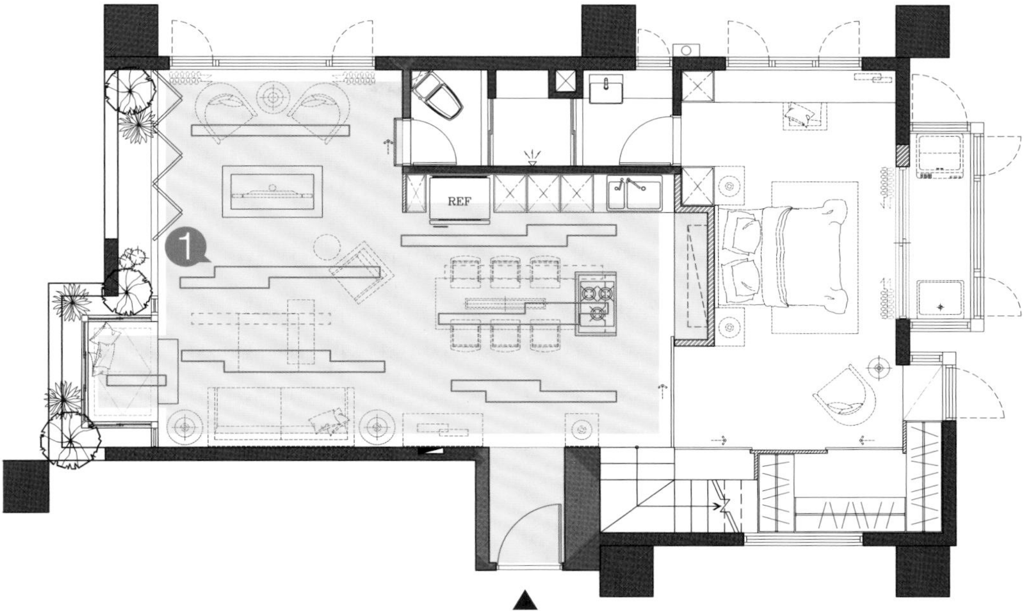

— 天花板黑溝槽
木質天花板
- - - - 線型出風口

從極具人文美學的木天花，轉折至沉穩大器的黃金板岩、視覺意象溫暖的壁爐，乃至可隨處坐臥、凝景自然的閱讀空間，皆呼應本案嚮往構築的山居生活。

策略關鍵：

❶封頂式天花板+錯落式照明。

溫潤的木材質由天花板延伸至壁面、屏風，和諧共譜空間主題。

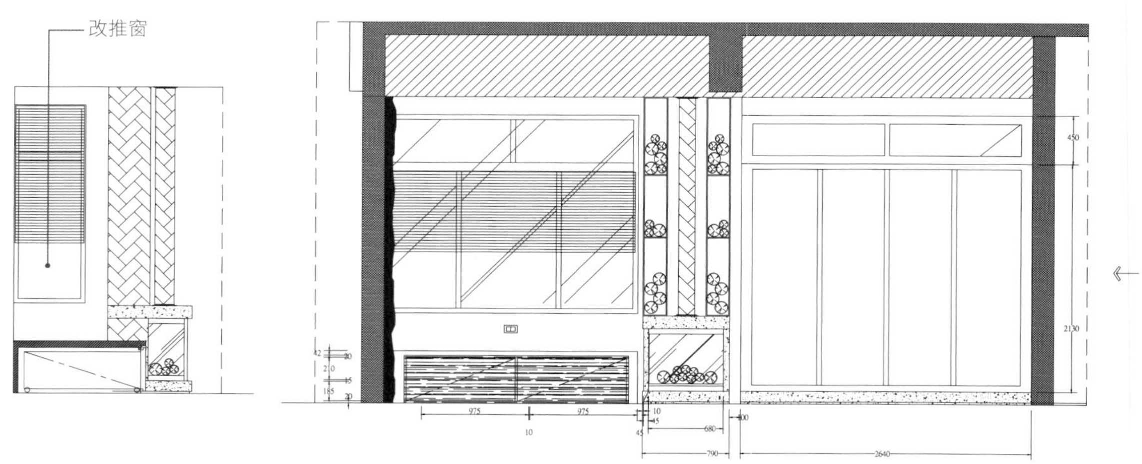
改推窗

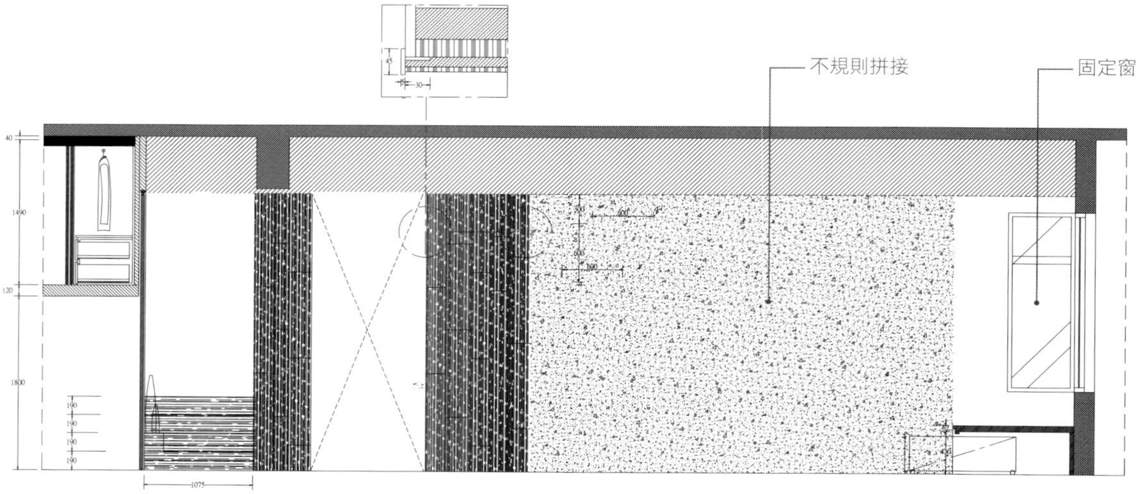
不規則拼接
固定窗

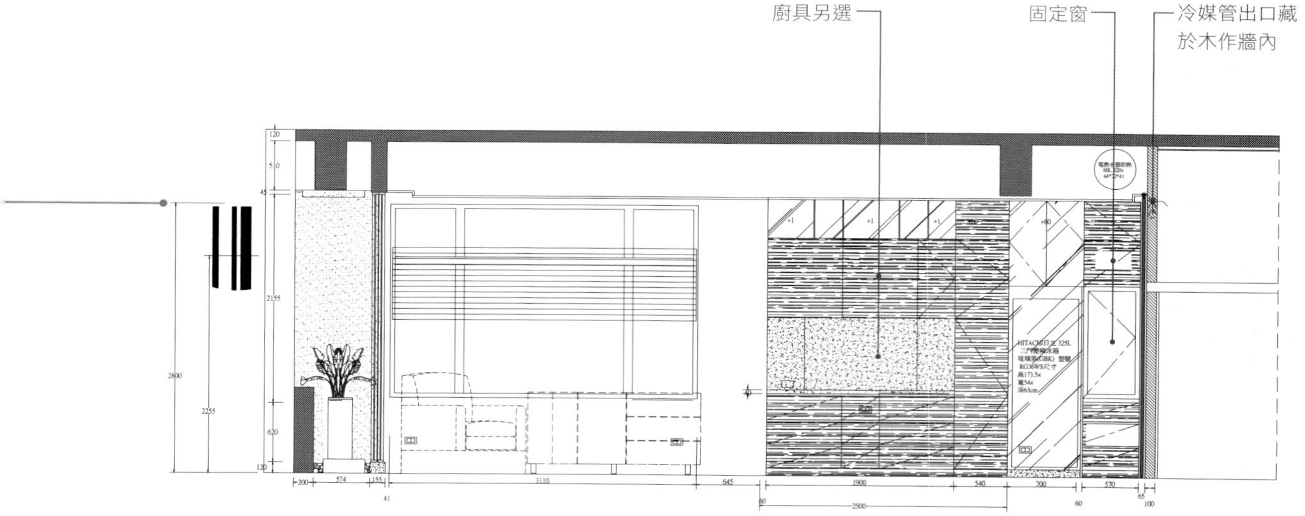
廚具另選
固定窗
冷媒管出口藏
於木作牆內

從極具人文美學的木天花板，轉折至沉穩大器的黃金板岩、視覺意象溫暖的壁爐，乃至可隨處坐臥、凝景自然的閱讀空間，皆呼應本案嚮往構築的山居生活。

木與石的優雅對話，構成線性媒材的虛實轉折。

Guru Interior Design

植生牆上方天花板，注入都會宅一絲生機綠意

對躋身水泥叢林的都市人而言，「綠」是求之不得的奢侈。在本案中，設計者在兩窗之間的結構柱位置，導入住宅室內少見的植生牆，結合滴灌系統與照明帶動室內全時段的活氧光合作用。同時，在兩列縱向的植生牆上方天花板，依等寬設置兩座偽橫樑的水平向鏡盒，藉鏡面倒影創造全視角的室內花園意象。以別出心裁的綠意，營造舒壓、自在的宜居溫度。本案選用石、木等自然素材讓視覺歸零，刻意減少天花板、牆面、窗框的裝飾性，以連續開窗引進充沛的自然光，突顯親近天地的環境特質，透析日常中耐人尋味的感動。

【格綸設計工程Guru Interior Design】
Designer:虞國綸

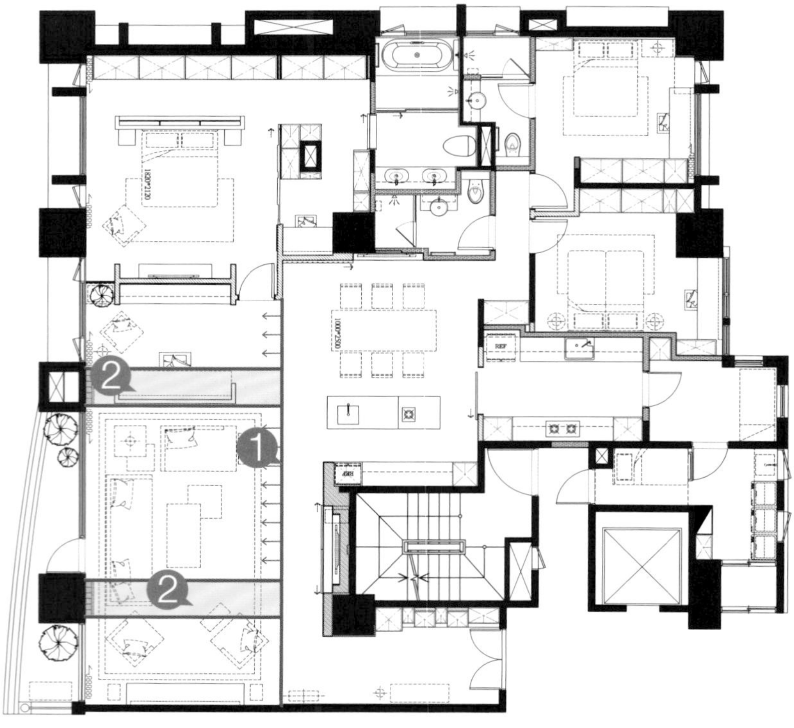

—— 天花板線
鏡盒(假樑)
⟶ 線型出風口

順著外牆的柱面延伸到天花板，透過鏡盒的垂直反射效果，視覺上拉抬屋高。

策略關鍵：

❶降低的天花板終止線內，安裝冷氣。

❷對稱式假樑+鏡面反射。

植生牆的蓊鬱綠意透過天
花板與壁面的鏡像反射形
成一處豐饒花園。

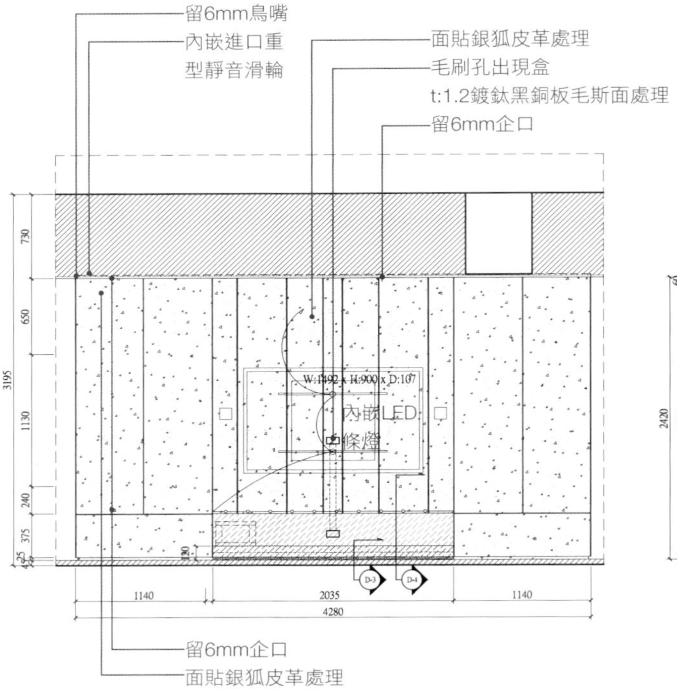
留6mm鳥嘴
內嵌進口重
型靜音滑輪
面貼銀狐皮革處理
毛刷孔出現盒
t:1.2鍍鈦黑銅板毛斯面處理
留6mm企口
W:1492 x H:900 x D:107
內嵌LED
條燈
730
650
1130
240
375
3195
1140
2035
1140
4280
留6mm企口
面貼銀狐皮革處理

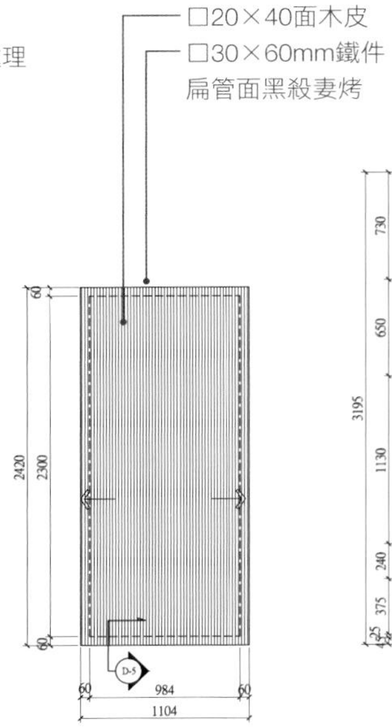
□20×40面木皮
□30×60mm鐵件
扁管面黑殺妻烤
60
2420
2300
60
984
60
1104

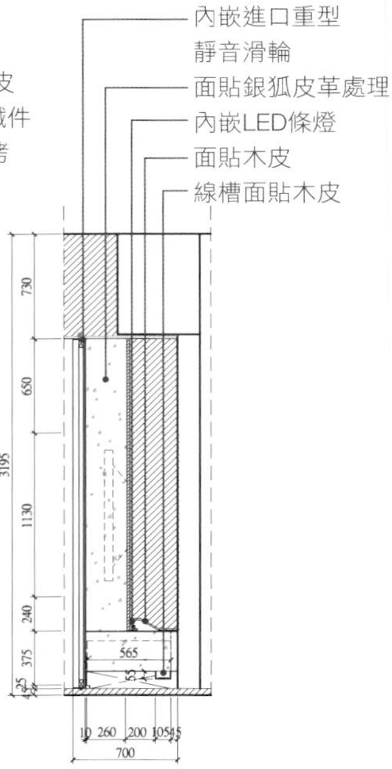
內嵌進口重型
靜音滑輪
面貼銀狐皮革處理
內嵌LED條燈
面貼木皮
線槽面貼木皮
730
650
1130
240
375
3195
565
700

低彩度的生活空間，讓「綠」成為最吸睛的亮點。

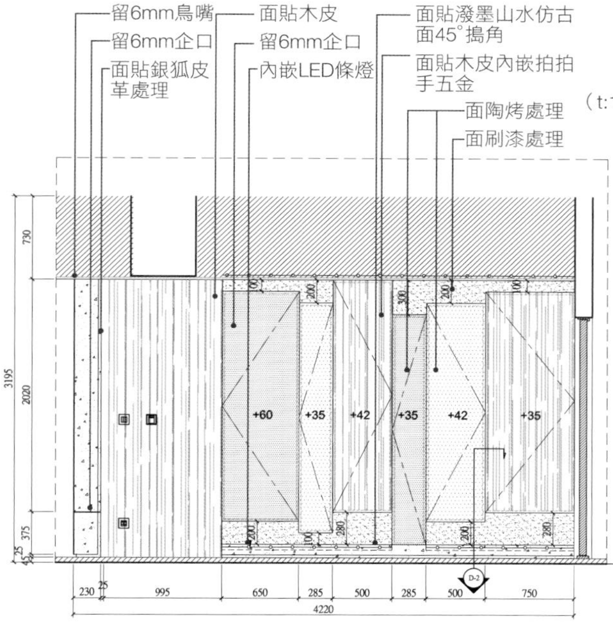

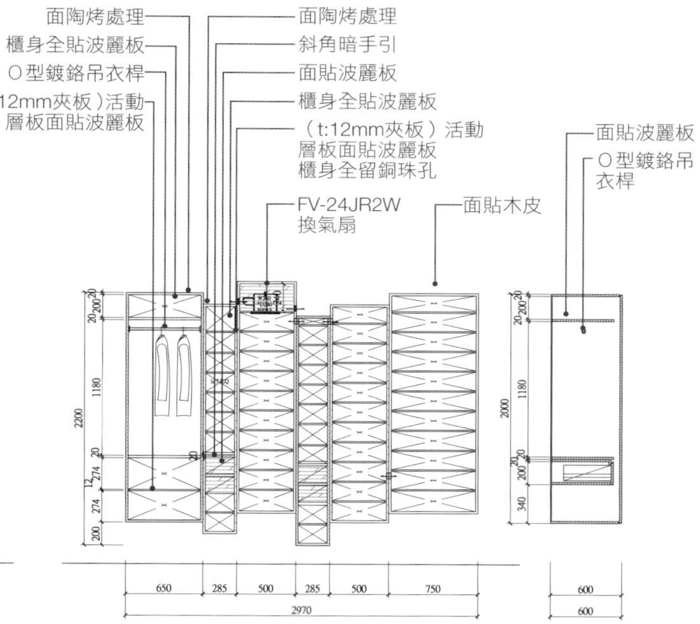

留6mm鳥嘴
留6mm企口
面貼銀狐皮革處理

面貼木皮
留6mm企口
內嵌LED條燈

面貼潑墨山水仿古面45°搗角
面貼木皮內嵌拍拍手五金
面陶烤處理
面刷漆處理

面陶烤處理
櫃身全貼波麗板
O型鍍鉻吊衣桿
（t:12mm夾板）活動層板面貼波麗板

面陶烤處理
斜角暗手引
面貼波麗板
櫃身全貼波麗板
（t:12mm夾板）活動層板面貼波麗板
櫃身全留銅珠孔

FV-24JR2W換氣扇

面貼木皮

面貼波麗板
O型鍍鉻吊衣桿

+60　+35　+42　+35　+42　+35

舒適日光灑落室內綠景，構成明亮簡約的理想生活。

Guru Interior Design

水紋肌理天花板曲度，表現大自然共生意象

依水岸之傍，以高樓層坐擁天光是本案優勢。由於是雙拼大宅，設計者將公私領域以玄關左右區分，因此進入玄關後，先以造型天花板引導來者往左方的公領域移動。轉譯自水紋肌理的天花板流線如水波層層推引，並搭配造型燈帶，串聯餐廚區域。開放空間的天花板採同樣高度，僅以造型簡約劃分客廳與餐廚區，並以電視牆上下呼應空間分野。設計者以自然語彙賦予空間流動意象，在自然光線的輝映下，將室內綠景與遠處青山相連，追求融合、平衡的動態秩序，並運用純淨內斂的質樸媒材，由內而外打造自在舒適的無壓居家。

【格綸設計工程Guru Interior Design】

Designer:虞國綸

水紋肌理的天花板設計、青翠生機的室內花房，皆以自然元素回應場所精神。

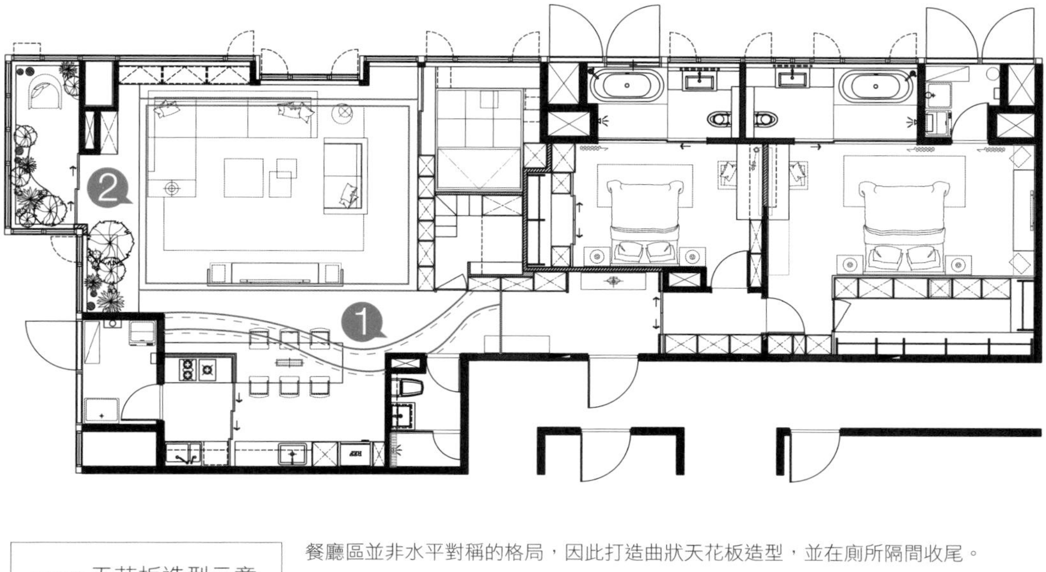

—— 天花板造型示意

---- 間接照明示意

餐廳區並非水平對稱的格局，因此打造曲狀天花板造型，並在廁所隔間收尾。

策略關鍵：

❶脫開式技巧，內有安置直射嵌燈。

❷平頂式手法處理位置不理想的樑+安排空調管線。

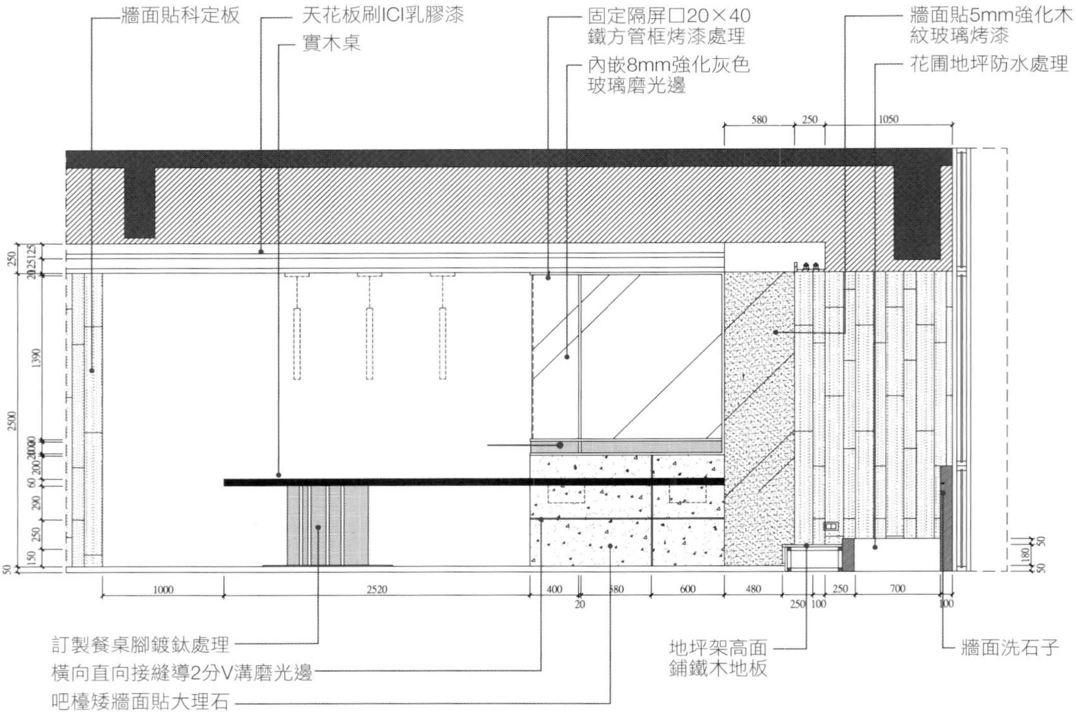
牆面貼科定板
天花板刷ICI乳膠漆
實木桌
固定隔屏口20×40
鐵方管框烤漆處理
內嵌8mm強化灰色
玻璃磨光邊
牆面貼5mm強化木
紋玻璃烤漆
花圃地坪防水處理
訂製餐桌腳鍍鈦處理
橫向直向接縫導2分V溝磨光邊
吧檯矮牆面貼大理石
地坪架高面
鋪鐵木地板
牆面洗石子

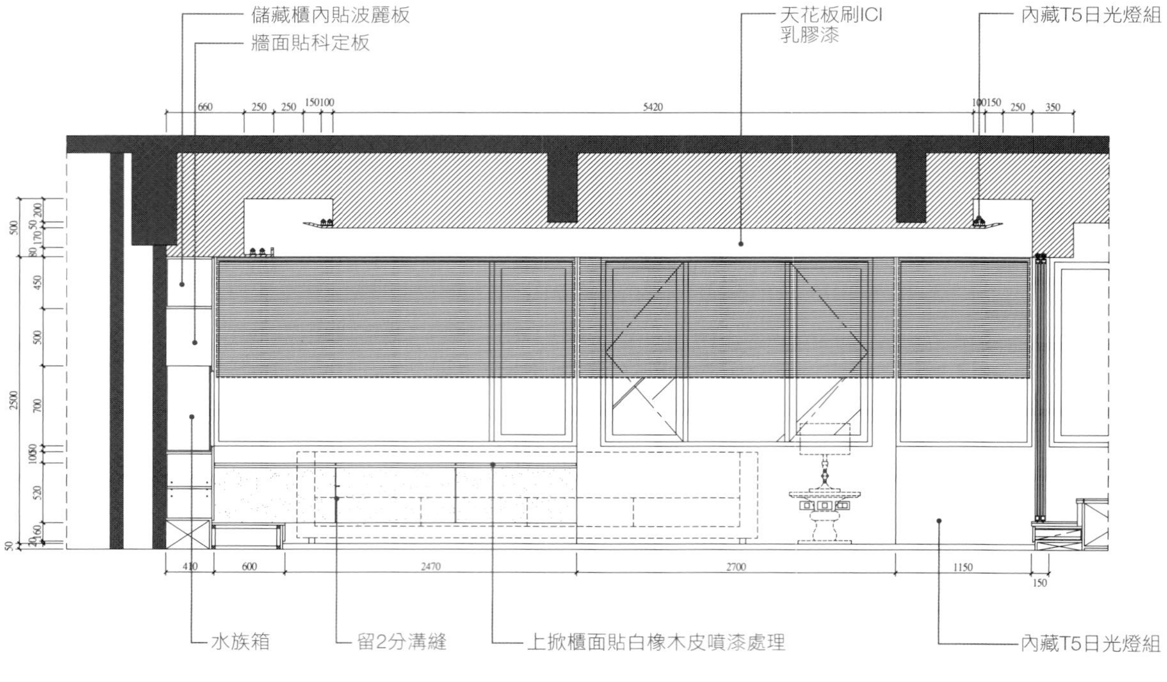
儲藏櫃內貼波麗板
牆面貼科定板
天花板刷ICI
乳膠漆
內藏T5日光燈組
水族箱
留2分溝縫
上掀櫃面貼白橡木皮噴漆處理
內藏T5日光燈組

流暢的天花板線條取自蜿蜒的河岸意象，感性串聯空間動線。

以造型天花板暗示公共空間的動線，巧妙隔絕私領域。

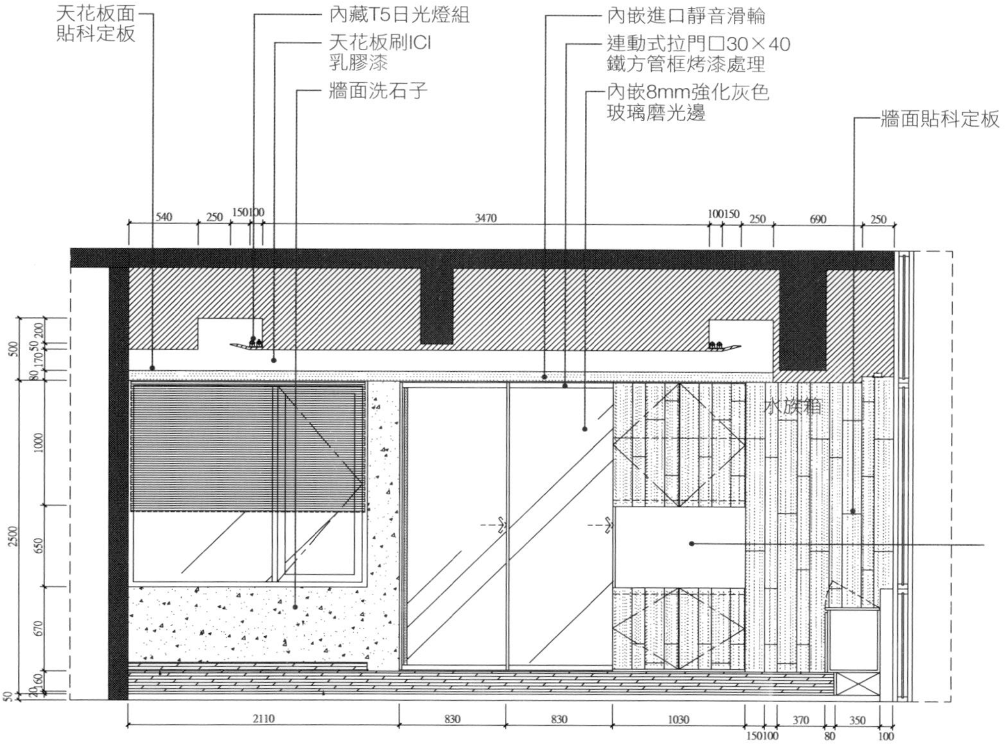

Guru Interior Design

環型燈飾組成的交錯圓形共伴效應

「共伴效應」的設計概念取自廚藝修練的推、翻、撥、剷、收等動作，皆需以8下為限，首先衍生出空間置中，兩圓相銜的8字型用餐區域。接著將8字型律動延伸至天花板的懸浮線性造型，以鐵件特製大軸距的環型燈飾構成重複交錯的圓形；以不同波段律動，交織光影流動的空間線性，呼應餐檯主體與左右牆面的弧形光帶。分別運用圓、弧、垂直水平軸線，融合石、木、鐵件的材質特性，完美的演繹人與空間合而為一的動象意境，並以燈光設計展現動靜之間的用餐氛圍，透過光影明暗與三度空間的層次闡述歡愉的用餐時光。

【格綸設計工程Guru Interior Design】

Designer:虞國綸

天花板懸浮線性造型呼應空間中光影流動的8字型律動。

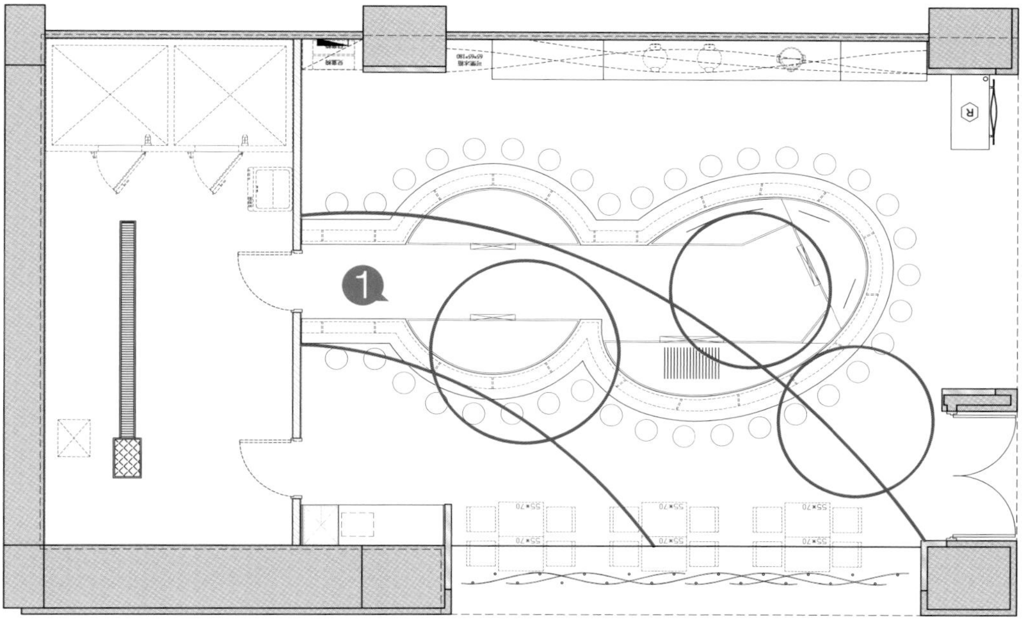

—— 天花板環狀燈飾

以訂製燈具為表現重點，天花板頂部全部塗上深色漆，為了安排消防排煙設備與空調，製做一長方體從中間橫過。

策略關鍵：

❶消防排煙+送風+空調機體與管線+音響出口。

虛實流動的視覺感受來自於饒富層次的光影變化。

環狀燈飾、弧形牆面與8字型餐檯共同演繹層次律動的空間意象。

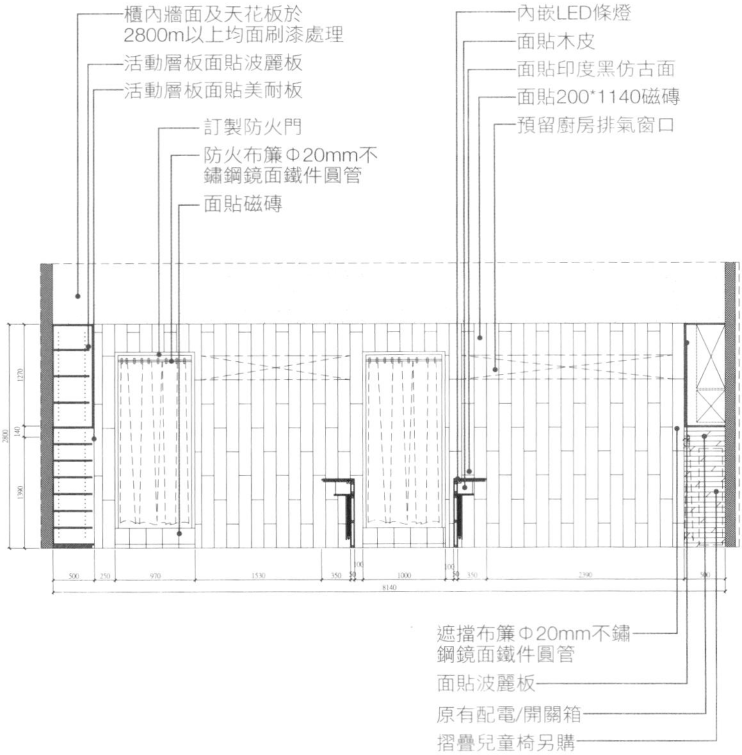

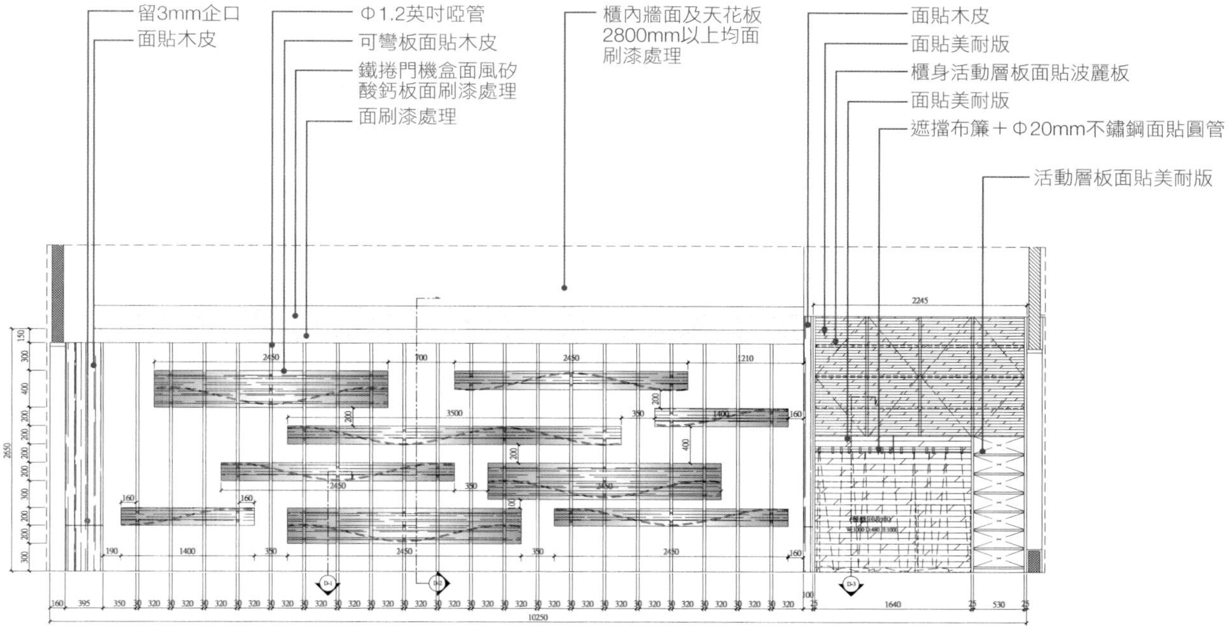

留3mm企口
面貼木皮
Φ1.2英吋啞管
可彎板面貼木皮
鐵捲門機盒面風矽酸鈣板面刷漆處理
面刷漆處理
櫃內牆面及天花板2800mm以上均面刷漆處理
面貼木皮
面貼美耐版
櫃身活動層板面貼波麗板
面貼美耐版
遮擋布簾＋Φ20mm不鏽鋼面貼圓管
活動層板面貼美耐版

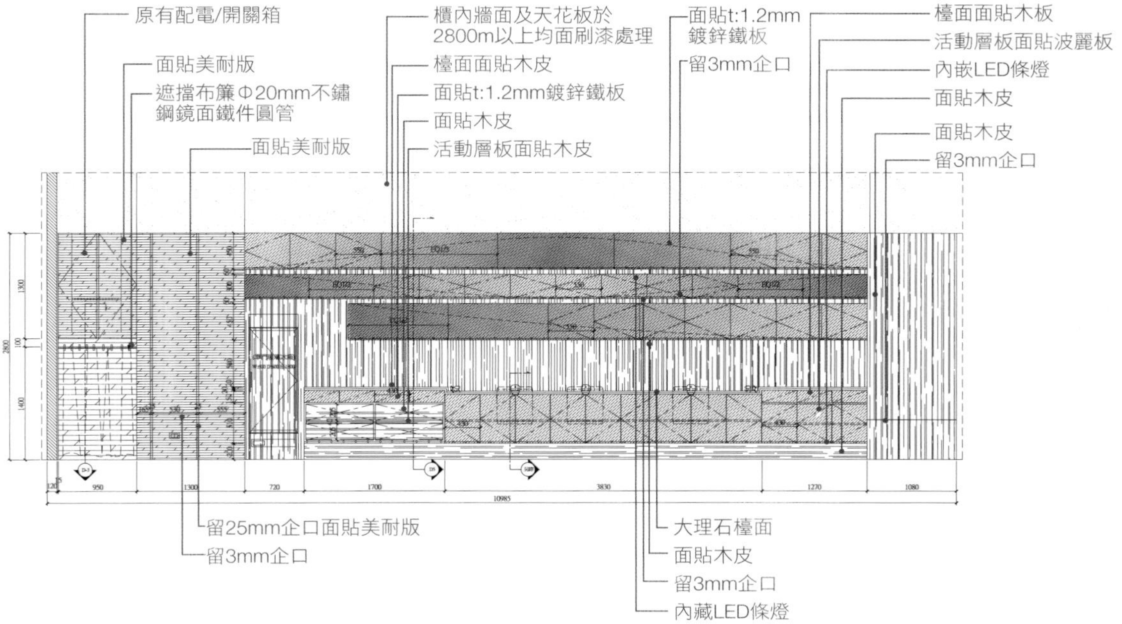

原有配電/開關箱
面貼美耐版
遮擋布簾Φ20mm不鏽鋼鏡面鐵件圓管
面貼美耐版
櫃內牆面及天花板於2800m以上均面刷漆處理
檯面面貼木皮
面貼t:1.2mm鍍鋅鐵板
面貼木皮
活動層板面貼木皮
面貼t:1.2mm鍍鋅鐵板
留3mm企口
檯面面貼木板
活動層板面貼波麗板
內嵌LED條燈
面貼木皮
面貼木皮
留3mm企口
留25mm企口面貼美耐版
留3mm企口
大理石檯面
面貼木皮
留3mm企口
內藏LED條燈

特殊切割線狀改善長型空間營造立體與通透

dotze innovations studio × iTemdesign

本案是老公寓的空間整新，設計者先在平面中央先拉出一道人造石斜牆，區隔公私領域，並將北面窗景引進室內，即使在屋內深處也能感受位處十一樓的遼闊景致與通透採光。客廳的天花板造型也順應空間格局的變動，拉出微傾斜的切割面，由工作區向電視牆緩緩上揚，讓天花板形成完整的純淨塊體。接著一路向內延伸，經過用餐區、轉進廚房，以連貫的天花板延續開放的空間尺度；沿著斜牆與餐廚區的兩側，天花板各退出一段溝槽，形成柔和光帶，運用切割線條雕塑室內光線的立體感。透過虛實的巧妙對應，極簡空間展現自由的穿透性，任靈動光影演繹「白」的豐富表情。

【魏子鈞建築師事務所dotze innovations studio X湯友正iTemdesign】

Designer:魏子鈞、湯友正

兩側溝槽勾勒出光帶，以光線雕塑淨白空間的立體感。

開放空間的天花板拉出一道斜面，呼應平面中央的斜牆。

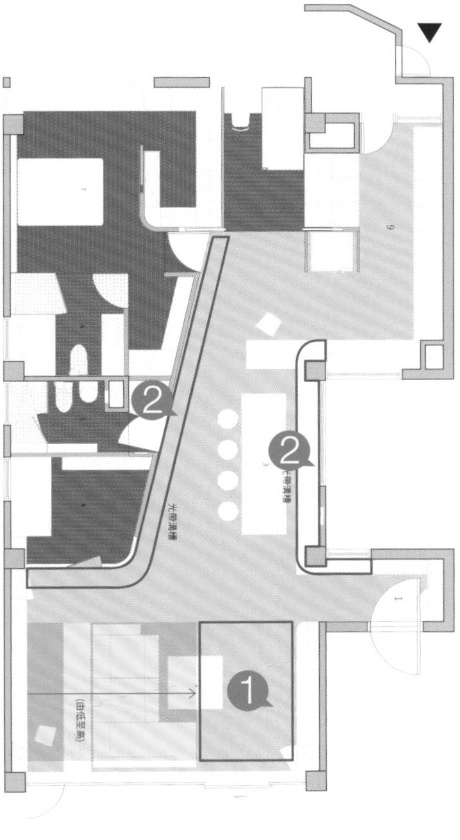

天花板造型
天花板斜度

長形又非方正的空間，以斜牆和天花板帶出一個穩定的室內中軸線基準，提供餐廳使用。

策略關鍵：

1. 客廳的天花板採不對稱拉高做法+利用落差陰影增加白色層次。
2. 天花板的溝槽整合光電與空調+強調動線。

YUN CAI INTERIOR DESIGN

長短不一木格柵，軟化空間方正格局

沙發後方的起居室，與客餐廳串聯成開闊的開放空間，是孩子閱讀、遊戲的活動區域。屋主嚮往和風的溫潤質地，又不希望過於傳統、繁複，因此設計者以木色基調鋪陳整體空間，天花板採用造型木格柵，不規律的排列方式，成為進門後的吸睛亮點。刻意將格柵垂直於書櫃，以長短不一的節奏營造輕盈韻律，軟化空間的方正格局，並將視線巧妙引導至後方走道，延伸開闊的空間尺度。格柵造型在窗邊局部轉折向下，成為女主人擺放花器、植栽，任綠意搖曳的一角。格柵的粗細、間距等比例拿捏是影響呈現效果的關鍵，避免過於沉重或瑣碎，讓照明映襯木材的溫潤質地是設計重點。

[芸采室內設計YUN CAI INTERIOR DESIGN]

Designer:吳佩芸

順應大樑，天花板做出格局的分區規劃。

策略關鍵：

1. 特別拉高的天花板加強客廳的視覺舒適度。
2. 和室區架高地板+降低的木格柵天花板，提供溫暖的安全感。

轉折向下的格柵成為女主人擺放植栽的角落。

造型格柵的排列方式，營造輕盈活潑的空間韻律。

[芸采室內設計YUN CAI INTERIOR DESIGN]
Designer:吳佩芸、蔡豐任

YUN CAI INTERIOR DESIGN

彎曲弧線延伸天花板，柔和空間線條

本案為雙拼別墅的三樓，屋主在兩位女兒的房間外保留了一處閱讀、遊戲的起居空間。前方是挑空的通透天井，透過天光接引，串連垂直動線；旁邊的樓、電梯則是家中主要的上下路徑。設計者希望在此處呈現充滿童趣的包覆感，因此讓加厚的壁面延伸向上，以彎曲弧線轉上天花板，柔和空間線條並包覆後方的大樑。接著貼上繽紛壁紙，藏入姊妹倆喜愛的粉紅色與藍色，讓植物圖紋蔓延整面天花板，並搭配間接照明，讓此處成為充滿童趣與生機的夢幻基地，突顯空間的主題性。

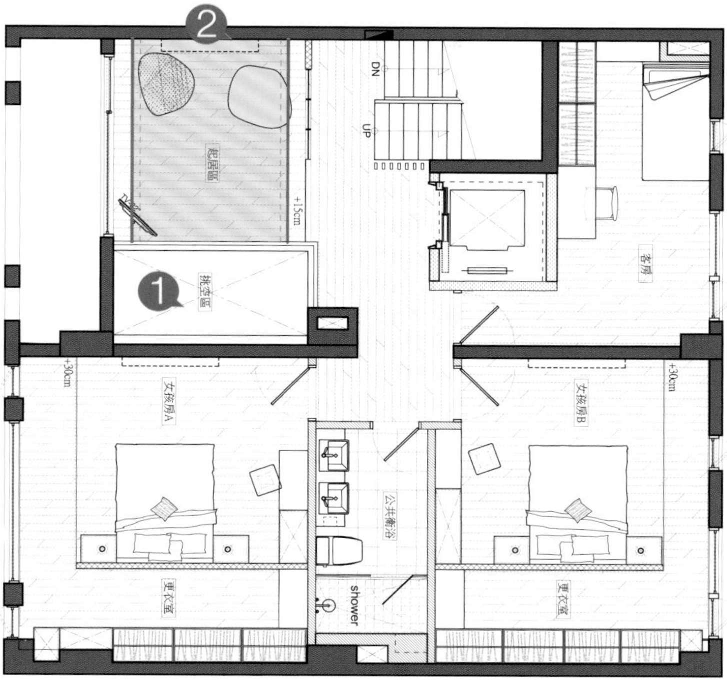

—— 造型天花板
弧形天花板
---- 間接照明

天花板與垂直加厚的壁面部分一氣呵成，深度剛好可做為書櫃使用。

策略關鍵：

❶挑空天井選用長形吊燈與樑柱平行，維持平衡感。

❷利用曲狀天花板弱化空間的剛硬線條+整體包覆空間提供安全感。

繽紛的植物圖紋蔓延至天花板，打造充滿童趣的少女基地。

壁面線條轉上天花板，以柔和造型營造包覆感。

YUN CAI INTERIOR DESIGN

木皮天花板串連拉大空間尺度，映照空間的趣味角度

設計者以溫潤木質結合沉穩岩板，為嚮往簡約休閒的屋主打造清新的居家風格。一道木皮天花板串連整個開放空間，拉大空間尺度，修潤大樑形體，並收納空調與照明。為了降低樑柱間的高低落差，靠近大樑的天花板轉折了些微的斜面，配合間接照明的光線，映照出空間中的趣味角度。客廳、餐廳、廚房與臥室等不同的機能空間，藉由這道木作天花板同時產生劃分機能與整合空間的作用；而木作由天花板延伸至壁面，形成明顯的大量體，也有放大空間的視覺效果。

【芸采室內設計YUN CAI INTERIOR DESIGN】

Designer:吳佩芸、蔡豐任

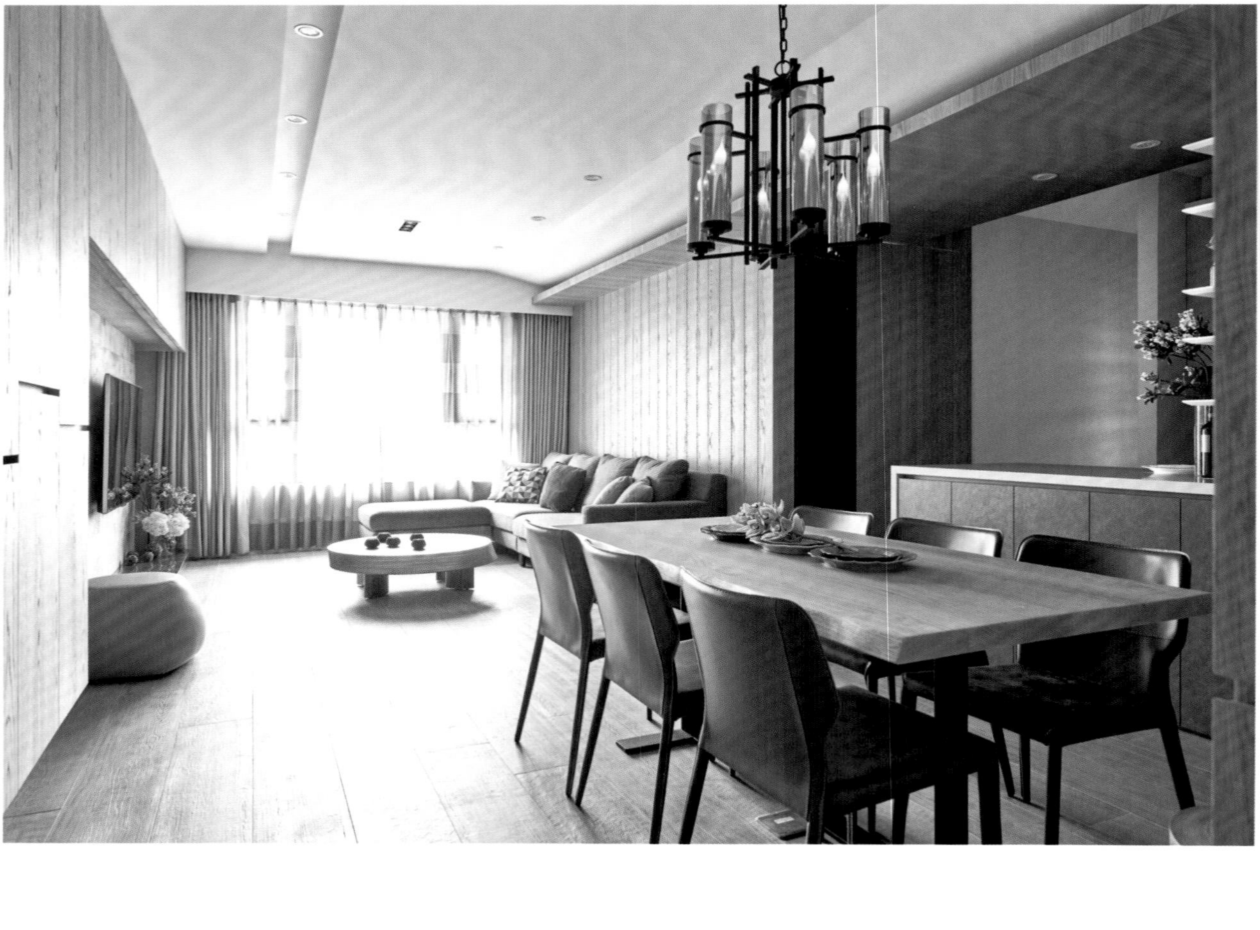

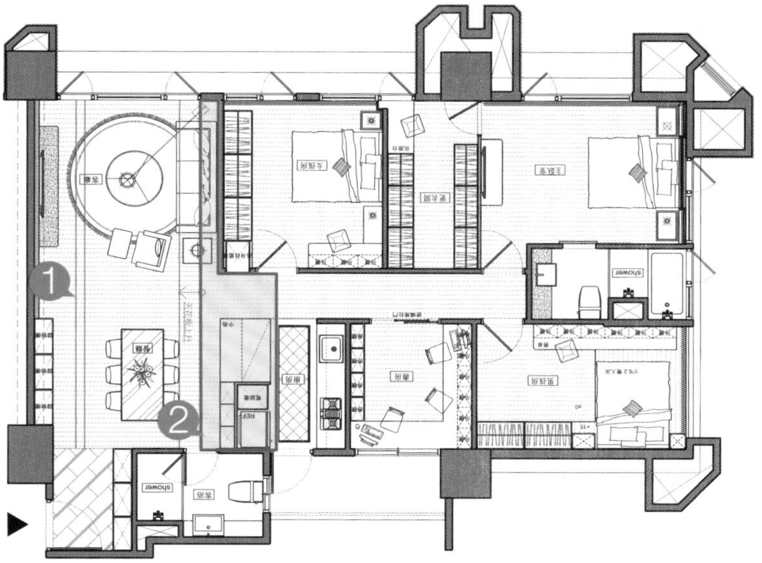

木作天花板
低天花板處
天花板修飾線

配合往臥室的天花板高度，一直到木作天花板區域呈現等高。在公共區的客廳，選擇漸進式的將天花板做高，形成一個自然的視覺區隔。

策略關鍵：

❶天花板修飾線安裝嵌燈加強照明。

❷木作天花板區是以沙發牆基準線向中島延伸+廚房區明確界定。

天花板轉折斜角，緩和樑柱間的高低落差。

木作造型串聯開放區域，讓空間更顯清爽開闊。

木作天花板延伸至壁面，讓空間更具整體感。

LED放射狀光槽天花板設計，成為室內主要視覺焦點

本案為兒童美語辦公室的接待區，打破改變兒童空間繽紛活潑的既定印象，打造沉穩舒適的工作環境。天花板設計為放射狀光槽，以延伸的視覺焦點將訪客的行進方向引導至接待區；再運用寬窄板呈現不對稱的美感，櫃台處配置寬版，兩側配置窄板，寬窄版的交錯搭配，形成和諧又有趣味的韻律，且天花板光槽與壁面的線條彼此呼應銜接。光槽內選用LED燈覆蓋壓克力，散發均勻柔和的光線，外部再補充投射燈，給予櫃台與壁面充足照明。櫃台背後的木格柵牆，左右分別是烤漆玻璃與深色木皮的暗門，以木紋的凹凸質感表喻前後進出的轉換。由於空間有屋高限制，又須配合原有的消防風管、空調與線材，因此設計者將天花板高度稍微下降，保留原有條件，方便業主日後復原。

【芸采室內設計YUN CAI INTERIOR DESIGN】

Designer:吳佩芸、蔡豐任

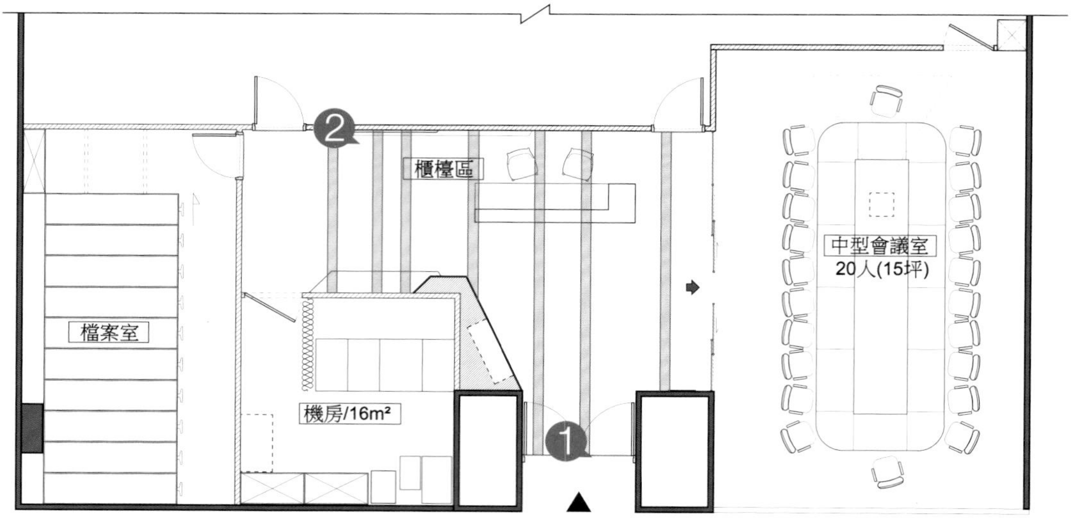

—— 天花板線

▒ 覆壓克力燈帶

配合屋高限制的天花板選擇嵌燈，可減低屋高給人的壓迫感。

策略關鍵：

❶天花板線位置剛好形成一個玄關空間。

❷不同寬度平頂天花板+燈帶。

不對稱的寬窄板對應壁面線條，共譜趣味的空間韻律。

光槽內以壓克力覆蓋LED燈，讓光線更加柔和。

大小、高低不等的圓洞天花板，完美整合各種機能

本案為安親與才藝教室，平面配置以象徵都市廣場的「故事區」為核心，四周則是象徵不同建築的音樂、舞蹈、烹飪、美術等才藝教室；以可穿透的「虛空間」串聯不同的功能教室。故事區的白牆上開鑿出大小、高低、色彩不等的方洞，可作為作品展示，亦增加教室內外相互觀看的滲透契機；同樣的手法延續到天花板，天花板曲線沿著圓弧形的教室蜿蜒向內，以大小不等的圓洞整合照明、空調與喇叭。在充滿流動感的純白空間中，方與圓的輕緩節奏組成故事區的韻律基調，讓此處成為不同教室間的緩衝區域；推開活動牆，則瞬間變成舉辦發表會與展演的小型劇場，以方圓交織的空間元素增添活潑氣息。

【福研設計HAPPY STUDIO】

Designer:翁振民

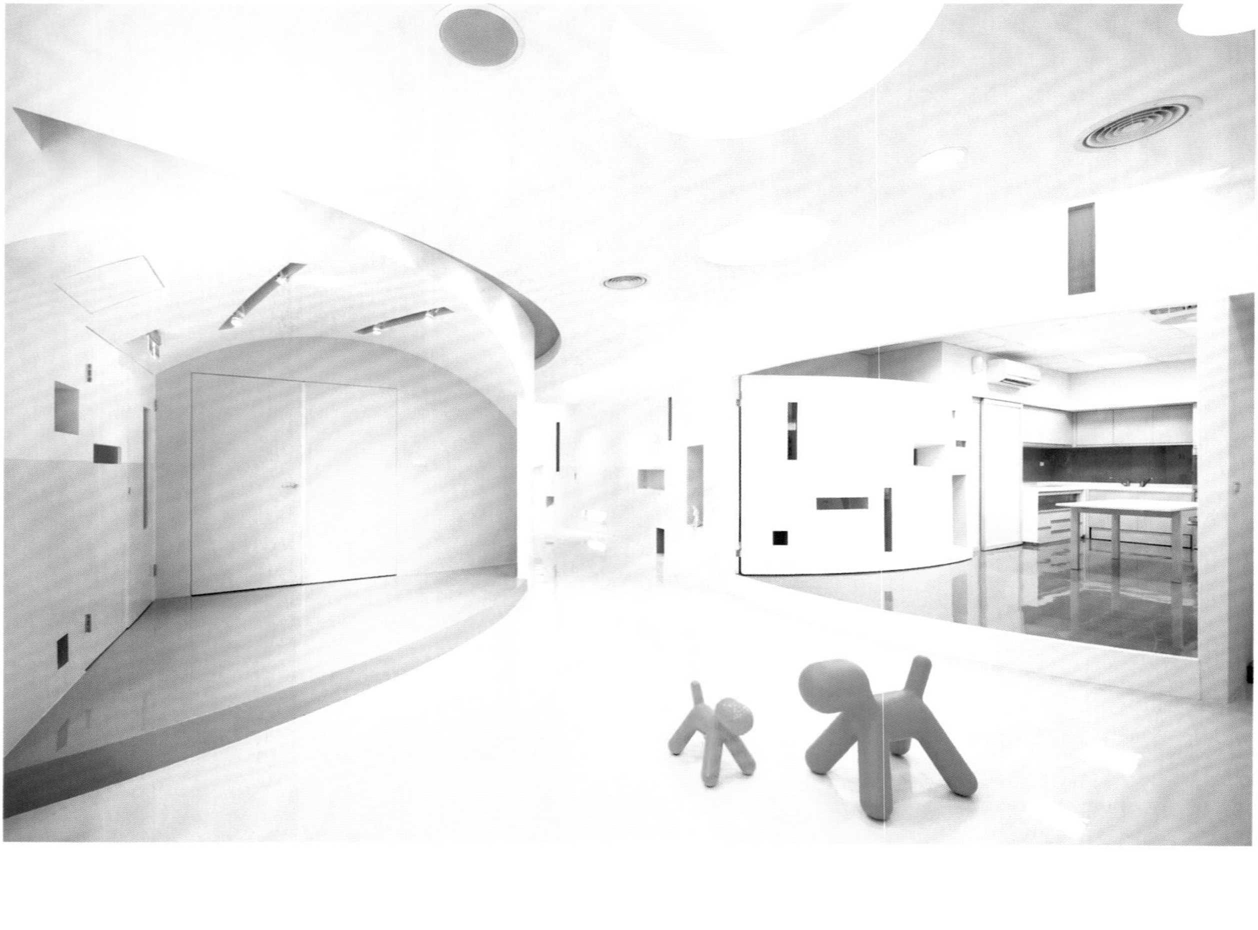

天花板的圓洞呼應壁面的方洞，以類似手法鋪陳空間語彙。

大小不等的天花板圓洞，整合照明、空調與音響設備。

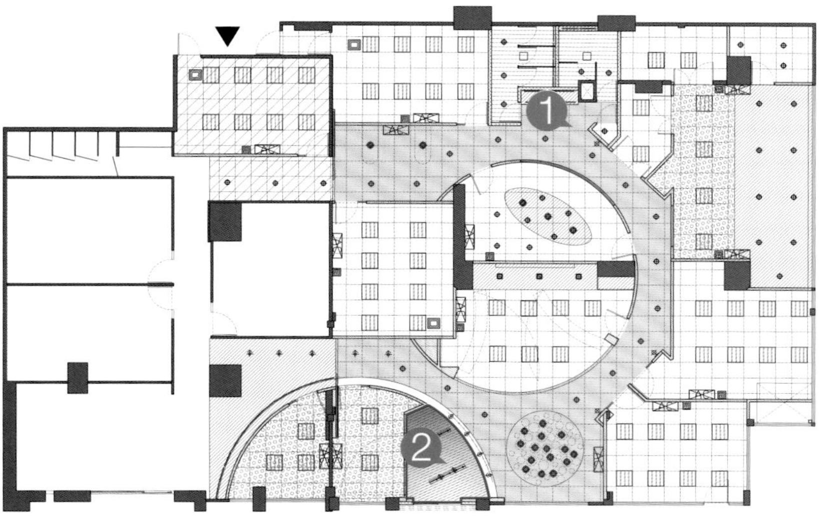

—— 曲面天花板
造型天花板

造型天花板覆蓋整個走道公共區，大面積整合光電設備。

策略關鍵：

❶暗架式天花板。

❷做出的溝縫內藏側照嵌燈+標示教室空間的位置。

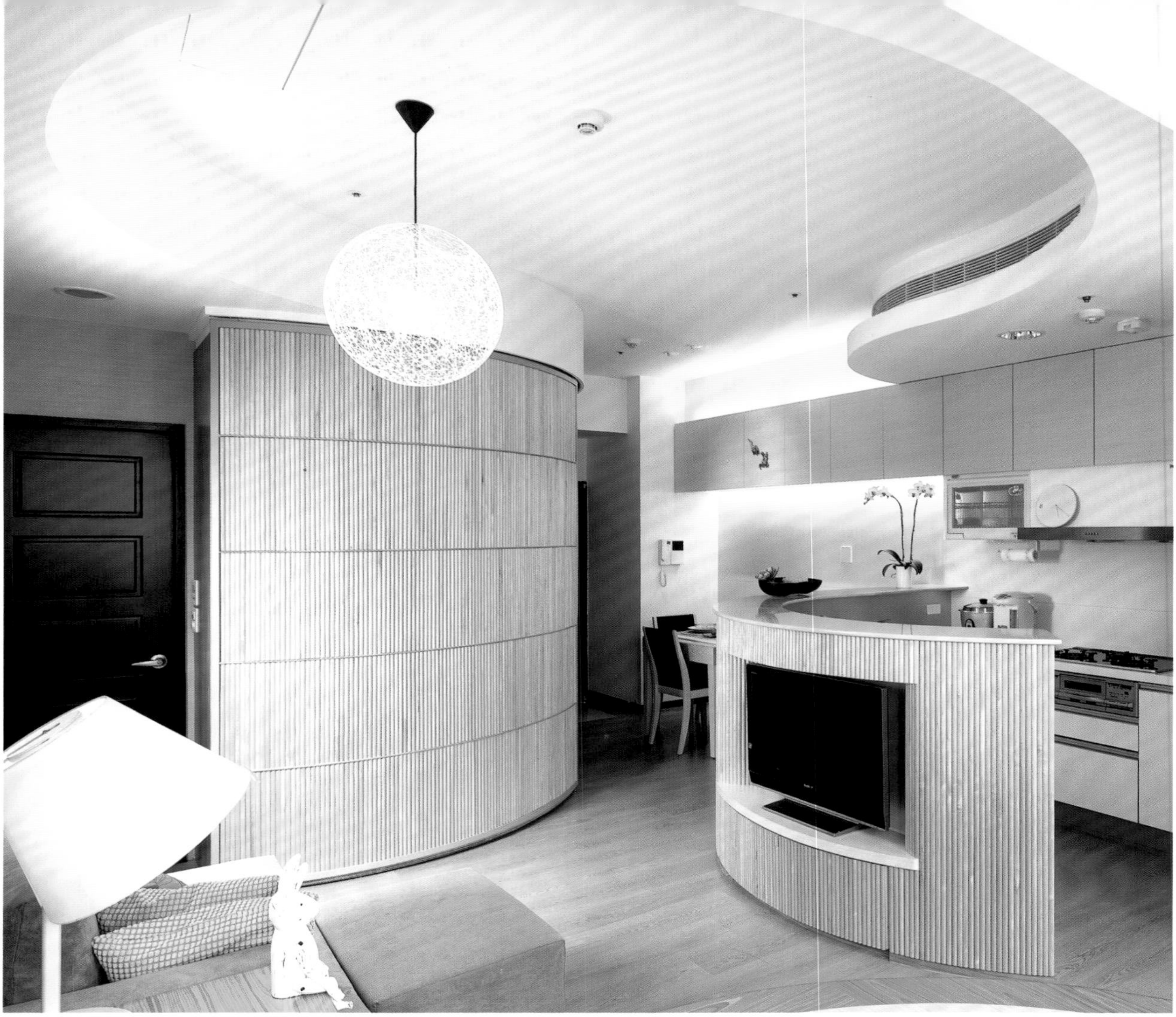

HAPPY STUDIO

善用圓弧造型巧思 軟化室內鋼硬大樑印象

本案是業主送給高齡長輩的住宅，因此最初就提出空間中不要有銳角的需求。由於本案為捷運共構，明顯樑柱與降低屋高的消防灑水設備是主要侷限，因此如何修飾樑柱的壓迫感、放大空間就是平面配置的主要考量。設計者先在開放區域劃出一道S型動線，區隔客餐廳、主臥及和室，兩側的壁櫃、電視牆皆以實木拼貼、包覆成弧形量體，讓15坪的空間產生豐富層次。客廳天花板也順應S型動線，凝聚成圓，橫樑兩側再運用間接照明形塑燈帶，以木作天花板的視覺效果軟化大樑的壓迫感。在本案中，設計者善用圓弧線條柔和空間銳角，並將弧形與樑柱間產生的零碎角隅轉化為收納空間，極致發揮小宅空間。

【福研設計HAPPY STUDIO】
Designer:翁振民

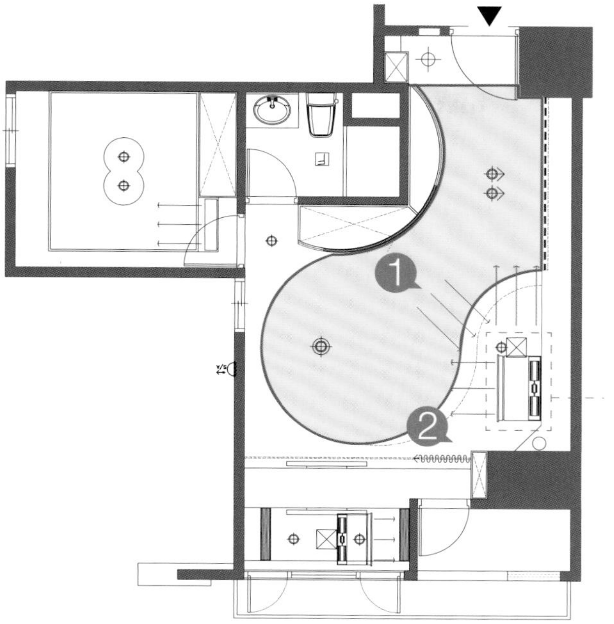

造型天花板
高天花板處
吊隱式冷氣機出風口

廚房上方，將天花板降低，做出容積安置吊隱式冷氣機。

策略關鍵：

1. 拉高的天花板安裝吊燈與引導動線。
2. 降低的天花板改以安裝嵌燈+安裝空調吊隱。

廚房上方的天花板整合空調與油煙設備。

圓形天花板對應壁櫃與電視牆的弧形量體，形成圓滿意象。

HAPPY STUDIO

樓中樓天花板有弧度，交錯手法隱藏先天結構

本案為扇形平面樓中樓，沒有任何垂直或水平牆面，看似不利隔間，卻正好回應了業主希望空間留白、圓滿的期待。位於18樓的全開式客餐廳享有270度的採光與景觀，樓中樓的天花板造型將方形層板崁入圓弧天花板，隱藏先天結構，讓空間形體保留完整的流暢弧線，並呼應樓梯帶動的圓弧曲度；不規則的牆體與軸線也提供空間「鬆動」的條件，達到業主期待的純淨與流動。客廳只以基礎照明維持基本照度，19樓的閱讀區則選用碗公燈，並於樑側安裝鏡面，增加室內亮度，豐富空間表情。明亮採光的純白量體，讓本案產生雕塑品般的視覺效果，流動曲線為白色空間增添溫度，優雅串連各場域。

【福研設計HAPPY STUDIO】
Designer:翁振民

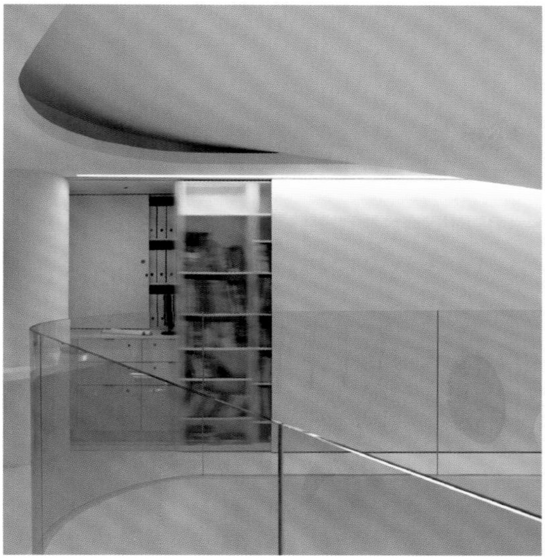

向下漫（洗）光。

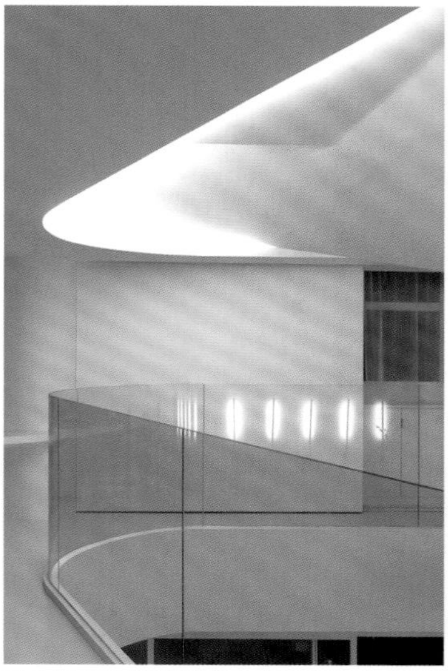

間接側光轉換降版光的手法。

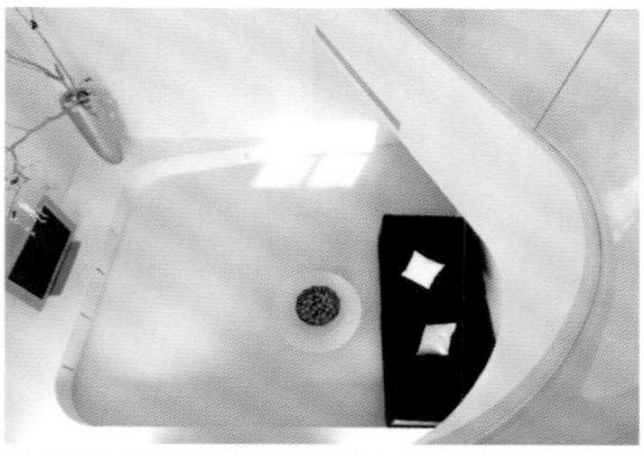

流暢弧線為白色量體增添溫度與流動感。

方形層板崁入圓弧天花板，為樓中樓保留完整的圓弧語彙。

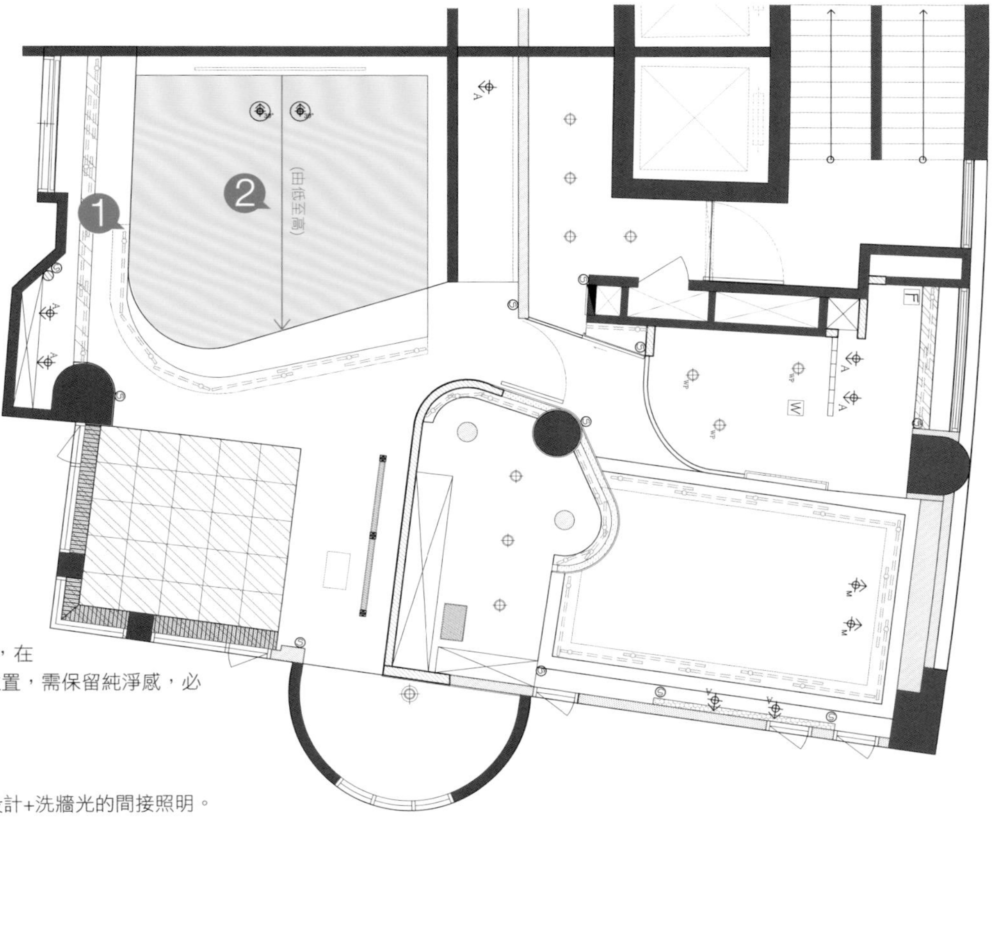

挑空區域
→ 天花板弧度

挑高樓中樓淨高條件較理想，在最上方做出斜屋頂標的客廳位置，需保留純淨感，必須以各種間接照明補充光度。

策略關鍵：

❶漫射光投射表面白色最佳。

❷兩片弧狀天花板結合降板設計+洗牆光的間接照明。

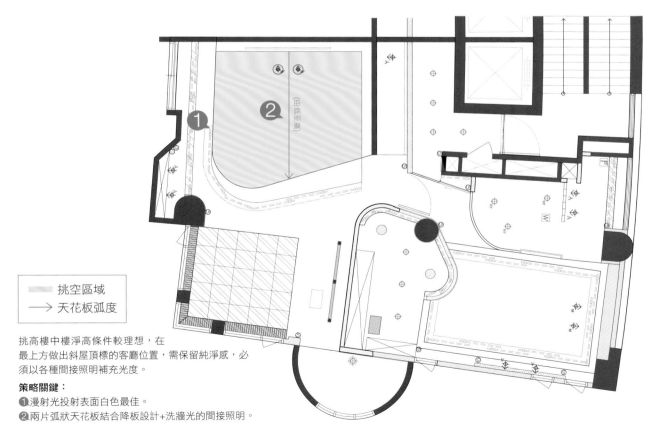

HAPPY STUDIO

粗細不等的間隙格柵，交織出光線的迷人樣貌

沉穩的木格柵是踏進辦公區域的第一道風景，廊道格柵由壁面轉折至天花板，以半遮蔽的視野劃分出入口與辦公區域。設計者巧妙引「光」，讓游移日光靈巧穿越格柵以條碼分割的韻律起伏，與粗細不等的格柵間隙交織出不規律的光束線條，形成優美的迎賓光廊。不安定的自然光反而帶動了光影的豐富表情，迷人的交錯斜影與接待區的石紋壁面相互唱和，構成行進間的雅緻光景。廊道天花板保留開放的原始結構，僅以格柵呈現簡約設計，讓內與外的空間語彙清晰一致。

木格柵由壁面轉折至天花板，清楚畫分入口與辦公區。

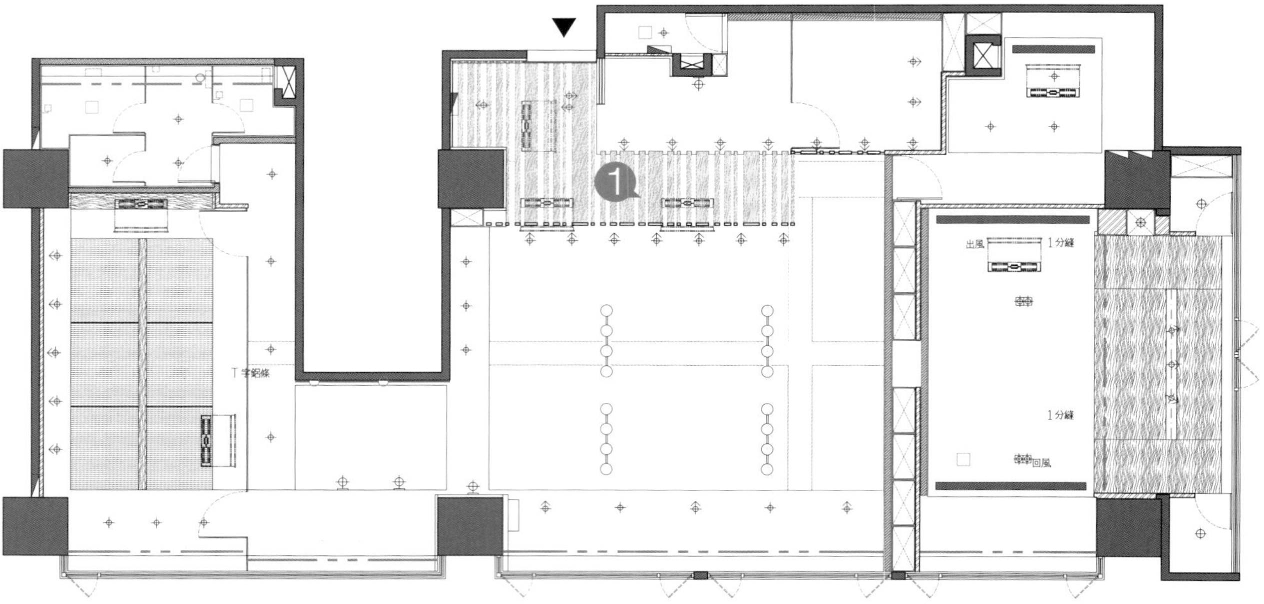

木格柵
(間隔粗細不等)

辦公室的屋高不是很高，將木格柵天花板切平在消防管線之下，讓視覺以入門的較低廊道引導至後方。

策略關鍵：

1 從牆到天花板跨界木格柵分出內外+燈光交錯投射。

【福研設計HAPPY STUDIO】

Designer:翁振民

木格柵以塗裝木皮板側邊結合金屬美耐板，構成條碼分割的活潑韻律。

光影穿透粗細不等的格柵間隙，形成一道柔和光廊。

順應基地L型天花板，放大室內狹窄空間

L宅，顧名思義有著L型的平面。13.5坪的基地，進門後視覺直通廚房，而廁所正好位於L型的轉角處，空間狹窄、格局沒有改善空間是本案主要的限制。既然沒有玄關作為緩衝空間，設計者索性順應格局，從入口處規劃一道L型的木作天花板，軟化沙發上方橫亙的大樑，並穿越客餐廳，在廚房處轉折後，延伸至和室與臥室，發揮延伸空間視覺的功能。由於客廳淨寬僅有2.45m，又是沒有採光的暗室，藉由天花板鋪陳主要動線，放大狹窄空間；同時選用深色系木質搭配重點照明，呼應廚房與和室的木門片，以材質、色系賦予空間休閒寫意的統一基調。

順應L型基地的木天花板緩和大樑，延伸空間視覺。

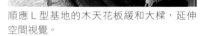

深色系木作搭配重點照明，反而有放大空間的效果。

天花板與廚房、和室門片的材質相呼應，舖陳休閒舒適的情調。

【福研設計HAPPY STUDIO】

Designer:翁振民

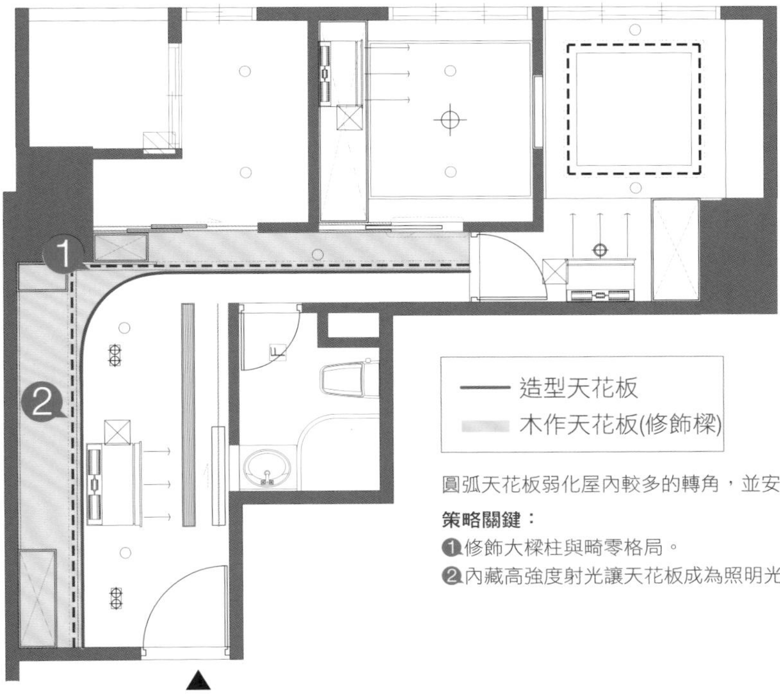

圓弧天花板弱化屋內較多的轉角，並安排在座位區上方，藏住吊隱式空調。

策略關鍵：

❶修飾大樑柱與畸零格局。

❷內藏高強度射光讓天花板成為照明光源的一體。

HAPPY STUDIO

懸吊式天花板方框形塑漂浮視覺，小坪宅營造開放空間感

夾層屋有可能做天花板造型嗎？本案基地僅有12坪，設計者將客餐廳、廚房、廁所與儲藏室置於下方；上方則是臥室，以一床一桌圍構私密的小天地。夾層之間，一道木作樓梯從天而降，貌似登機艙門的外觀是空間轉換的重要元素。樓梯以「門洞」為概念，以天花板懸吊的木作方框形塑漂浮視覺，鋪陳進入休息場域前的過渡感受，並結合兩側清透的強化玻璃，保留臥室的開放感。門洞與結合廚房吧檯的樓梯上下脱開，讓量體維持輕盈，充足的踩踏寬度，確保上下行走的安全性，樓梯內側則採斜切，維護安全的走動空間。臥室天花板保留原本鋼構的素直面貌，僅作噴漆修飾，不再增加夾層內部的厚度。

[福研設計HAPPY STUDIO]

Designer:翁振民

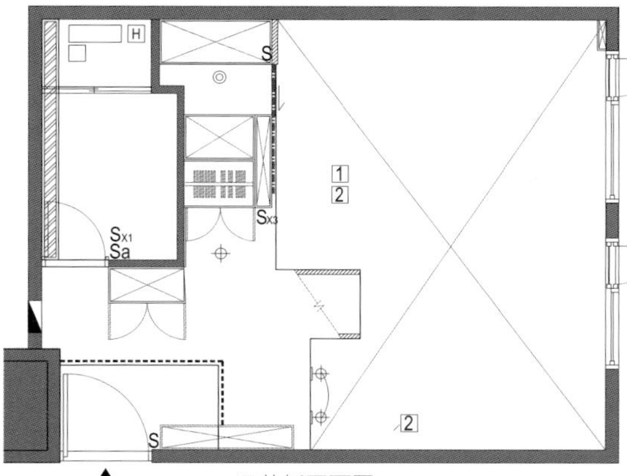

天花板平面圖

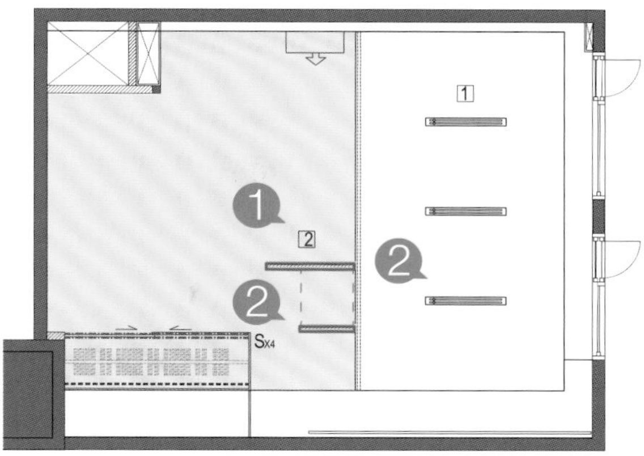

夾層天花板圖

木作懸吊方框隔板
夾層天花板
樓梯木作門洞位置

挑高住宅上層區結合樓板、樓梯形成一體。

策略關鍵：

❶上層雖不足高度，還是包覆天花板，讓睡眠有安全感。

❷從天頂跨界到樓梯+流明式天花板。

門洞與結合吧檯的樓梯上下脫開，並確保安全的踩踏寬度。

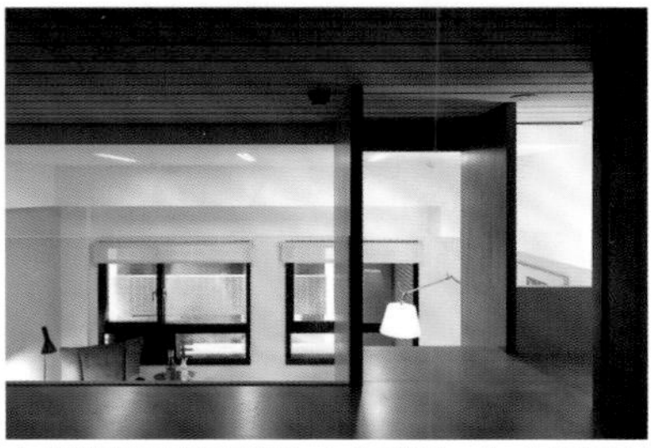

由天花板懸吊而下的木作樓梯，為夾層屋創造趣味風景。

YHS Design

格子樑造型，呈現耐看的高雅平衡感

本案為屋主度假、招待友人的空間，希望擁有家的溫度，又有不同於家的氛圍。華麗的格子樑造型天花板，整合了照明與空調，完整延伸至餐廳，中間僅以屏風相隔，透過天花板立體的視覺效果讓空間更顯氣派。純淨的白色系由天花板延伸至壁面，隨著光影變化，不同的線性元素在空間中交織出豐富層次。同時，反轉材料慣性，將貴重的大理石安置在客廳的四角，成為安定空間的沉穩配角。設計者以通常用於大型建築空間的格子樑造型，呈現高雅的會所質感，並運用簡約的分割線條，搭配材質與色調的妝點呈現和諧的平衡感。

【YHS Design】
Designer:楊煥生、郭士豪

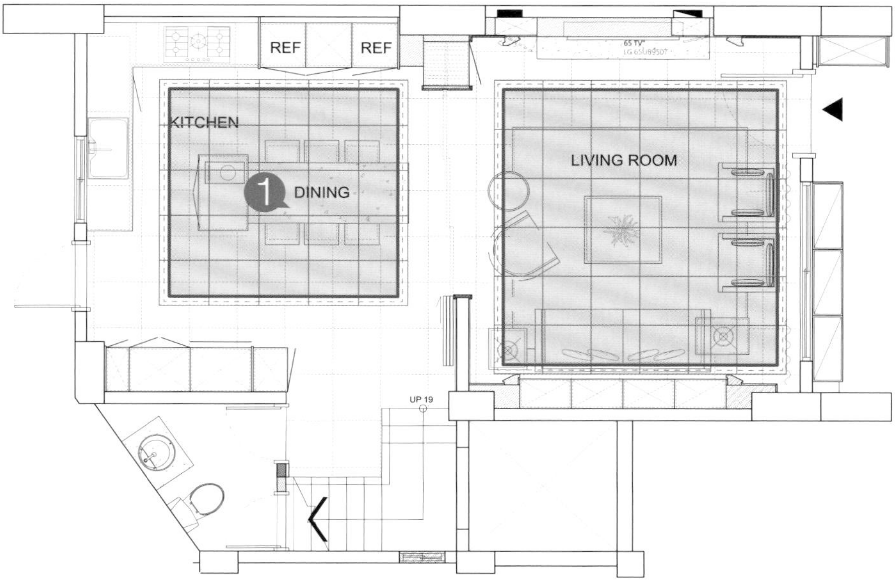

格子樑天花板
低天花板線
高天花板處
間接照明燈管示意

在格子天花板外緣加上線狀嵌燈，燈光一開，也有界定範圍的功能。

策略關鍵：

❶方格樑內裝設直射嵌燈，光照形成天花板的陰影變化。

白色系的立體造型，任光影優遊，成為空間中的迷人表情。選擇光源向下的照明，就不會有被格子遮擋的問題。

格子樑造型天花板，讓會所空間更顯氣派。

YHS Design

大小不等不規則天花板，形成特殊協調韻律感

設計者將原本方正的格局「轉」出新意，讓精緻空間有家的舒適，也有旅宿的新鮮感。平面中央的起居空間刻意扭轉，配置成不對稱的折角，扭轉後的空間，正好在沙發後方放置茶水櫃；電視牆後方也形成大小適中的更衣室，同時在窗邊安置一處工作私角。隨著空間的扭轉，天花板也形成碎裂的狀態，並映照著地面的功能配置，形成多片大小不等的不規則天花板。打破的天花板界線產生視覺延伸的感受，搭配間接光源，在純淨的白色空間中營造出天光效果，以上下呼應的動態系統形成特殊而協調的韻律。

【YHS Design】

Designer:楊煥生、郭士豪

天花板造型搭配間接光源，營造天光般的效果。

方正格局經過扭轉，天花板也隨之碎裂變化。

不規則的多片天花板，呼應地面的空間配置。

保留茶水間和更衣室的機能，透過扭轉調節空間大小定義空間位置。

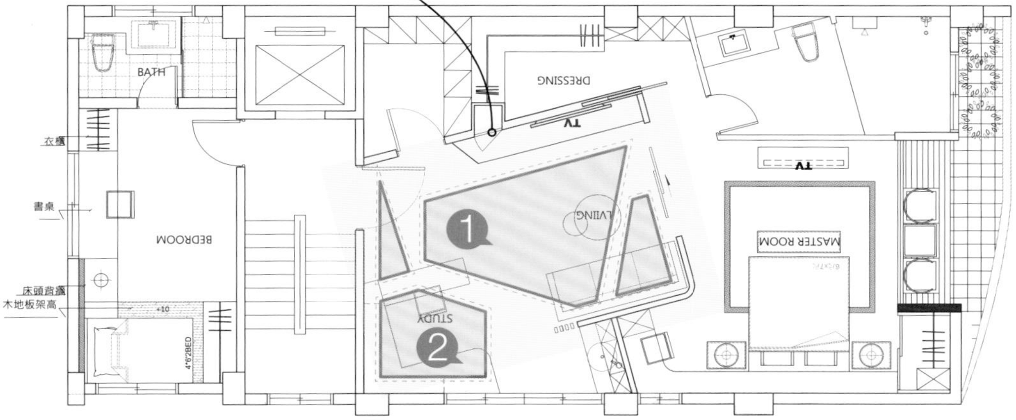

—— 低天花板線
高天花板處
- - - - 間接照明燈管示意

幾何形狀天花板的區塊剛好對應下方的各空間範圍。

策略關鍵：

1. 柔和的側面光源往上投照，有向上增高+空間照明的效果。
1. 天花板採不規則形狀，呼應客廳、餐廳左轉安排的區位。

YHS Design

分割區塊、加工堆疊天花板表面凹凸，成就細節中的細膩感受

設計者為久居台灣的德國屋主打造一處簡約中蘊藏變化，並以記憶彰顯空間特性的住宅。首先將「盒子」的概念植入空間，讓客廳平面如魔術方塊扭轉65度，創造出饒富趣味的空間傾角；天花板造型也隨之扭轉，運用疊砌、錯位、不規則的特色構築先架構出天花板的分割區塊，再加工堆疊表面的凹凸線條，最後針對細節反覆琢磨，看似線性簡約的天花板造型其實相當費工。客廳以壁爐為中心，以爐火的溫度圍塑家的定義，日光與火光閃爍交錯，映照在天花板的線性紋理，搭配實虛量體的鑲嵌形塑，為屋主呈現頗具視覺張力，開闊明亮且風格簡潔的居住空間。

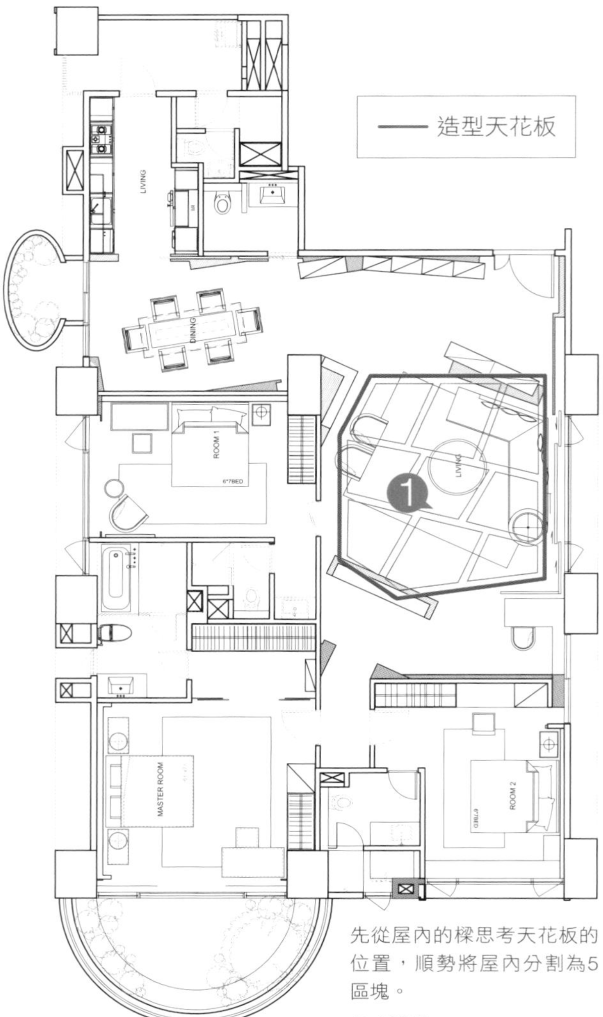

先從屋內的樑思考天花板的位置，順勢將屋內分割為5區塊。

策略關鍵：

❶凹槽溝縫是冷氣出風口+非傳統面牆的平面配置。

[YHS Design]

Designer:楊煥生、郭士豪

不規則的天花板造型為空間融入美妙的衝突感。

天花板隨平面扭轉後，以不規則的立體區塊呈現。

MINIMAL
CONCRETE
COLLECTION

YHS Design

壓克力棒花型天花板，隨光影折射呈現輕盈的空氣感

本案以「自然的空氣感」作為美髮空間的概念發想。天花板材質選用半透明壓克力棒，沒有光線時，低調到幾乎將之忽略，藉由光的作用又能鋪敘充滿想像力的「無形之形」。每8根壓克力棒綁成1朵壓克力花，再將350朵壓克力花分別固定於十字鋼構的綁點，綁點與照明皆經由放樣確認，以高低分層的方式穿插分布；照明則選用擴散型的LED燈，讓天花板隨光影折射呈現輕盈又迷人的空氣感。入口處的木作弧牆流動到室內，帶動機能空間的劃分，上升到天花板時，形成天花板側牆收邊，包覆垂直牆面與屏風，蜿蜒的光影變化與感性線條為美髮空間下了最優雅的註解。

[YHS Design]

Designer:楊煥生、郭士豪

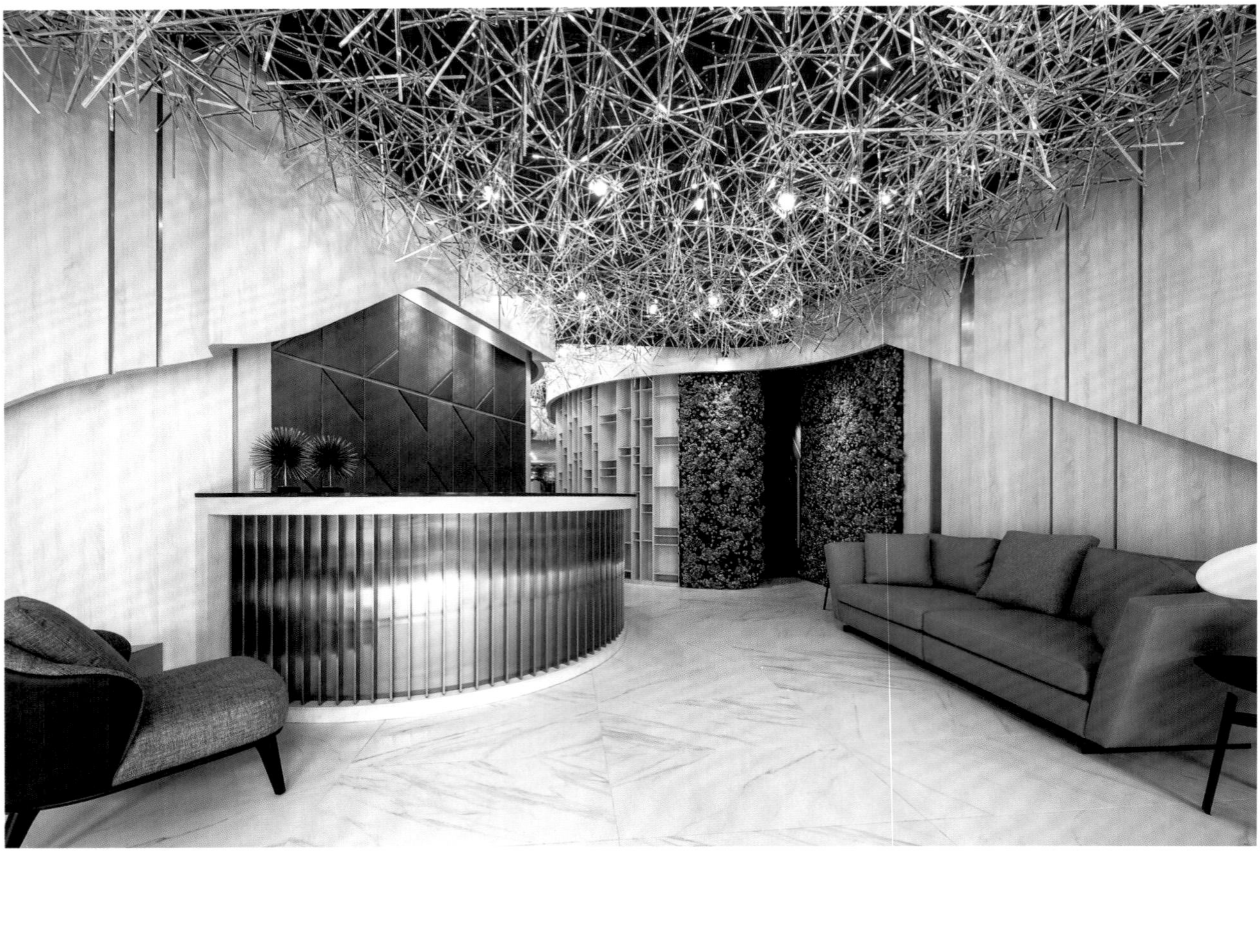

壓克力花與照明以分低分層的綁點固定，產生豐富光影表情。

半透明的壓克力棒，在燈光照耀下呈現璀璨造型。

半透明的壓克力材質，以無形之形呈現充滿空氣感的柔美視覺。

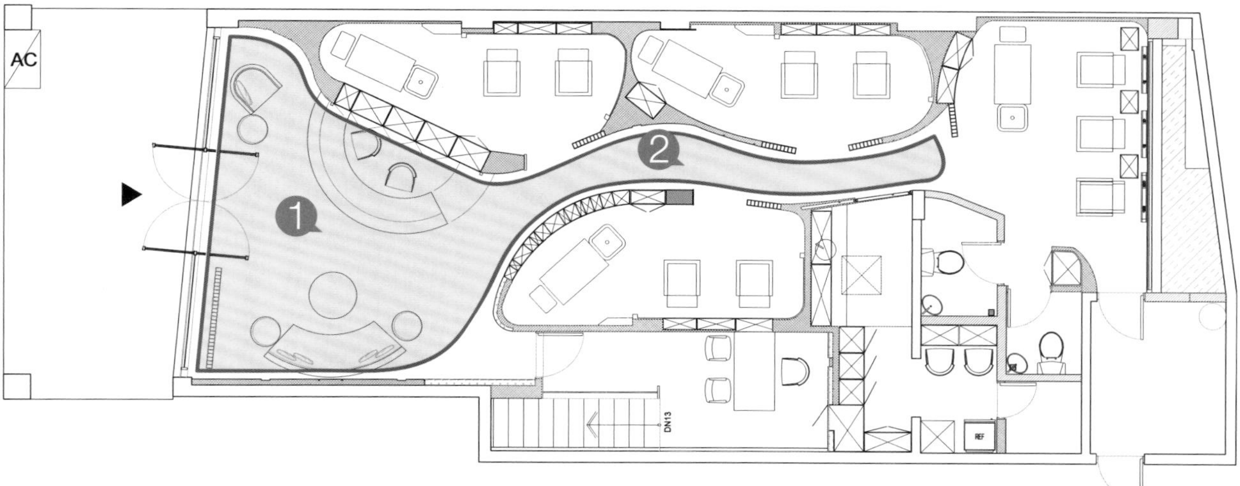

—— 造型天花板
▬ 壓克力花天花板

為避免較高的屋高給來客壓迫感，使用造型天花板無形中降低了天際線，卻又沒有封頂式天花板的沉重感。

策略關鍵：

❶折射光源弱化了金屬基質的裝潢色調。

❷由寬到窄制定了店內動線+走道洗牆光安排。

YHS Design

花朵紋理古典天花板，渾然天成的法式浪漫香氣

時尚摩登的法式餐廳，宛若純白的浪漫城堡。設計者以西方的元素為構思泉源，從古典飾板的美感中，淬鍊出簡約的法式線條，以90公分見方的花朵紋理漫覆於噴砂玻璃與天花板之上。鋪敘時，特意讓圖騰依循著嚴謹的制約界線內，整齊又相互交錯的線板如漣漪般擴散至整面天花板，變奏的法式紋理以量化姿態營造驚艷視覺。純淨的白色空間，呼應窗外的綿長綠籬，就像被綠意包覆的玻璃盒，內外相望皆是一幕絢麗窗景。

【YHS Design】

Designer:楊煥生、郭士豪

由簡而繁縝密鋪排的花朵紋理鋪陳突出的視覺效果。

天花板造型賦予空間浪漫的法式靈魂。

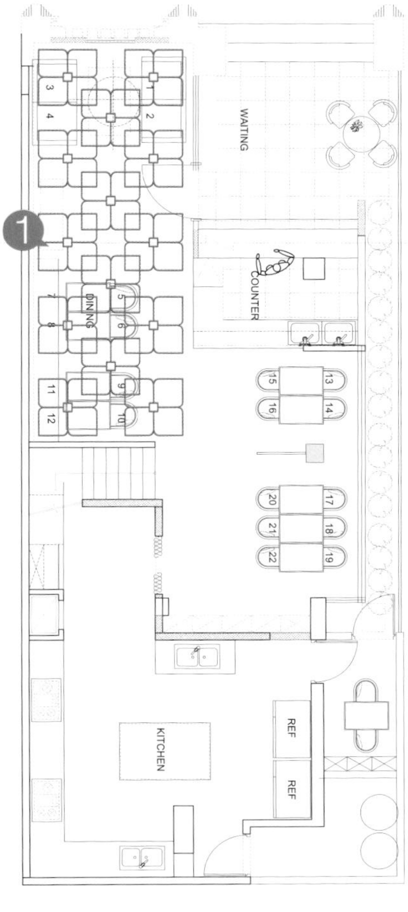

古典天花板飾板

想在商業空間中融入古典風格，牆面和天花板是惟二必做的部份。

策略關鍵：

❶入口區較狹長，特意裝上古典天花板線板，以吸引消費者的視線。

【YHS Design】

Designer:楊煥生、郭士豪

YHS Design

以街廓方正意象形塑大廳天花板，溫暖照亮行進中的旅人

「這裡是一座奇幻城堡，旅宿不再只是旅行中的逗點，而是一段永恆的美好記憶。」為了打造旅途中的歸屬，設計師攤開地圖，將台中市的街廓印象轉化為建築立面的紋理，並由外轉折向內，成為一樓大廳與餐廳的天花板語彙，讓旅人在出入間仍踏著嚮往的步履。以街廓方正格局形塑的大廳天花板，自然交織出線性光帶，溫暖照亮行進中的旅人，並呼應著地面刻意裁切、重組的大理石磚。相同的天花板延伸至旁側的餐廳，設計者在開闊的水平視線中安置垂直線性的屏風，讓重複的元素在精心鋪排下呈現複數之美，任視覺優遊豐富的層次關係。

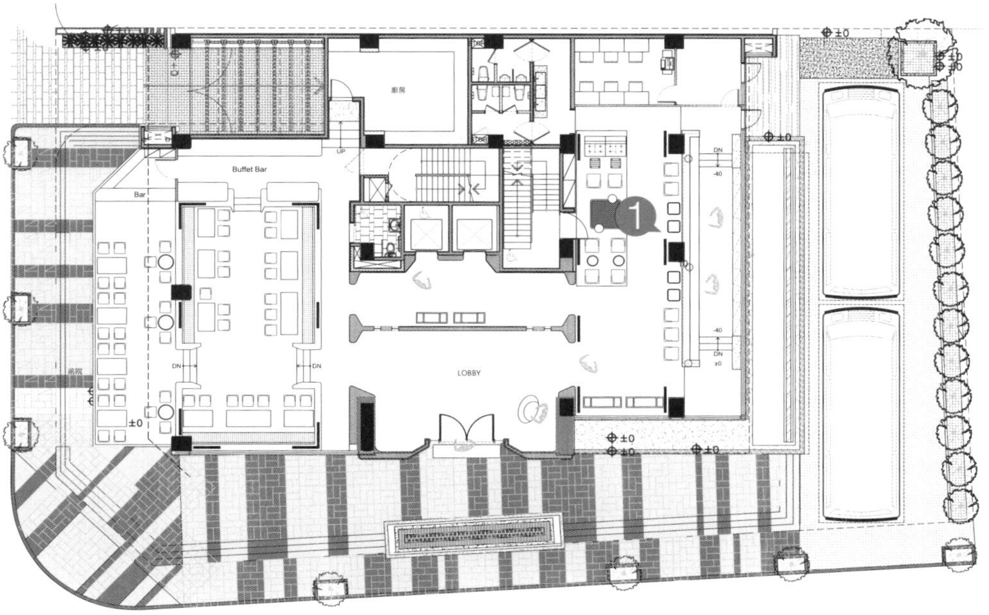

每一個方格狀下都是桌椅安排的界定。

策略關鍵：

❶順樑切分+燈光溝縫。

城市的街廓紋理由建築立面向內轉折成天花板造型。

空間中交織的線性元素形成豐富的層次關係。

YHS Design

驚奇鏡面視覺天花板，獻給旅人的驚喜伏筆

旅人的一夜，是夢境，還是真實？以此為設計的發想。設計者在空間中玩味虛實，天花板採用鏡面摺疊鑲崁，看似垂直交錯，但其實是刻意傾斜了30度，呈現出多面反射的無盡幻境。就寢時，天花板的鏡面視覺是設計者送給旅人的驚喜伏筆，意料之外的視覺效果，是旅程中另一場精彩的夢境。同時搭配著房內的鏡面玻璃盒、鏡面壁面等造型，大大小小穿插與堆疊，多重線條與影像轉折，醞釀揭開禮物盒時的期待心情，讓旅宿也能充滿著未知的想像空間。

【YHS Design】
Designer:楊煥生、郭士豪

刻意將鏡面天花板置於床鋪上方，在睡前發現驚喜伏筆。

以明鏡鋪陳空間虛實，回應「夢境與真實」的設計主題。

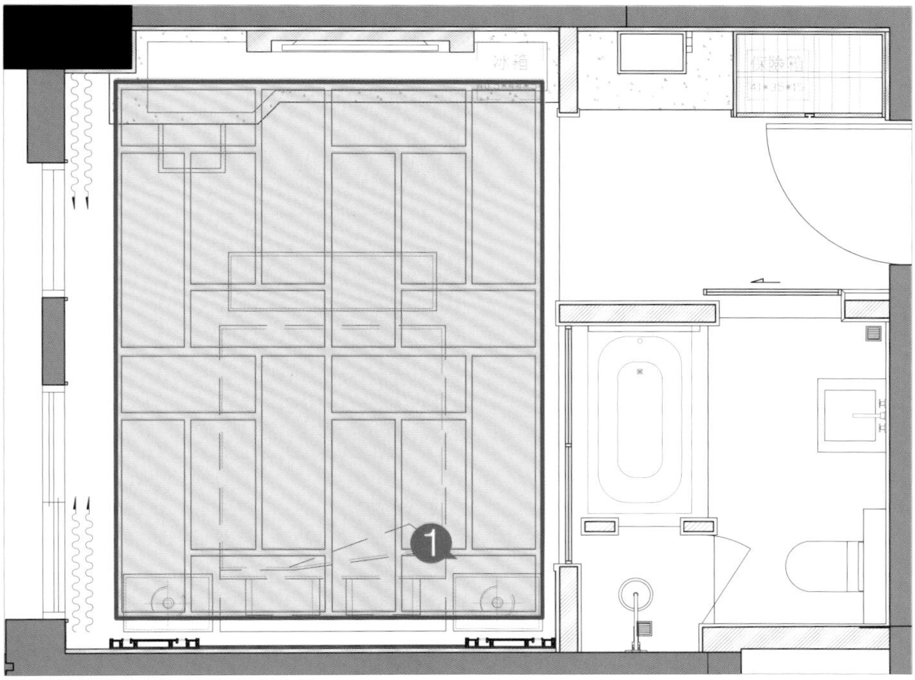

鏡面分割
天花板分割
鏡面造型天花板

鏡面鑲嵌營造假天井和假格柵天花板的效果。

策略關鍵：

1. 天花板框先處理冷氣出風口+預留升高鏡面天花板。

YHS Design

黑玫瑰主題燈飾，天花板頂上最鮮明一朵花

鄰近日月潭風景區的風格旅宿，戶外是坐擁山城的靈秀意境，室內以東西方的華貴元素打造度假氛圍。進入房間，首先驚豔視覺的是巨幅L型床板，由床頭轉折向上，最後以黑玫瑰的主題燈飾收束，成為鮮明的天花板造型。黑白交織的裝飾元素，定義出品味獨特的睡眠區域；兩側壁面以珍珠貝殼拼貼而成，構築出繁簡和諧的度假會所。寬敞的浴室讓旅人享受獨特的尺度空間感受，璀璨牆面是手工拼貼而成的金色馬賽克拼花，與浴缸內的黑色馬賽克交織極致奢華，並呼應天花板以純粹線條勾勒出柔美花朵。

【YHS Design】
Designer:楊煥生、郭士豪

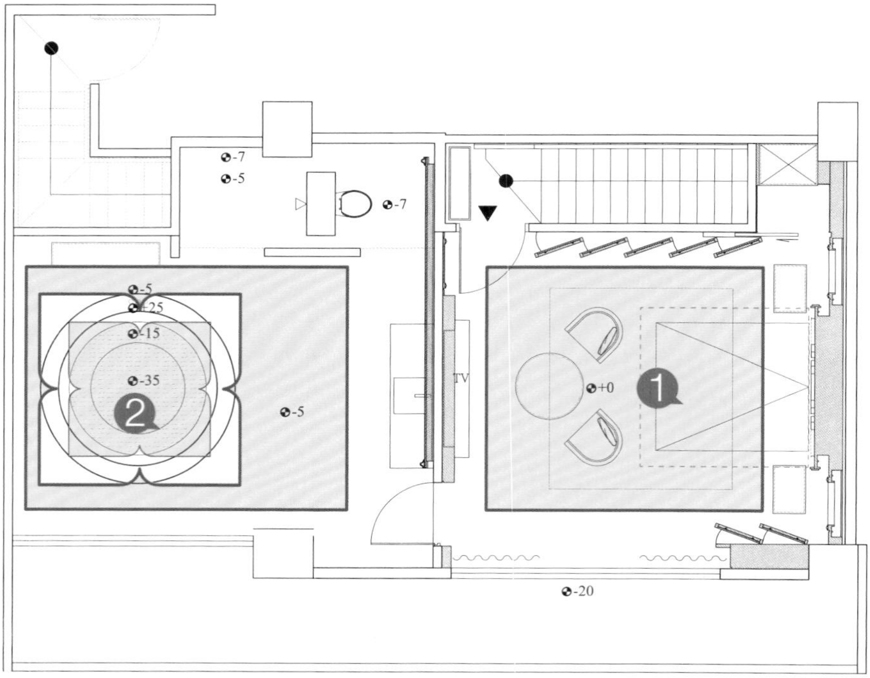

—— 天花板造型
▒ 高天花板處
---- L型床板

向上延伸的床板天花板內有漫射光源，增加黑與白的立體感。

策略關鍵：

❶冷氣出風口的位置須注意不可擋到。

❷造型天花板上下對應浴缸，平頂天花板收樑+造型區強調主題，為一凸一凹的視覺導向。

L型床板結合主題燈飾，以黑白層次呈現驚艷造型。

花朵造型的浴室天花板，將視覺導向壁面的璀璨馬賽克拼花。

YHS Design

雷射切割細膩竹節紋路，優雅內斂的精緻天花板

碧霧系列以材質的特殊性創造出優雅內斂、時尚雅痞與大器沉穩三個篇章。黝黑弧形底板勾勒出天花板的如意造型，以吉祥的簡潔弧線搭配絢麗的馬賽克拼花牆面，讓珍珠母貝的圓潤光澤成為迴盪空間的主角；或者搭配水平垂直交織的方格屏風，以方正線性框架出層層的視野。又或是植入令人神往的植物意象，天花板以雷射切割刻畫細膩的竹節紋路，線性語彙再轉向壁面，鐵件上裱幀光澤耀眼的橘色布幔，高低錯落的穿梭如揭開清晨曙光的浪花。碧霧系列的天花板造型皆與精緻壁面相互輝耀，設計者搓揉多元風格、細膩材質與精湛工藝，演繹出滿足感官的奏鳴曲。

【YHS Design】

Designer:楊焕生、郭士豪

天花板以雷射切割出細膩的竹節紋路，以中式元素為空間定調。

天花板與壁面線條相互呼應，共譜繁簡和諧的高雅氛圍。

—— 天花板造型
▭ 高天花板處

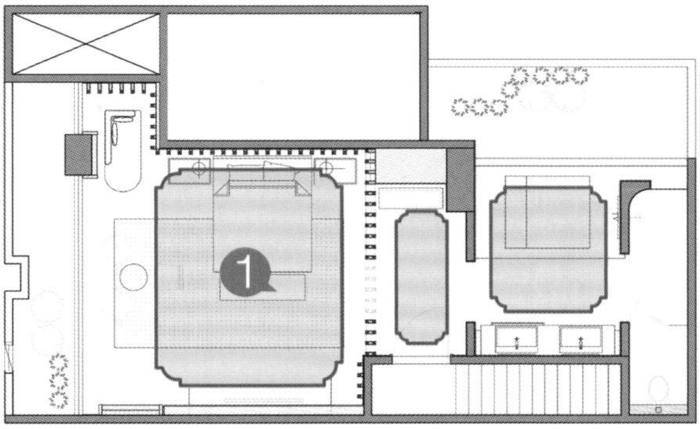

—— 天花板造型

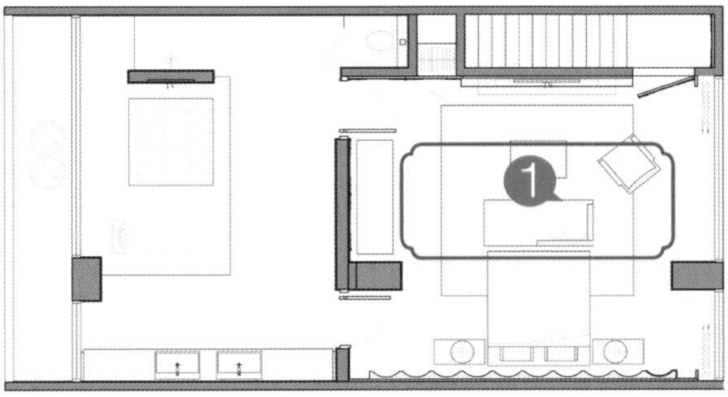

豪華的住房必須有空間區分，卻不能以實牆分隔，天花板就可以達成此任務。

策略關鍵：

❶整合光電功能+空間界定。

—— 天花板分割
▭ 竹節造型天花板

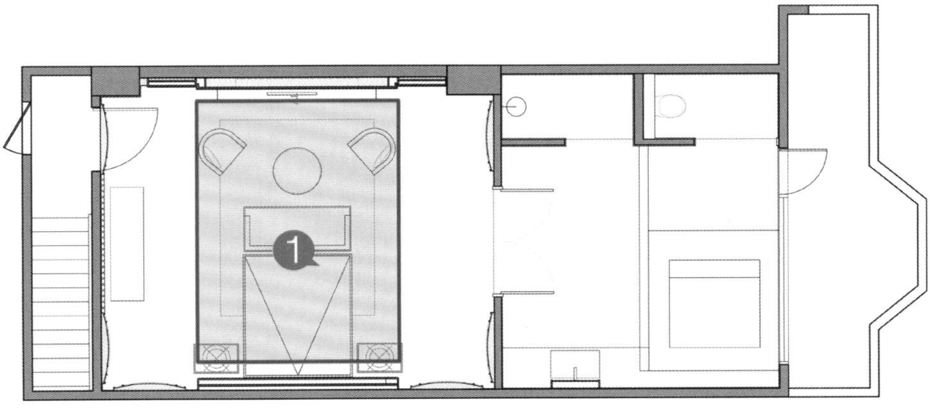

Straight Square Design

和式木構造延伸天花板造型，淺色白樺木降低壓迫感

屋主是一對熱衷模型製作的夫妻，客廳後方的書房是平時製作模型的空間。設計者規劃一整面書牆，以木作溝槽組裝白樺木夾板，再以相同手法「轉」上天花板，就成為視覺效果突出的立體造型。比擬模型製作的手法呼應屋主專注手作的興趣，並透過和式木構造的方式表喻職人精神；材質上選用淺色的俄羅斯白樺木，讓空間不過於壓迫。除了書牆上下的間接照明、天花板中央的直接光源，每個座位都有獨立照明。層疊交錯的木作由書牆一路向上爬升，最後轉至座位前方，視覺落在屋主陳列模型的展示櫃，兼顧收納與展示的雙面運用，也保留了客廳與書房間的穿透性。

【直方設計Straight Square Design】

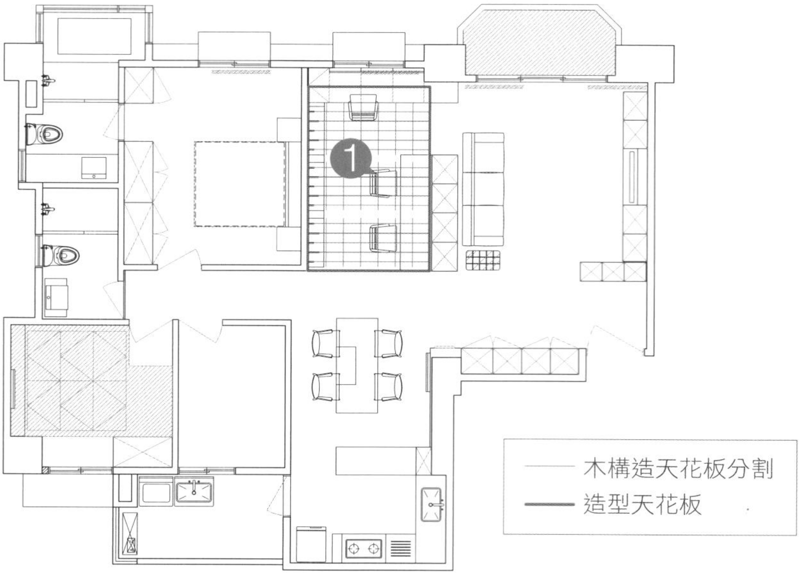

將明架式天花板轉換成如書插般的造型。

策略關鍵：

❶整合光電功能+空間界定。

Straight Square Design

散發檜木清香的格柵造型，營造放鬆優雅日式風情

本案是久居於日本的屋主在北投購置的泡湯休憩空間。踏入玄關後，先經過開闊的和室、坐談區，最後才進入湯屋。設計者選用個性素直的石紋磁磚與檜木，天花板造型呼應了地面的線條，採用檜木格柵；木地板與地磚順接，所以沒有高低落差，層層排列的檜木地板採懸空的設計，下方藏有不鏽鋼接水槽，讓水由木頭的縫隙間排出，地板就不會因積水而潮濕。刻意維持低調照明，檜木清香隨著熱湯與蒸氣氤氳飄散，為屋主打造靜謐放鬆的日式湯屋。

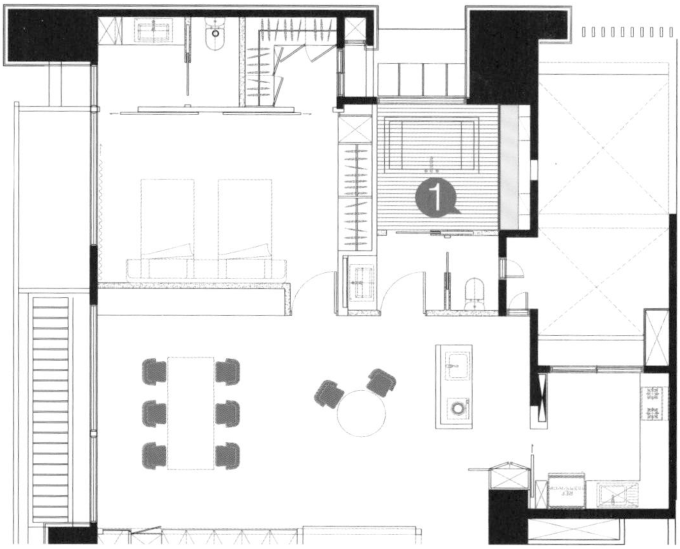

檜木格柵天花板
造型天花板分割
呼應地面天花板

外露式格柵天花板是日式風格必用的基本元素。

策略關鍵：

❶不裝設燈光+所以可以緊貼牆面。

天花板與地板皆選用檜木，泡湯時也能享受讓清香繚繞。木格柵天花板回應地板的線性語彙，呈現簡約的日式美學。

【直方設計Straight Square Design】

involve design

格柵天花板與客訂真空灰玻，打造高機能滿分視聽室

喜愛聆聽黑膠唱片的男主人，在家中打造了一間專業規格的音響室兼書房。天花板設計以白色美思板搭配木格柵排列，對應木質地板的溫潤韻律，由書桌、沙發、音響設備，層層推至後方粗獷的巴西青銅石牆，串聯延伸出低調而精緻的空間質感。由於原先音響室與餐廳間的實牆遮住餐廚區域的採光面，設計者打掉實牆，並客製訂作20mm的真空灰玻，有效隔音又能讓光線穿透。木格柵以黑鐵角架固定成四道，而不鋪滿整面天花板，保留造型的美觀性。除了美思板的孔洞有吸音效果，木格柵的立體造型也能降低聲音回彈，發揮折射音波的作用，刻意選用多種表面不平整的材質，以回應專業的賞樂需求。且木格柵不時散發出檜木的淡雅清香，在此聆聽黑膠是紓壓又愉悅的享受。

【參與室內設計有限公司involve design】

Designer:高家豪

考量最佳的音響效果，選用美思板與木格柵打造天花板造型。

木格柵的層層排列賦予精緻空間寬敞的視覺延伸。

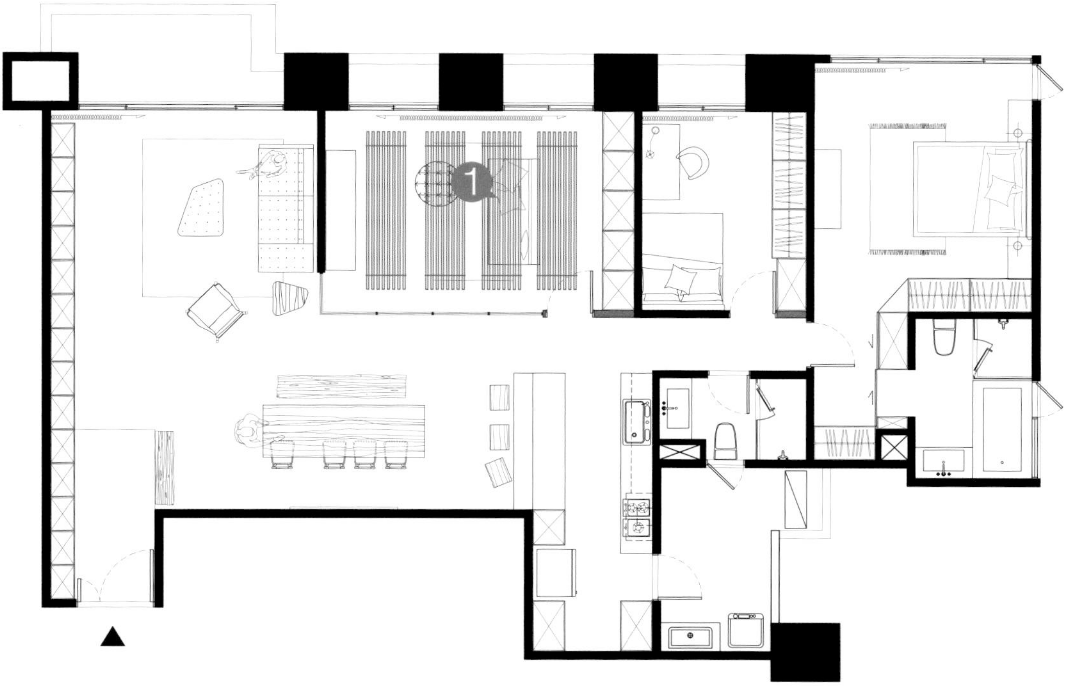

不貼死天花板的格柵設計增強聲音延伸性，讓低音表現不沉悶。

策略關鍵：

❶外露式格柵骨架+吸音板造型藏空調。

British Designer

結合裸露冷媒管線，刻意營造的粗獷工業氛圍

本案位在一樓，天花板有消防管線穿過，由於屋主偏好工業風，於是刻意讓管線裸露創造粗獷不羈的氛圍。此外，為了避免天花板線路過於凌亂，所以採用EMT管配置燈具線路，將所有線路收納的井井有條，走道區域搭配也局部天花板，用以突顯工業風的基本調性。此外，相較一般住家在裝設空調時，會將冷媒管隱藏起來，在這處空間中，設計師卻乾脆讓粗大的冷煤管直接穿牆而過，且刻意選用鍍鋅螺紋風管，光滑的表面、螺旋的紋路、亮灰色的金屬質感……，所有特徵組合起來，反而營造出極搶眼的效果。

[大不列顛空間感室內裝修設計
Designer:陳偉芸Salina Chen]

—— 間接照明
—— 天花板分割線
▭ 高天花板處
↓↓↓↓↓ 冷氣出風方向

挑高的天花板正好為公共區視覺分區。

策略關鍵：

❶順應大樑與冷媒管的入孔位置，調整天花板挑高的位置+條狀燈槽。

冷媒管刻意穿牆而過，但由於選用鍍鋅螺紋風管，因極具特色的金屬質感，強化整體空間的工業風調性。

消防管線、燈具管線、冷媒管在天花板交錯縱橫，在設計師的安排之下，不顯雜亂，反而更有個性。

天花板以工業風概念進行設計，但不代表管線就能夠隨意裸露，透過縝密規劃，整齊的管線排列本身就成為一道美麗的風景。

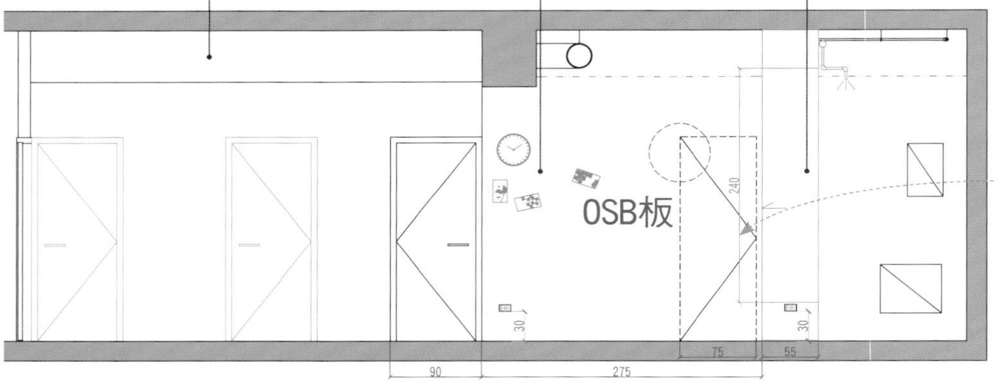

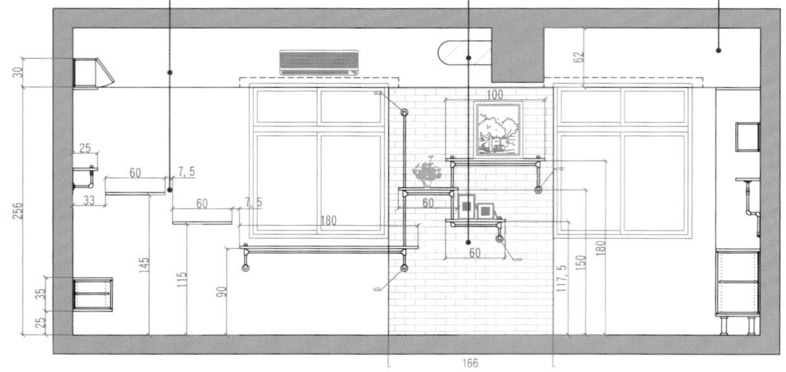

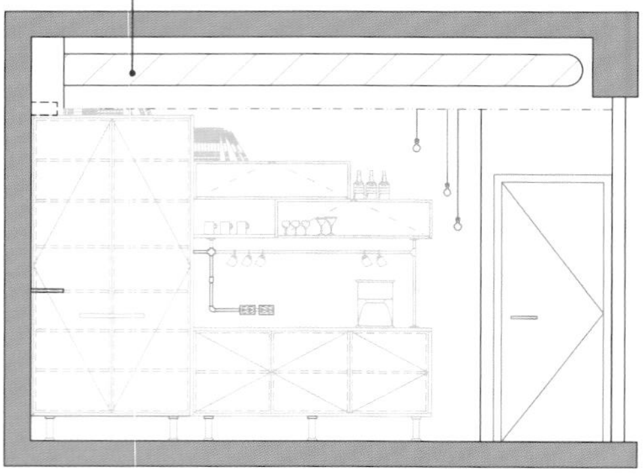

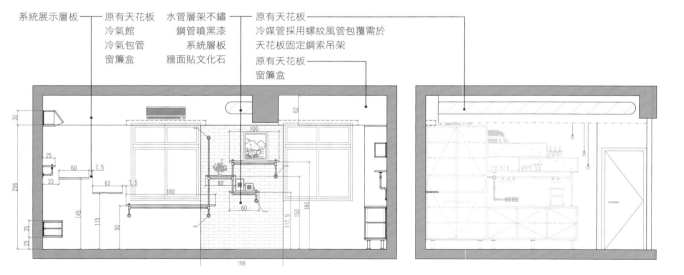

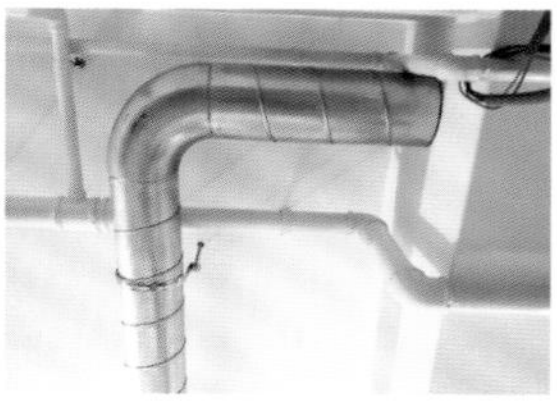

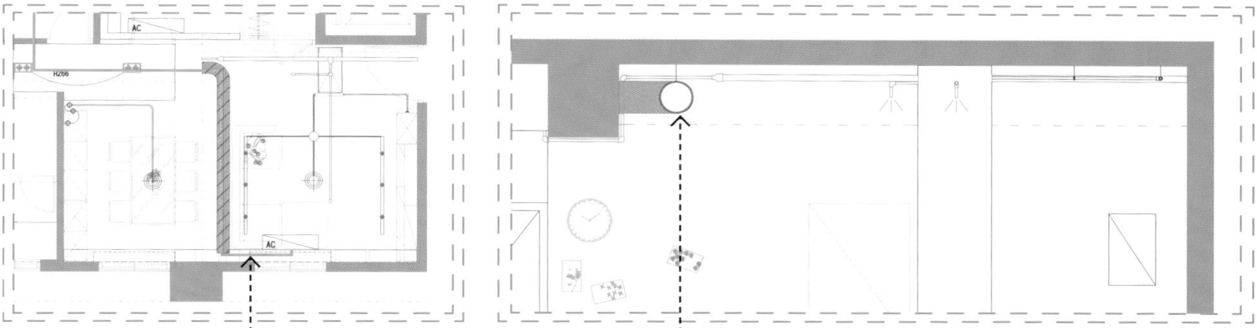

利用鍍鋅螺紋風管走冷媒管，
營造工業風的質感。

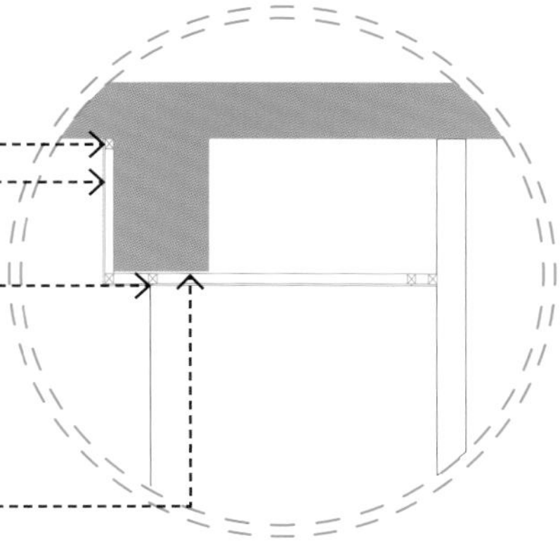

集層角材
2分夾板
板材交接預留間隙
矽酸鈣板

角材間距依據現場做最適當調整，
若遇到筒燈位置請避開設置。

類木屋斜頂天花板修飾床頭大樑

由於建築結構關係，房間四周都有樑柱，為了修飾並維持最高屋高，以中間不做天花板，四周包樑做間接照明補足光源的概念，但若是按照這樣的思維，床頭區域也拉出間接照明的話，反而突顯樑柱的存在，看起來加倍礙眼，因此針對這個區域採用小木屋斜屋頂的做法，並在表面刻意做出融合木屋頂風格的平行溝縫，搭配燈具管線，營造工業風氛圍。而床頭原本因為天花板高度降低可能帶來的壓迫感，也因為整體氣氛調配得宜，成為房內特色之一，讓人安穩入睡，真正達到化腐朽為神奇的效果。

床頭以斜屋頂設計修飾樑柱，仿木紋印象概念刻劃出溝縫，形塑臥室獨特魅力。

大不列顛空間感室內裝修設計
Designer:陳偉芸Salina Chen

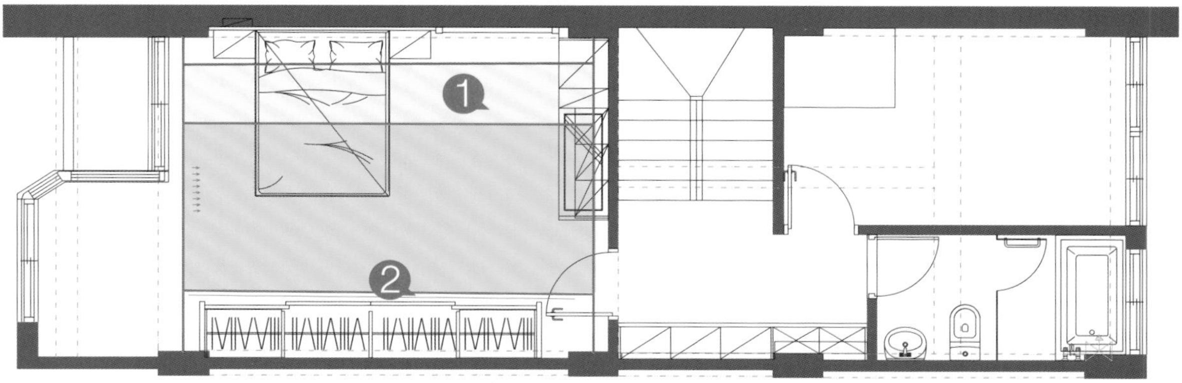

—— 間接照明
—— 天花板分割線
▬ 高天花板處
↓↓↓↓↓ 冷氣出風方向

間接照明投射至天花板，白色能夠擴大光照明亮範圍。

策略關鍵：

❶包樑手法修飾床頭上的樑。

❷安裝間接照明轉移對樑柱的注意力。

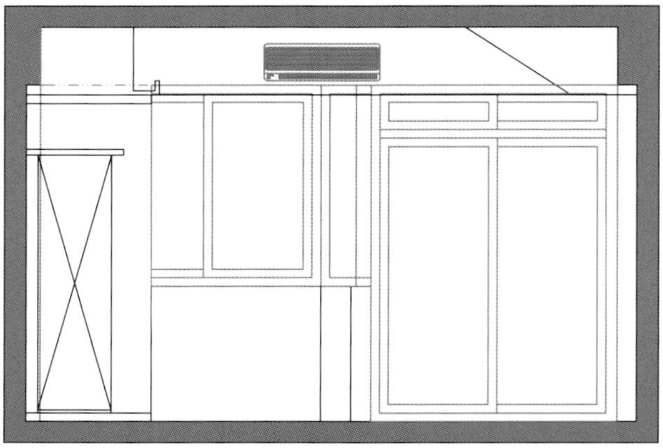

天花板刻意採用間接照明，轉移使用者對於樑柱的注意力。

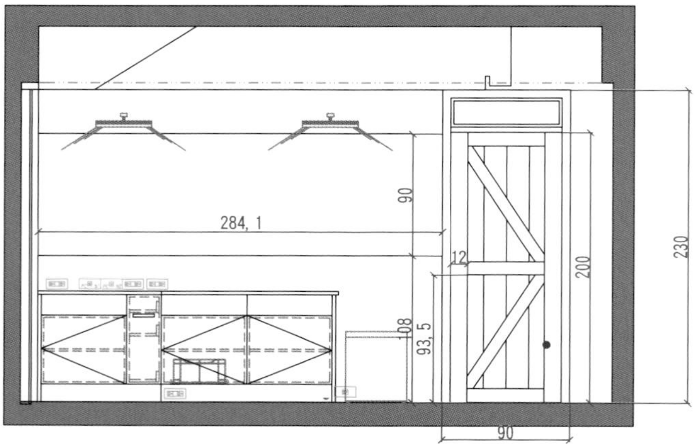

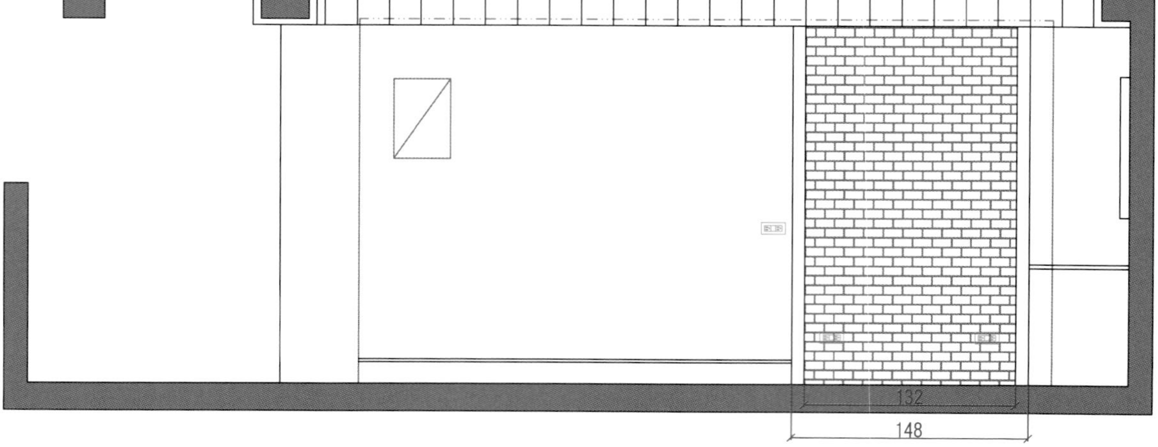

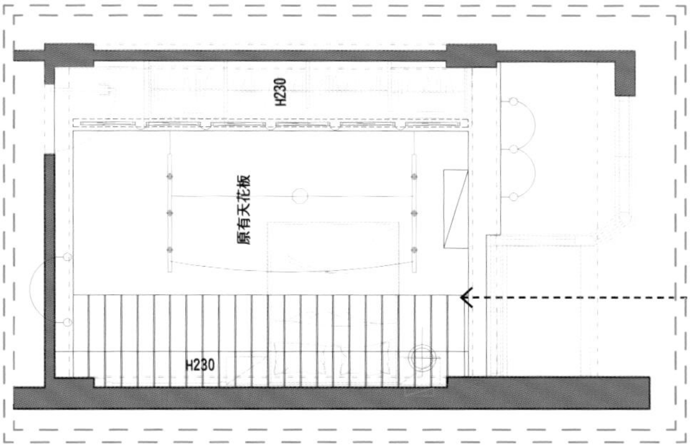

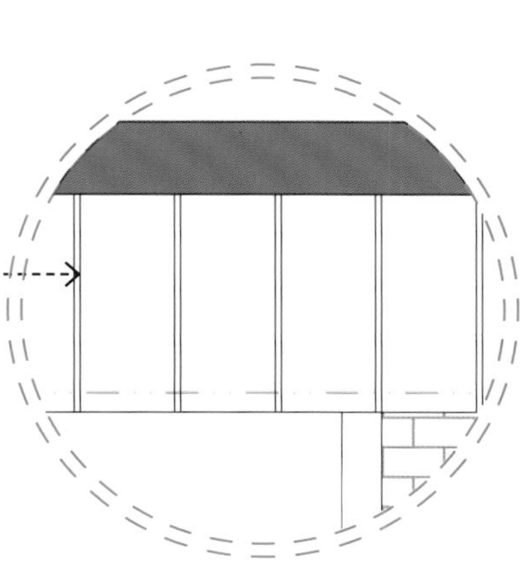

為了修飾床頭樑柱採用類似小木屋的斜屋頂做法，並且做出企口溝縫營造輕工業風的質感

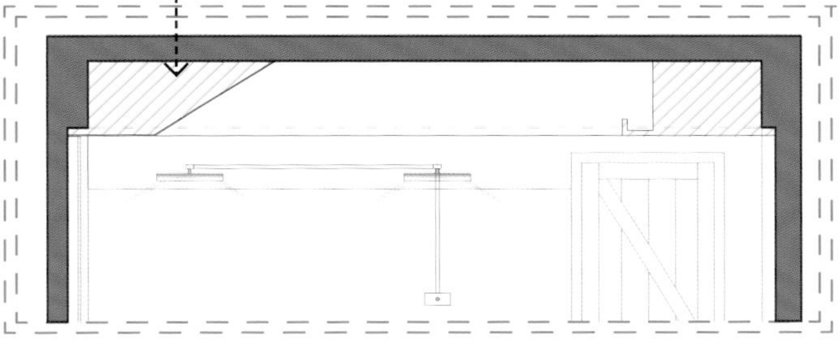

由於建築結構關係，房間內四周有樑柱，為了修飾並且維持最高屋高，設計上以中間不做天花板，四周包樑做間接照明補足光源，但若是床頭區域也拉出建接照明的話反而會凸顯樑柱，因此這個區域採用小木屋斜屋頂的做法，並做出企口溝縫，搭配管線營造出工業風氛圍。

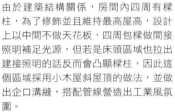

細膩巧思創造天花板層次，襯托視覺更高挑

這處空間先天條件並不加，原本是一間廁所，後來因新任屋主的需求將其改造為工作間，但由於天花板內佈滿建物原始管線，無法更動，所以此區天花板需降低，為了避免挑高不足造成視覺與生活上的壓迫，設計師將安裝燈具的區域往上提高，並在底部安裝黑鏡，形成一條光帶，房內天花板向外延伸至大樑前25公分處做間接照明以修飾外面的大樑。透過這樣的規劃，一方面加強光線反射，另一方面也能突顯空間個性。而天花板的高低差設計，不僅在細節上強化層次感，也將工作間內部襯托的更為高挑，讓人難以想像這裡原本是廁所，賦予使用者一個能夠悠閒工作、上網、閱讀的舒適環境。

壓低的天花板除了修飾上方管線之外，也有向外延伸至房門之外。所以房內天花板向外延伸至大樑前25分公分處有做間接照明，去修飾房外的大樑。

[大不列顛空間感室內裝修設計

Designer:陳偉芸Salina Chen

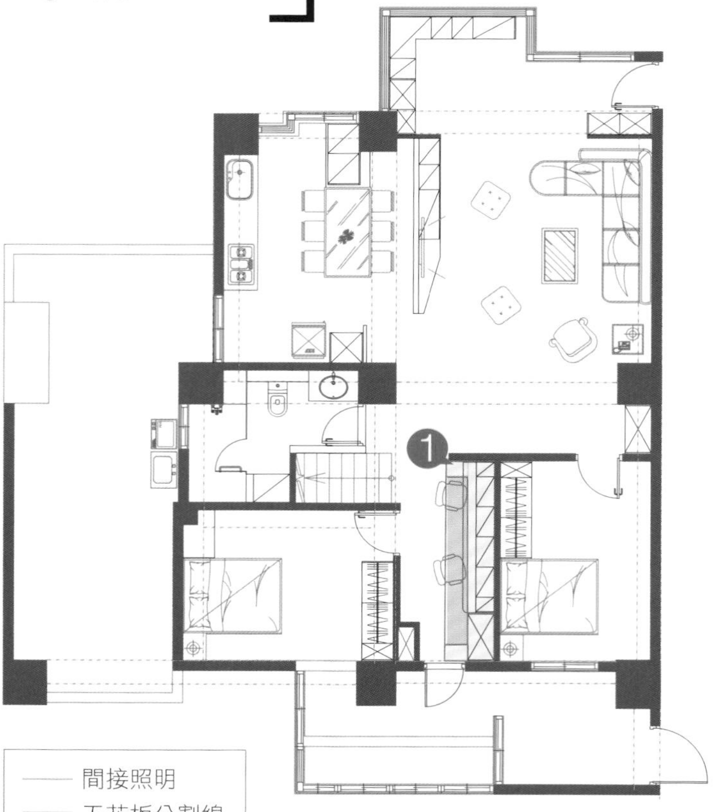

間接照明
天花板分割線
高天花板處
冷氣出風方向

天花板位置修飾樑柱，最後在牆板收尾。

策略關鍵：

1. 包樑處理加裝脫開式間照，25公分最剛好。

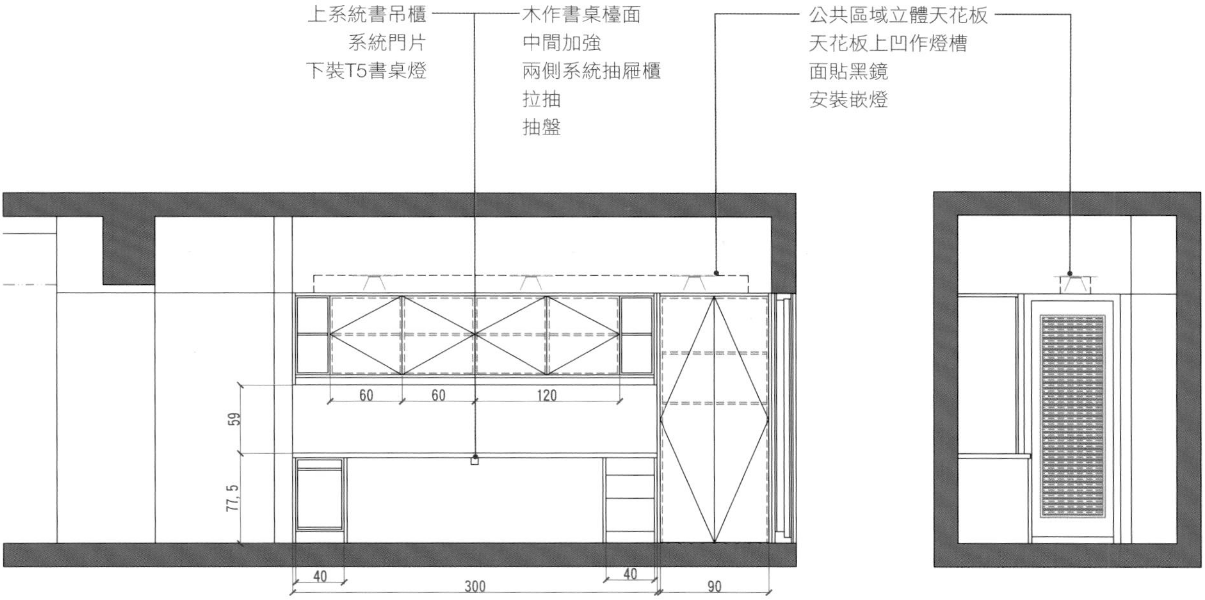

天花板溝縫之間規劃一條光帶，透過暖色燈光增添空間溫馨氣息。

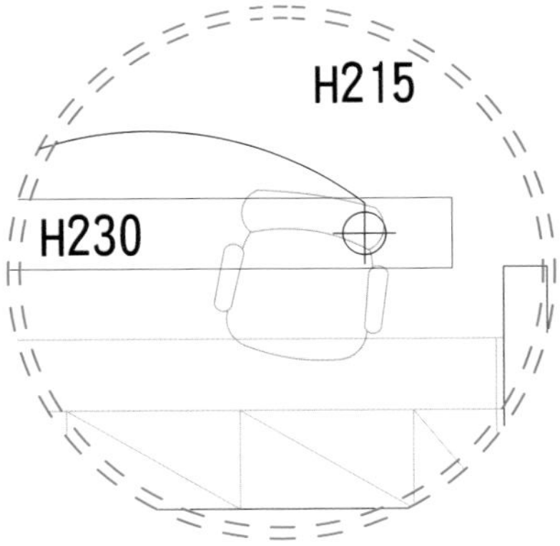

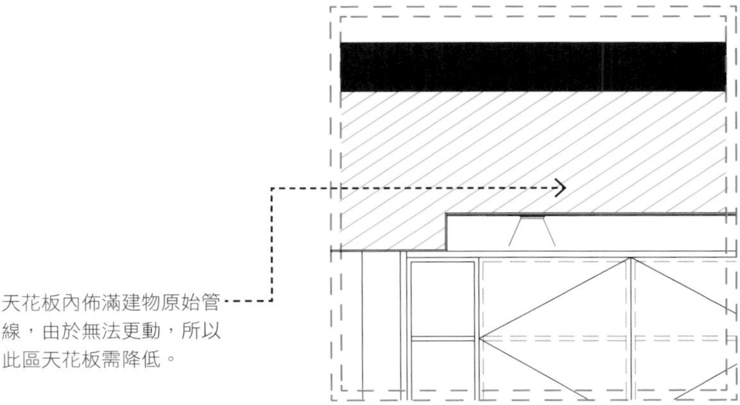

British Designer

順勢不可動建築格局，天花板設計完美變身鄉村風

由於建築格局關係，房間內有著樓梯結構的一部分，且正好位在床頭上方，為了不讓房間主人因為強大壓迫感而干擾到睡眠，於是設計師利用樓梯的斜度，做出城堡的尖拱，並且拉出深度，讓斜屋頂的左側順勢延伸，像是伸出手臂撐住了樑，木工施做前須現場打版，確認好尖拱的斜率，才能完美遮住樓梯結構並做出美麗的斜屋頂。完工之後，斜屋頂上刻意做出平行紋路，打造猶如身處小木屋底下的溫馨感受，而斜屋頂的紋路也與床鋪周邊牆壁造型相呼應，讓整體視覺效果更加完整，徹底轉移人們對於屋頂大樑與低天花板的注意力，替使用這間臥室的小女孩建造了一間真正屬於她的夢幻城堡。

屋頂存在許多根橫樑，加上樓梯結構的干擾，原始空間的壓迫感相當強烈。床鋪上的斜天花板不與床鋪等寬，是因為房間面積很小，若是天花板與床等寬，那麼剩餘的天花板面積會太小，整間房也會感覺更狹窄。

[大不列顛空間感室內裝修設計
Designer:陳偉婷Eleven Chen]

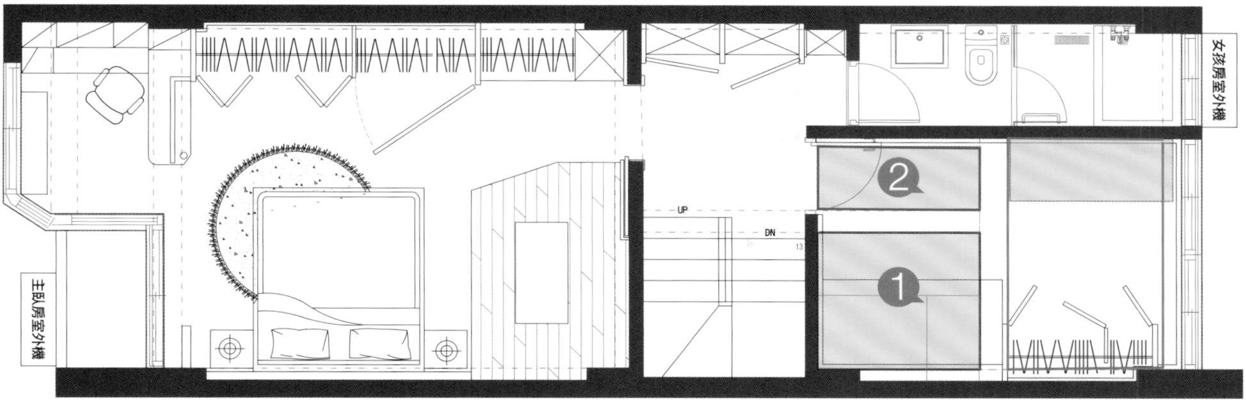

— 天花板分割線
低天花板處

策略關鍵：

❶在天花板安裝燈光，提供床上閱讀時足夠的照明。

❷包覆式有安全感+修飾樑壓床的風水問題。

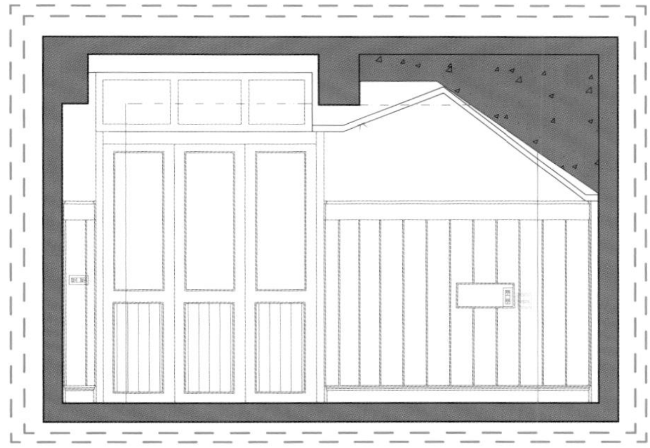

木工施做前須現場打版，確認好尖拱的斜率，才能完美遮住樓梯結構並且做出美麗的斜屋頂。

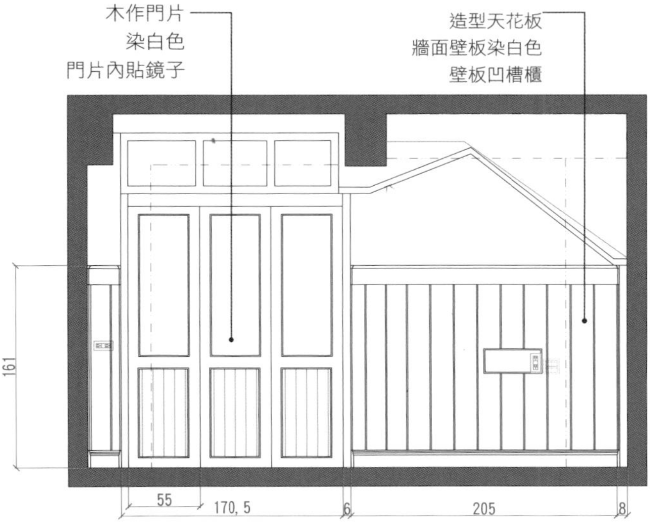

木作質感呼應天地，變化居家豐富表情

1w1w Design

天花板都以簡潔的線條拉出層次感，除了內藏管線以外，也是空間延伸很重要的一環，且天花板盡量輕量化、弱化，讓視覺產生拉高效果，同時利用層次感虛化空間的壓迫感，以達到空間上的平衡，這不僅是整個空間舒適性的關鍵所在，更具備畫龍點睛的效果。天花板設置嵌燈照明，灑落暈黃光意，調和溫馨氛圍；石材、鐵件勾勒出視覺層次與豐富表情，燈光部分，選擇重點式照明，營造出每個區塊需要的光源氣氛，天花板特意以斜向的設計方式，降低樑柱間的高低差感受，設計師藉由天花板的包覆化解疑慮，且木質格柵天花板造型架區分了空間並構出更多層次豐富的線條。

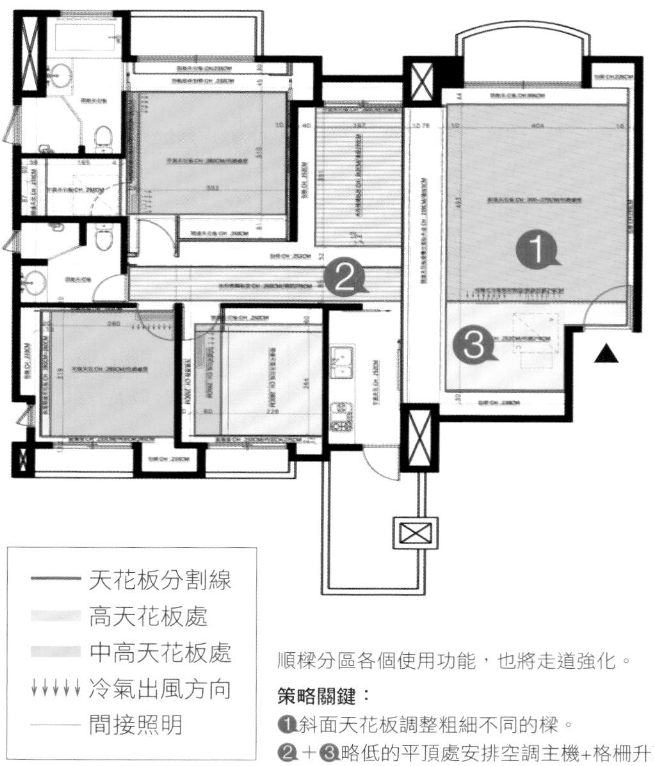

順樑分區各個使用功能，也將走道強化。

策略關鍵：

❶斜面天花板調整粗細不同的樑。

❷＋❸略低的平頂處安排空調主機+格柵升高視線。

【一水一木設計工作室】

Designer:謝松諺

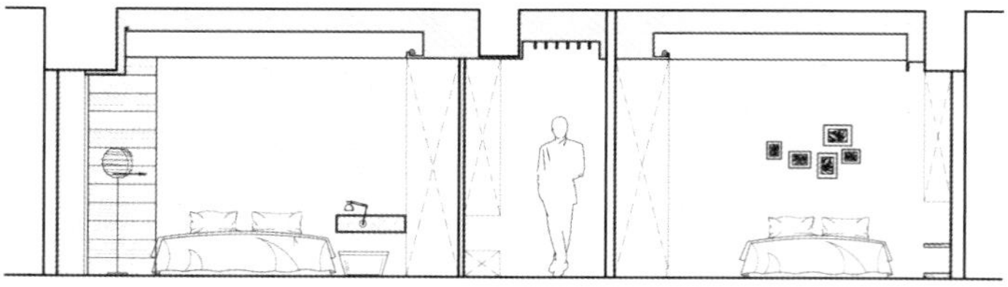

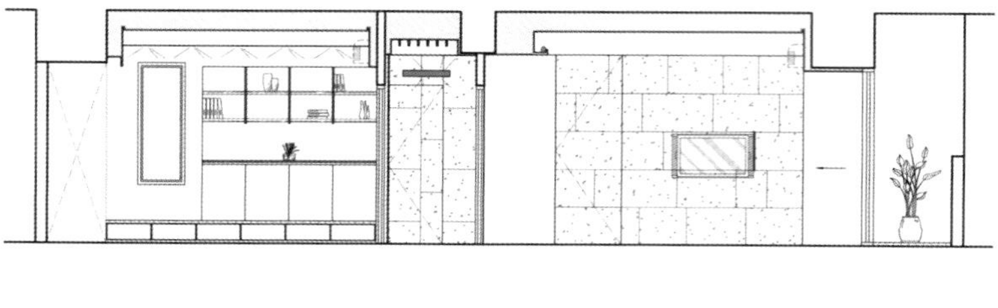

公共領域有粗大的橫樑和柱子存在客、餐廳之中，為了減輕大樑的壓迫感，利用斜面天花板造型讓空間視覺高度延伸，也可以讓空間比例達到平衡。針對餐桌及平日文書工作的區域，利用木質格柵的方式呈現，使木質百葉窗簾跟天花板達到互動一致性，造型的天花板設計也讓客、餐廳的空間區多了不一樣的層次。

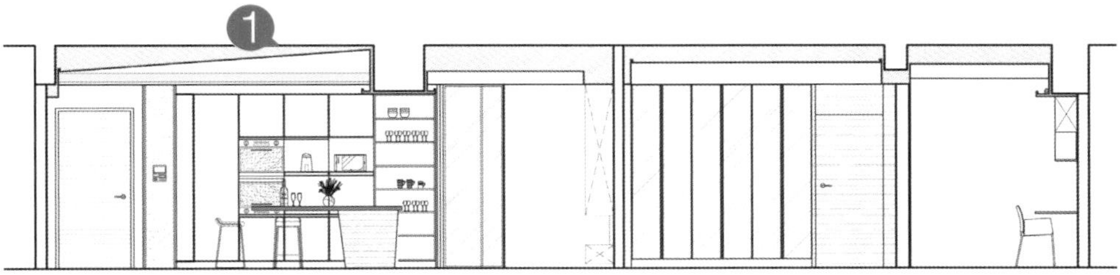

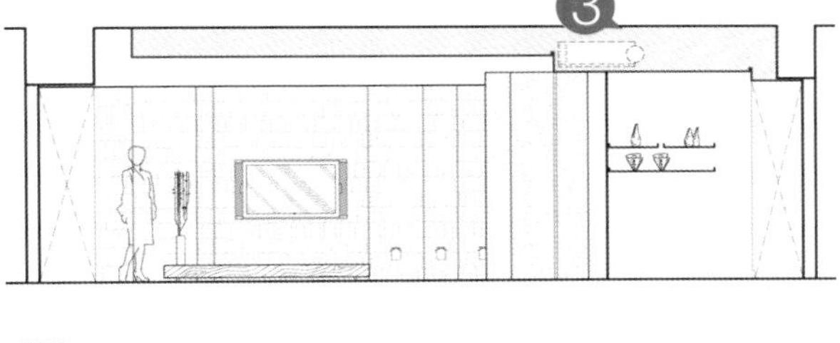

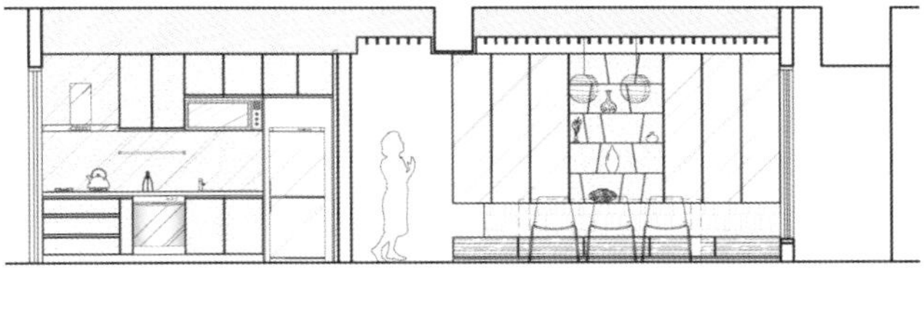

Iwlw Design

巧妙天花板比例，延伸視覺明亮大開放

天與地的距離關係著公領域如何呈現延展與開放的視野，並串連起客廳、餐廳達到視覺延伸的效果。要怎麼精準掌握比例是空間設計最重要的環節，更與居住者的舒適程度與心靈放鬆感息息相關。本案中，管道間的水管利用天花板加以修飾，在內層加強吸音棉包覆，使管道間的擾人聲音大幅降低，讓天花板設計除了機能、視覺、造型、修飾外，對於生活品質產生實際的幫助。此外，設計師透過巧妙手法將空間不完美的缺陷化為最吸睛的區域，搭配明確的格局規劃，機能配置、照明計劃及生活流暢動線，替空間創造出俐落明亮的居室格調。

溫潤的木作牆面延伸至天花板，讓客廳與餐廳產生區域分別，讓空間使用更加鮮明自在，以木質色調做為空間設定，簡約造型鋪陳在廚房天花板上，拉出寬闊的室內感受並營造出舒適、愜意的自然生活氣息。

[一水一木設計工作室]

Designer:謝松諺

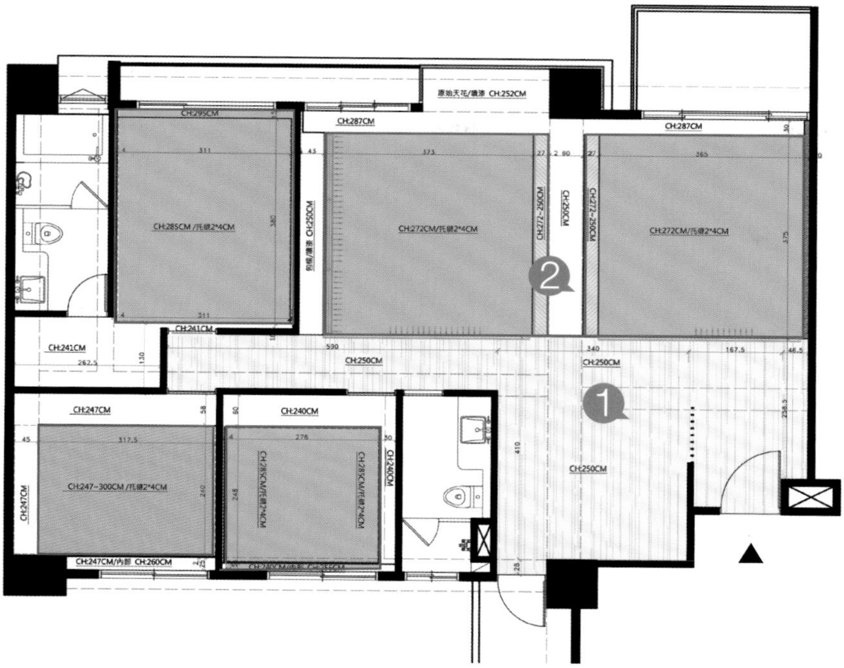

—— 天花板分割線
高天花板處
中高天花板處
木作天花板處
↓↓↓↓↓ 冷氣出風方向

客廳區就位在玄關旁，而走道又將本區和客廳一分為二，因此必須將本區以木作整合。

策略關鍵：

1. 木作天花為不停留區的走道決定動向+整合玄關、客廳的安定比例。
2. 反而利用樑本身的位置，採不包樑封頂作法，達到清晰分區的功能。

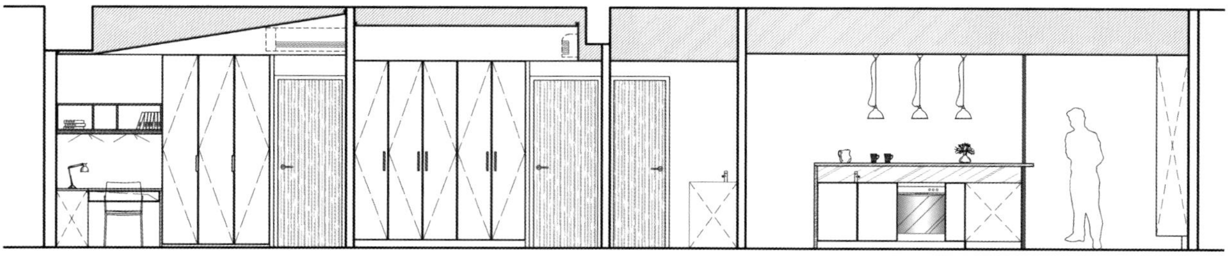

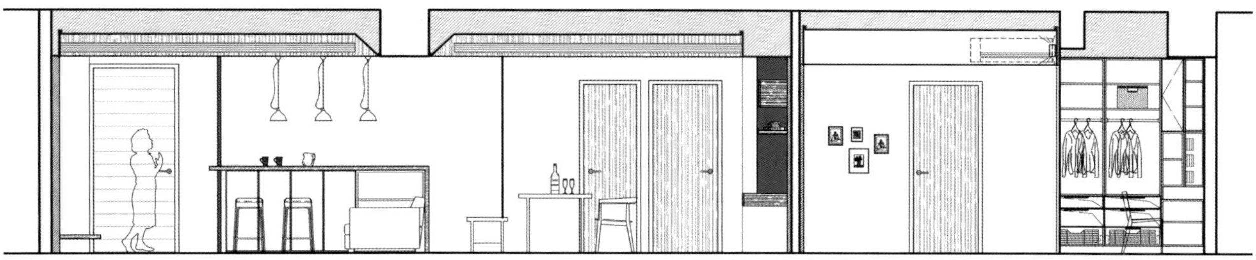

LED燈帶天花板的直行線條，前衛時尚的感官衝擊

室內正中央存在一根大樑，因而造成強烈壓迫感，為了化解這處礙眼的缺陷，設計師所做的不是想盡辦法隱藏，而是以線型LED燈帶加以修飾，透過簡約俐落的直行線條，營造前衛時尚的感官印象，使之成為空間中最引人注目的景觀，並且燈帶旁貼上加入磨成極細雲母粉的立體壁紙，在LED燈照耀下，隨時發出閃亮動人的光澤。LED燈帶天花板也向下延伸，串連起壁面及地坪，無形中成為一道界線，清楚區分客廳與餐廳兩處區域，吊隱式冷氣的線性出風口也安裝在LED燈帶天花板上方，透過這樣子的規劃，讓人完全忘記其實這裡原本是大樑的位置。

【思為設計SW Design】
Designer:徐文芝Winnie&施翔騰Shawn

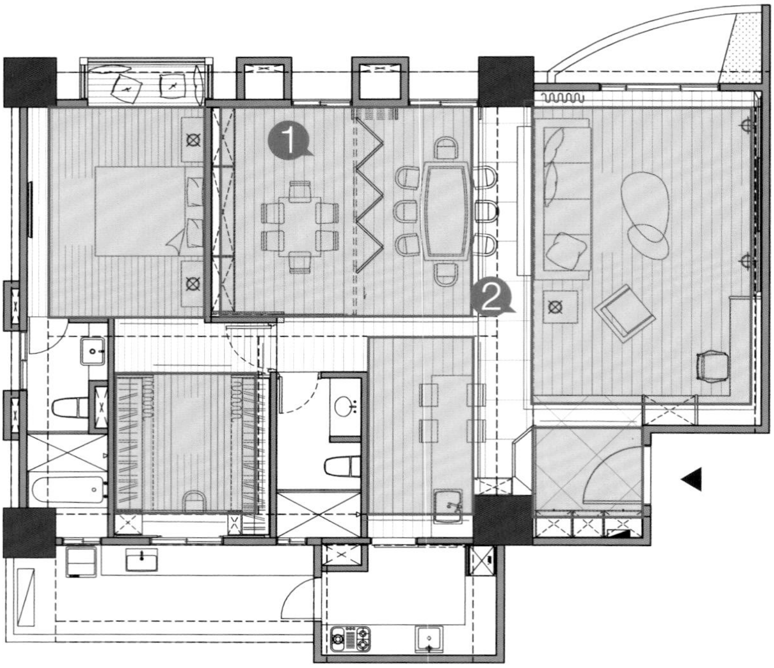

間接照明
天花板分割線
高天花板處
↓↓↓↓↓ 冷氣出風方向

修飾入門後大樑成為主要視覺停留處。

策略關鍵：

❶利用拉高天花板上下對應空間功能+周圍層次逐漸下降與樑結合。

❷反向包裝樑，成為特殊造型。

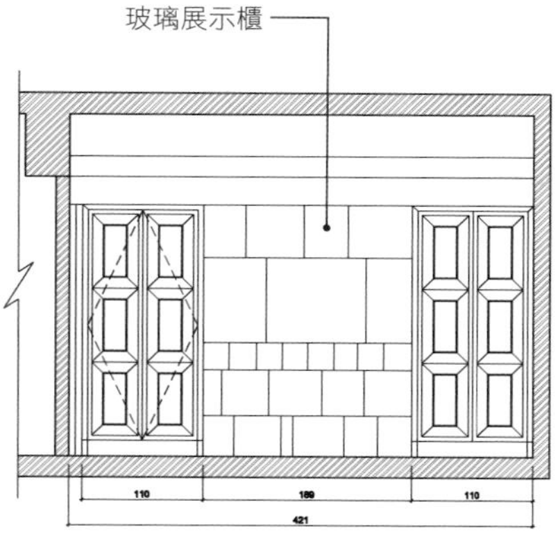

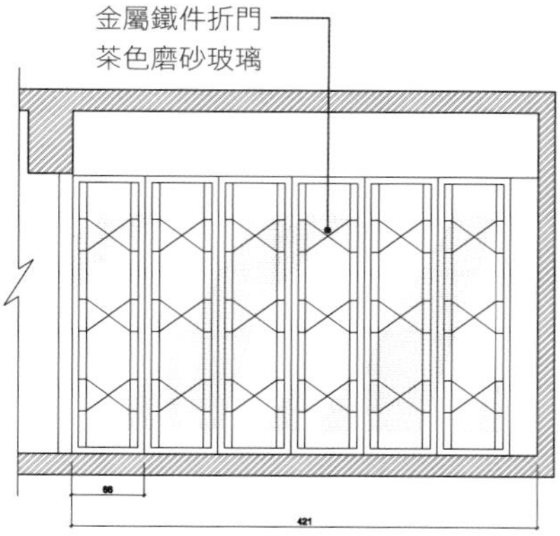

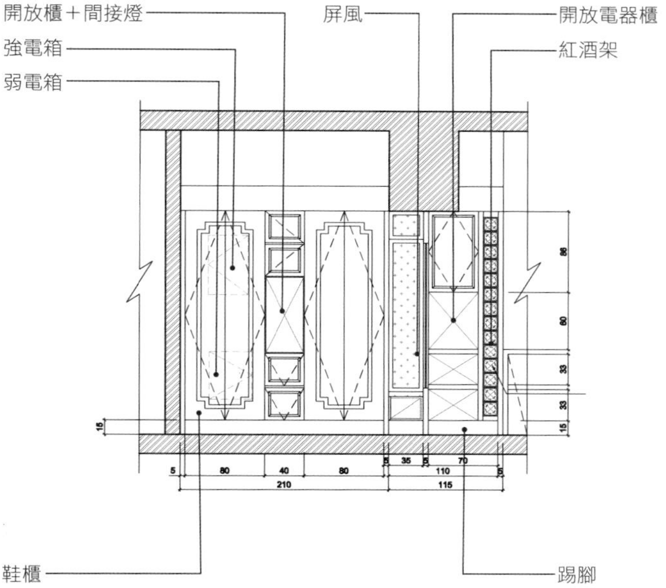

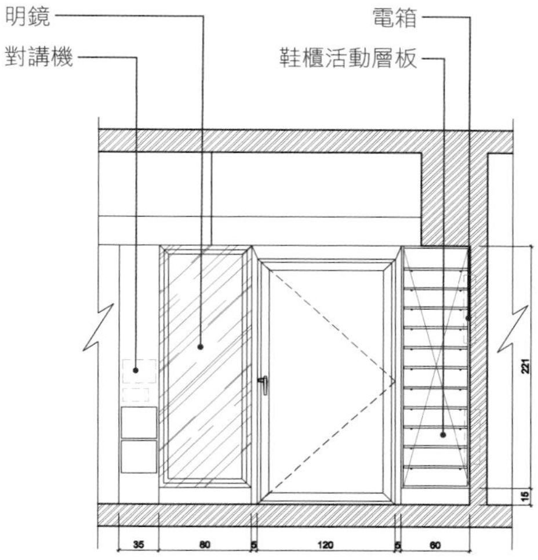

為了避免空間中央大樑所帶來壓迫感，設計師別出心裁以LED燈帶進行修飾，替空間增添亮點。吊隱式冷氣主機出風口與大樑結合，創造乾淨俐落的收邊線條。

SW Design

天藍色天花板刻意的仿天井造型，清清爽爽解憂煩悶

玄關天花板刻意做出仿天井的挑高，一進門，壓力瞬間解除，感受豁然開朗，「天井」內以木板設計連續的圓弧造型，塗上天藍色漆，打造柔和的氣氛。天花板以斜角切入客廳，且斜角也採用天藍色系與玄關相呼應，同時也與吧台的藍色馬賽克做巧妙搭配，增添更具層次的豐富設計。此外，天藍色的天花板順著斜角一路繞行室內空間，讓視覺效果獲得進一步延伸，並且有效中和牆壁、地板的大地色系，令住家在沉穩中仍保有輕鬆愜意的元素，另一方面，客、餐廳天花板也裝設軌道燈，可依照屋主需求調整照射角度，藉以強化空間實用機能。

天花板的天藍色帶與牆壁、地板的大地色系巧妙搭配，替空間勾勒更多元而繽紛的層次感。

【思為設計SW Design】

Designer:徐文芝Winnie&施翔騰Shawn

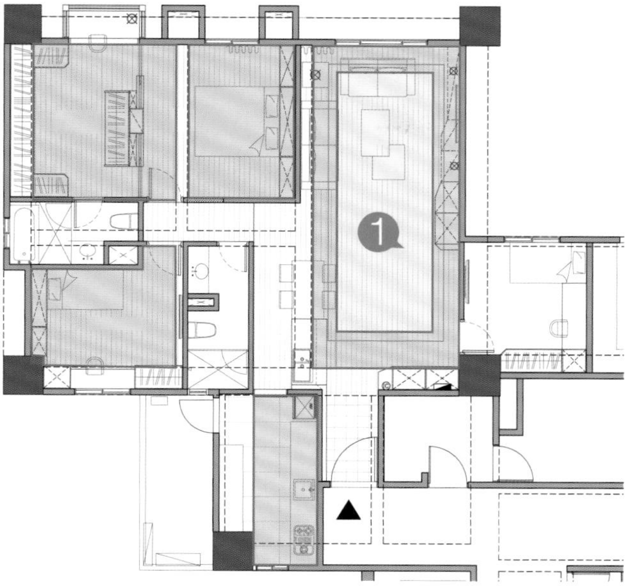

天花板分割線
高天花板處
中高天花板處
冷氣出風方向
間接照明

斜面天井式的天花板讓人的注意力集中在客、餐廳。

策略關鍵：

1. 轉換斜頂式與天井結合+側漫光打出陰影，升高天花板。

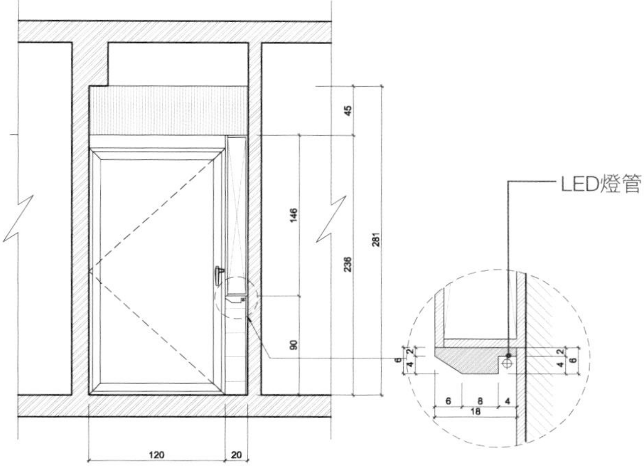

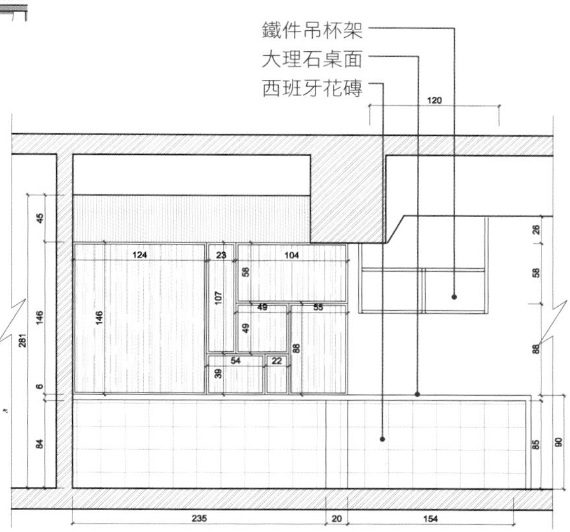

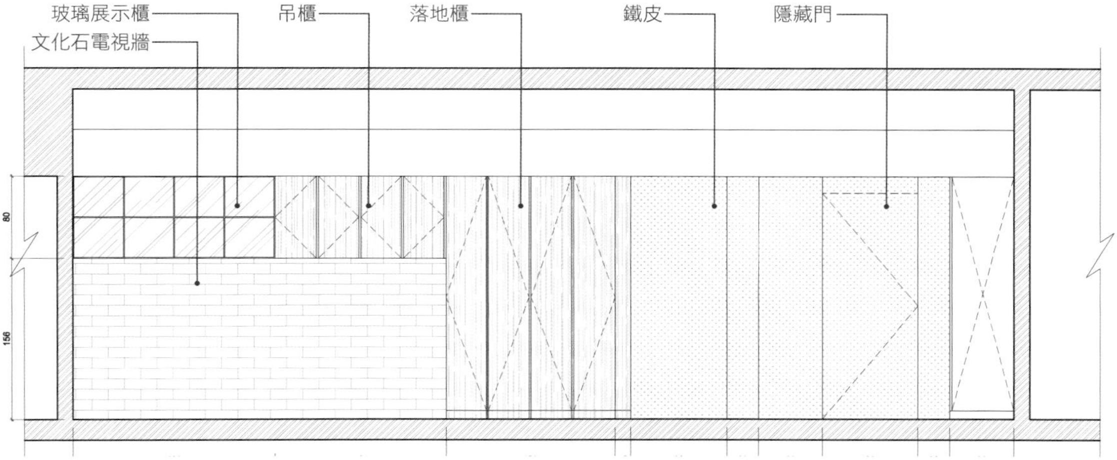

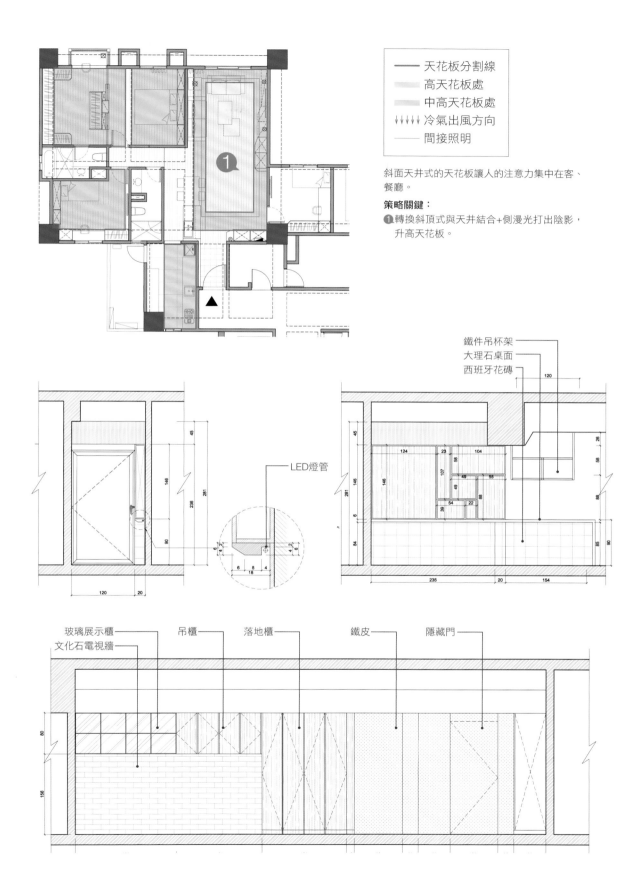

SW Design

帶狀天花板隱藏管線問題，成為空間中亮麗焦點

兩房一廳的格局、13坪的面積、設定為出租使用，考量到以上既存的條件，室內裝修走中性精品飯店風，並帶有溫馨的氣氛，天花板設計亦要與之配合，不設主燈，僅安置嵌燈讓空間顯得乾淨完整。天花板周邊則是使用木格柵拉升視覺的效果，表面塗上奶油色噴漆，讓空間散發出甜蜜的味道，也與屋主想強調的溫馨元素相呼應。更特別的是，廚房天花板順著格局動線做出折角造型，雖然內部隱藏空調主機與管線，但帶狀天花板充分達到轉移注意力的目標，甚至進一步成為空間中最亮麗的焦點。同時冷氣線型出風口也設置在帶狀天花板內，隨著天花板一路轉折向前，帶出簡約俐落的時尚感受。

【思為設計SW Design】

Designer:徐文芝Winnie&施翔騰Shawn

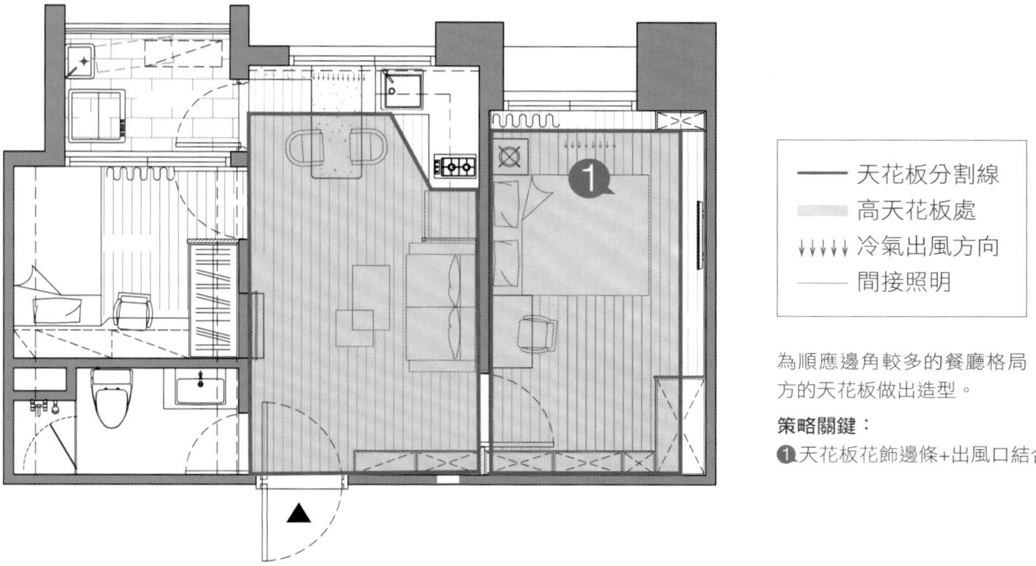

為順應邊角較多的餐廳格局，只選擇在餐桌上方的天花板做出造型。

策略關鍵：

❶天花板花飾邊條+出風口結合趣味設計。

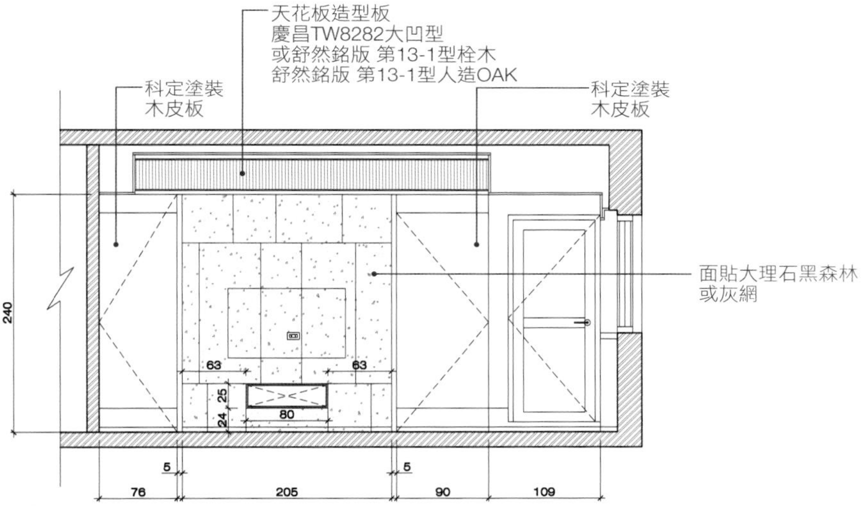

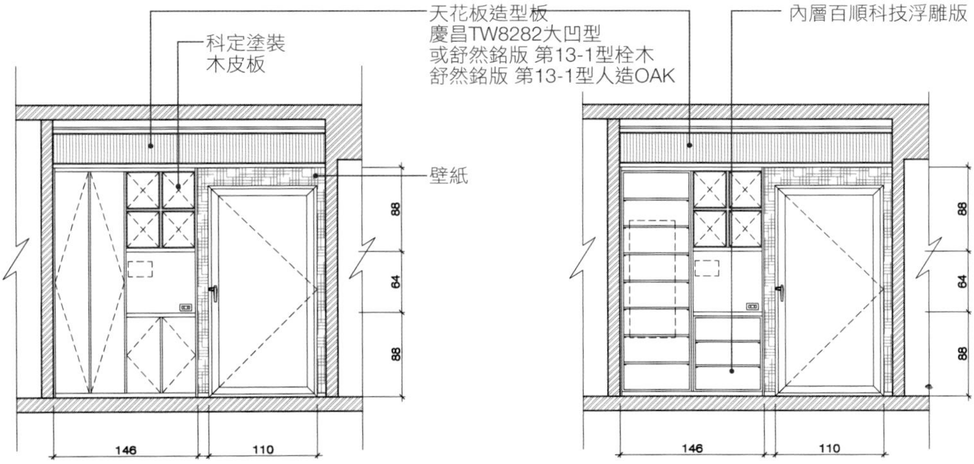

【思為設計SW Design】
Designer:徐文芝Winnie&施翔騰Shawn

SW Design

圍繞施華洛世奇水晶吊燈為中心展開的沉穩天花板

屋主年紀較長，偏愛低彩度的華麗風格，所以設計師針對「餐廳」——這個一家人最常共聚的區域，在天花板裝設施華洛世奇的大型水晶吊燈，營造氣勢驚人的五星級飯店氛圍。襯托水晶燈而採用橢圓造型，藉此與室內其他區域的方形天花板做出區隔，強調區域獨特性。天花板造型也以水晶燈為中心展開，吊燈基座為一突出的橢圓形，外層再以一圈更大的橢圓包圍，再外側以筆直的線條與周邊天花板相連，繁複的設計襯托出餐廳讓人印象深刻的尊貴氣息，水晶燈與線板的結合其實也開創返樸歸真的美學意境，此外，天花板中心處的橢圓形線條除了風水考量之外，也刻意藉由柔和的線條避免過於銳利的角度產生，造成心理上的不適。

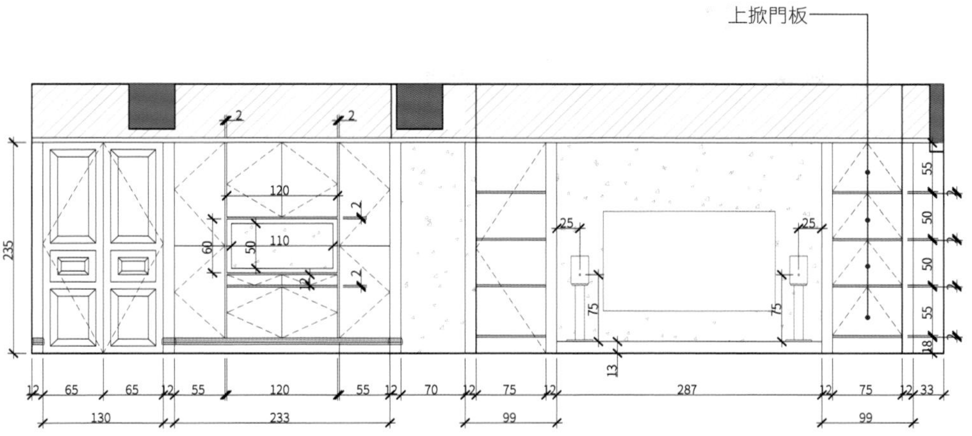

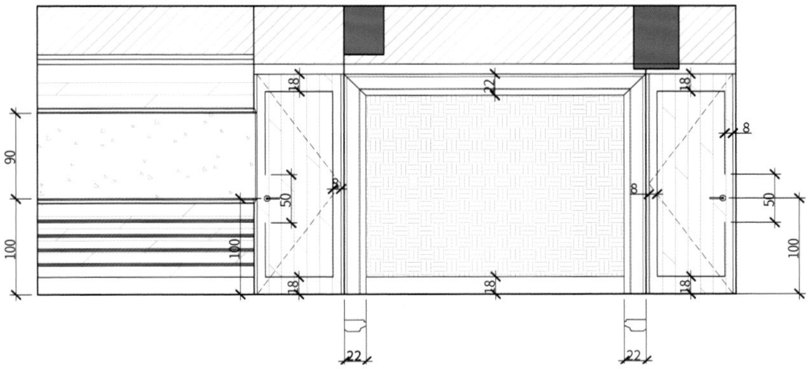

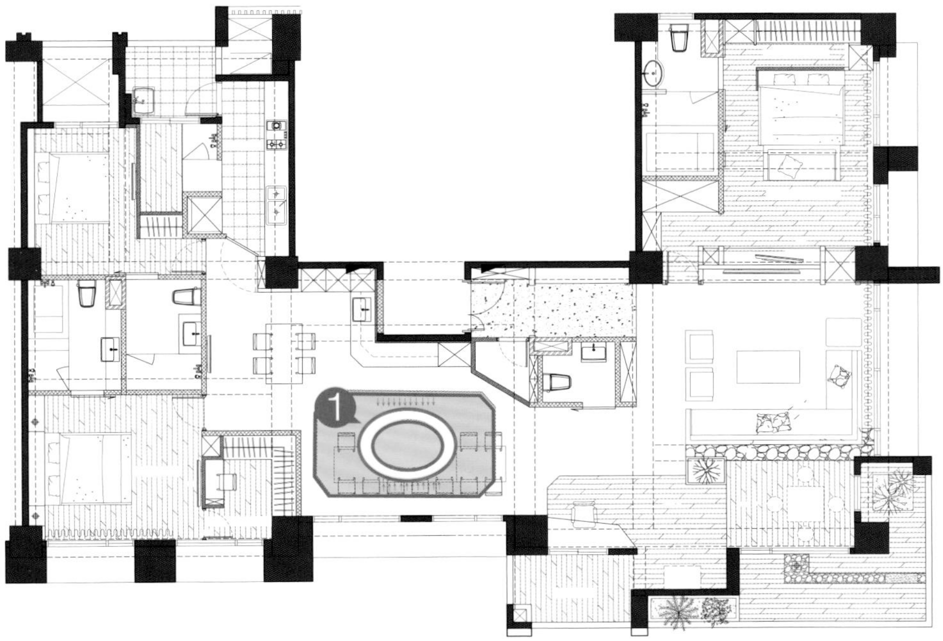

—— 天花板分割線
高天花板處
↓↓↓↓↓ 冷氣出風方向
—— 間接照明

ㄇ型格局的中段安排成餐廳區，因此強調圓滿的造型穩定此區，讓左右兩邊都以此為中心點。

策略關鍵：

❶降低區安裝出風口。

SW Design

純正美式古典圓拱造型，搭配壁紙賦予空間立體感

屋主喜愛的美式風格，在餐廳形塑優雅豪華氣質，天花板強調美式古典風情，此案的空間大，格局方正，所以採用對稱概念讓餐廳與客廳的天花板位在同一中軸線上。設計師在四個角落設計圓拱造型，並利用多層次線板不斷向上堆疊，透過力道逐漸加強的設計技巧，讓視覺感更為緊湊。冷氣出風口設置於線板內，與天花板合而為一，讓人絲毫察覺不到空調主機就隱藏其中，外觀也由此完整。天花板順著圓拱的線板往上慢慢抬升高度，回復到最原始的挑高，搭配明亮的採光，讓人在用餐時能夠自然保有悠閒好心情，另外在頂部天花板周邊留出一條灰色帶，色帶以壁紙覆蓋，一來與下方餐櫃做搭配，二來天花板所使用的壁紙與牆面相同，也達到了相互呼應的效果，賦予空間更動態的立體感。

【思為設計SW Design】

Designer:徐文芝Winnie&施翔騰Shawn

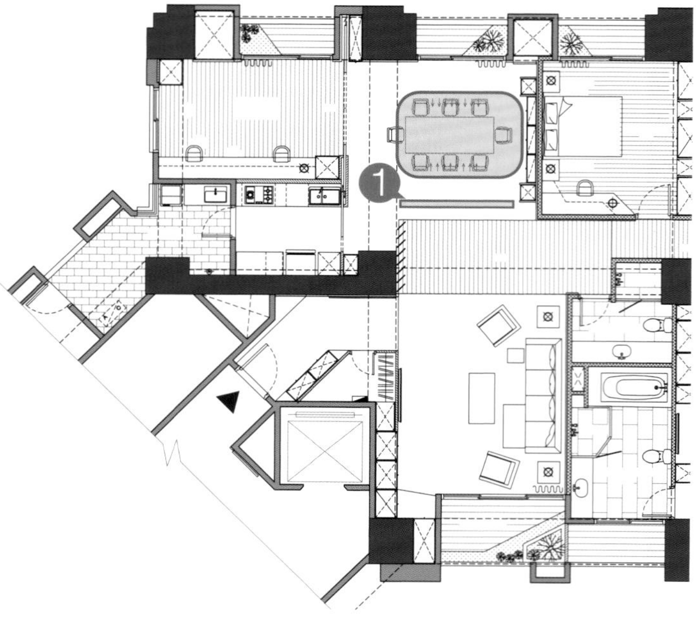

—— 天花板分割線
高天花板處
↓↓↓↓↓ 冷氣出風方向
—— 間接照明

因屋主需求的餐廳面積，樑便會出現在左側，因此以中央造型將餐廳定位好。

策略關鍵：

1 天花板的位置採餐廳和客廳水平線對齊的方式。

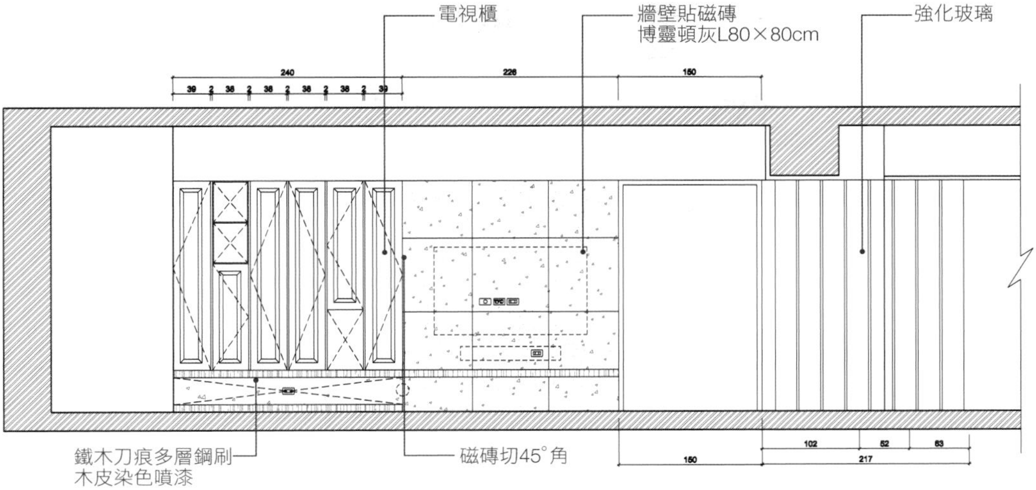

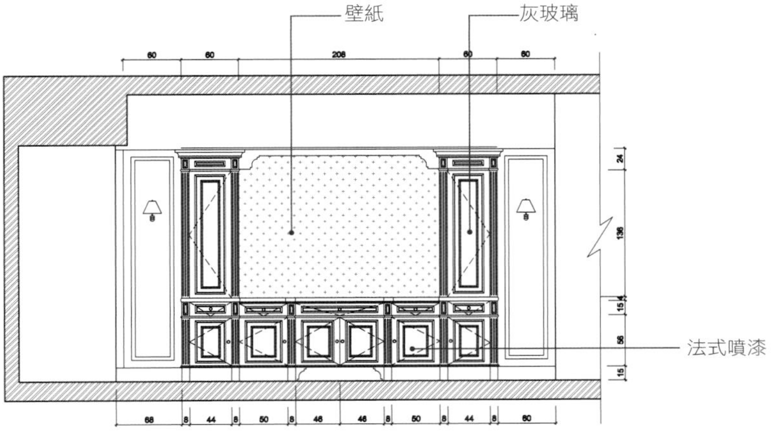

天花板的灰帶其實是壁紙，如果不細看其實不會發現，簡單的佈置卻能讓天花板與牆壁產生連結關係，這正是設計的巧妙之處。

天花板角落飾以多層次線板，透過逐漸堆疊向上的手法醞釀優雅動人的純粹美學。

SW Design

實木皮+茶鏡共構而成，打造活潑樂活度假屋視覺

挑高3米4的度假屋，客廳與餐廳交會處的ㄇ字型過道，既是天花板的轉化也以拱門的角色分隔兩個區域。這一道長形天花板貼上鐵刀木皮並搭配茶鏡，內部隱藏空調主機雖高度被降低，但由於茶鏡反射效果將壓迫感消弭於無形中。順著天花板彎折往下便成為拱門的「柱」，茶鏡順勢而下，鏡內是儲物櫃，實用性大幅提昇，而這座拱門更擔任區域轉換作用，串起兩處空間，而天花板茶鏡所映照出的地面景觀衍生出另類的奇妙視覺感受，藉由虛與實的對應，替度假生活增添不少意料之外的樂趣。

室內空間小，設計師在室內中央處設置可旋轉的電視架，讓屋主無論身在客廳還是餐廳都能看得到，十足便利。

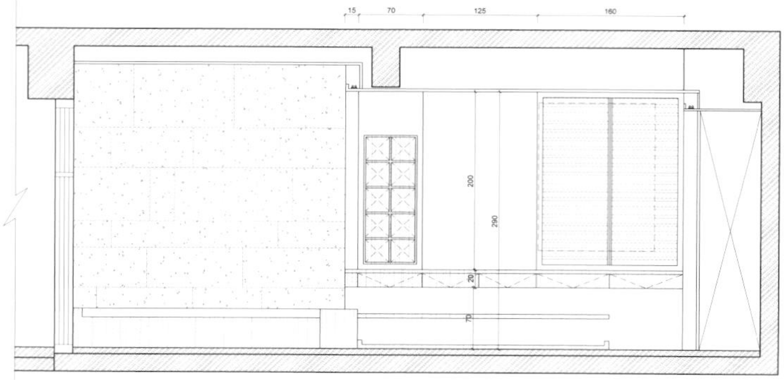

【思為設計SW Design】

Designer:徐文芝Winnie&施翔騰Shawn

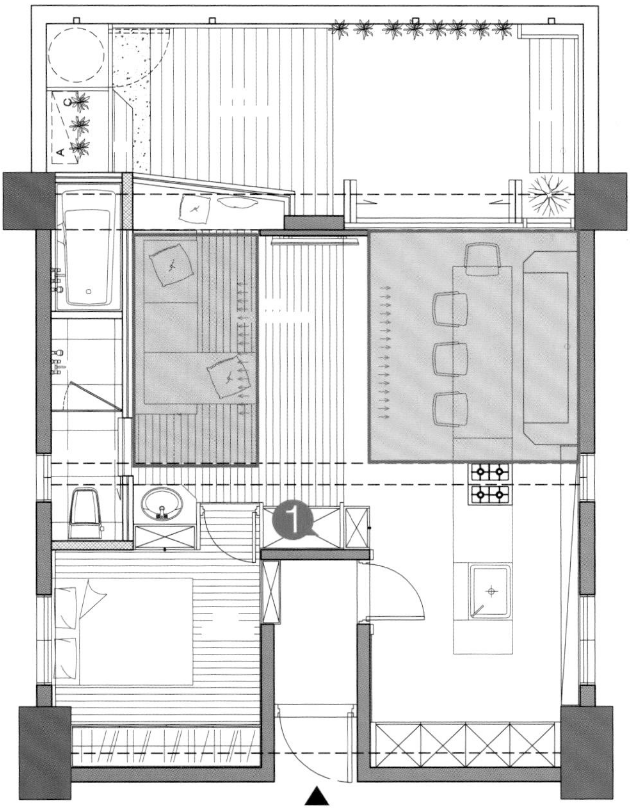

天花板分割線
高天花板處
冷氣出風方向
間接照明

略低於餐廳與客廳兩處的長型天花，剛好形成一個向下聚焦的空間分界。

策略關鍵：

❶刻意多出的空間做出一個儲藏櫃。

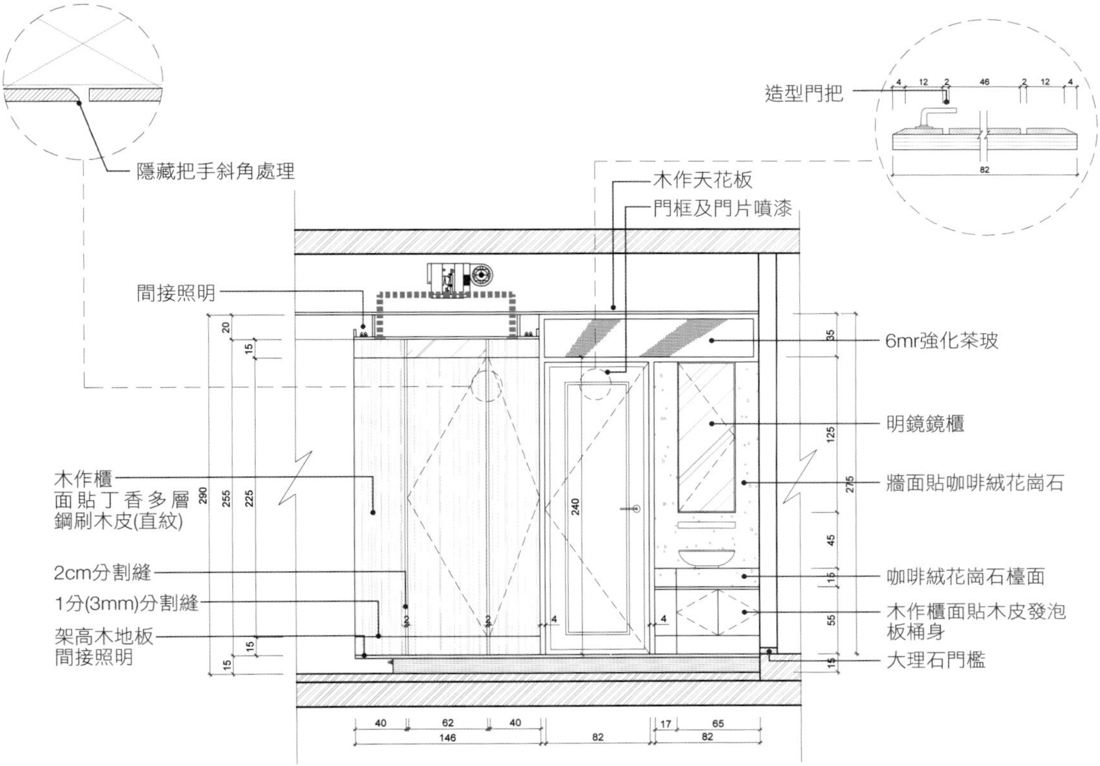

Ming Day Interior Design

高低錯落的天花板高度，創造層次感空間效果

臥室屋頂存在非常明顯的大樑，針對此難題，設計師摒棄傳統封頂的方式，反而是透過高低錯落的線板予以修飾，再加上嵌燈的輔助，反而因為室內高矮不同的天花板尺度，創造出更富層次感的空間效果，並且天花板與露出的橫樑都漆成白色，在視覺上營造出一種縮小建材體積，放大格局面積的感受，壓迫感由此消弭於無形，只留下透明輕盈的氣質在房間中飄散。並且白色天花板也與磨石子地板及實木窗台臥榻相呼應，透過相似的淺色系，共同勾勒輕鬆愜意，且滿滿文青風的休憩環境。

[明代室內設計]
Designer:明代設計團隊

天花板與地板、臥榻相呼應，素雅用色令人感到簡約輕鬆，替臥室的休憩作用加分不少。

天花板採用高低差設計，不刻意隱藏大樑，反倒藉此輕易化解大樑所帶來的壓迫感，還營造更豐富的空間層次。

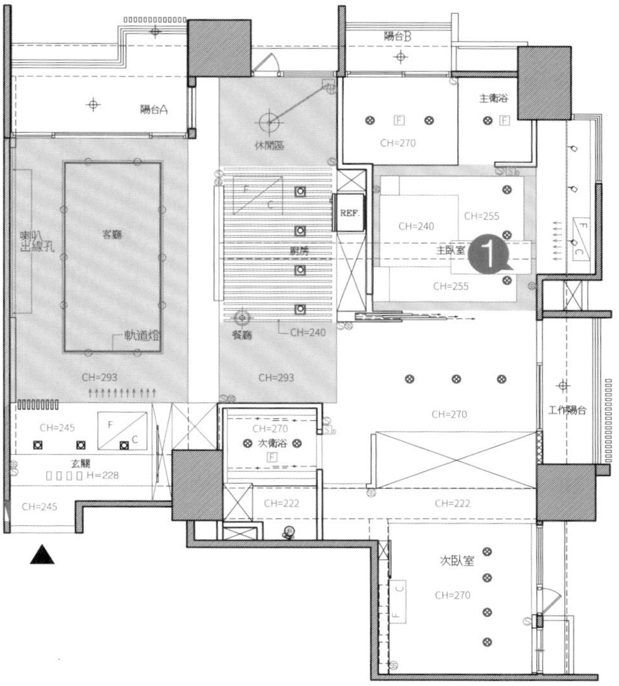

—— 間接照明
━━ 天花板分割線
▒ 高天花板處
↓↓↓↓↓ 冷氣出風方向

上方有橫樑，捨棄會讓空間顯得更小的封頂式，改以片狀層疊的輕盈手法。

策略關鍵：

❶ 三層大小不同的片狀天花板修飾樑，看出設計精鍊的思考。

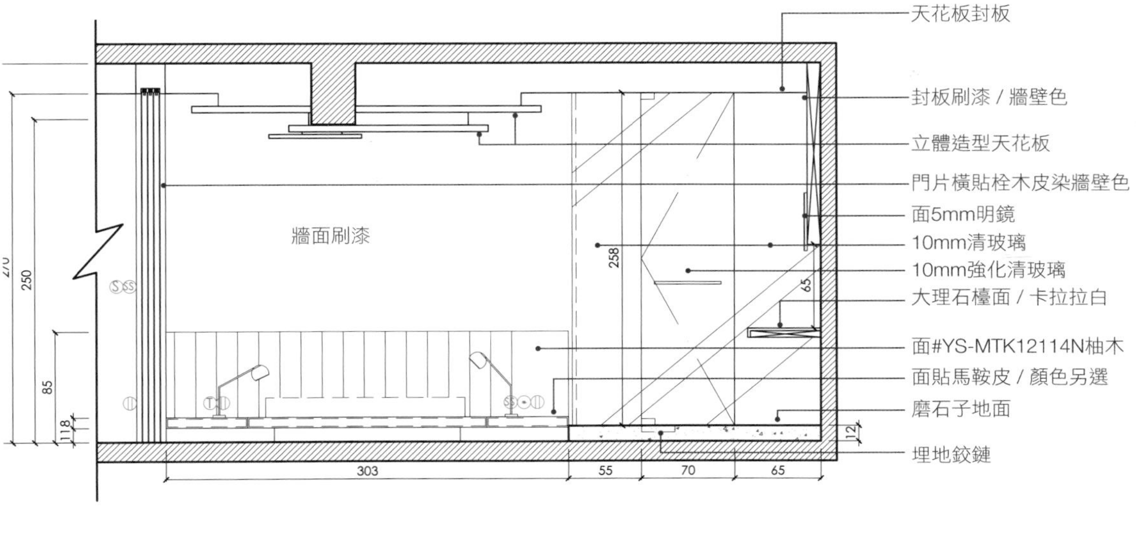

以最低限度保留原始狀態，加裝軌道燈增添變化

Ming Day Interior Design

屋主自己一個人住，喜愛簡單樸素的風格，於是設計師盡量在不干擾結構的情況下進行天花板裝修工程，入口玄關加釘天花板，以遮蔽大樑，客廳天花板保留原始狀態，僅塗上白漆，消防管線除了外露，表面也刷白，以維持整體一致性，同時加裝軌道燈，可依照使用者的需求隨意調整角度，替空間增添更實用的照明功能。另一方面，餐廳天花板規劃白色木格柵，吊隱式空調主機放置於上方，並安裝間接燈光，讓人可從縫隙中向上看出去，營造穿透又輕盈的視覺效果，也藉由這樣的設計將焦點集中於餐廳，形塑出獨特且悠閒舒適的用餐環境。

[明代室內設計]

Designer:明代設計團隊

餐廳天花板採用白色木格柵，散發清爽俐落的質感，也讓人聯想起大海白浪滔滔，彰顯用餐區的獨特風貌。

客廳天花板保留原始結構，讓管線刻意裸露，除了可降低預算之外，也能爭取挑高，並創造強烈的個性風格。

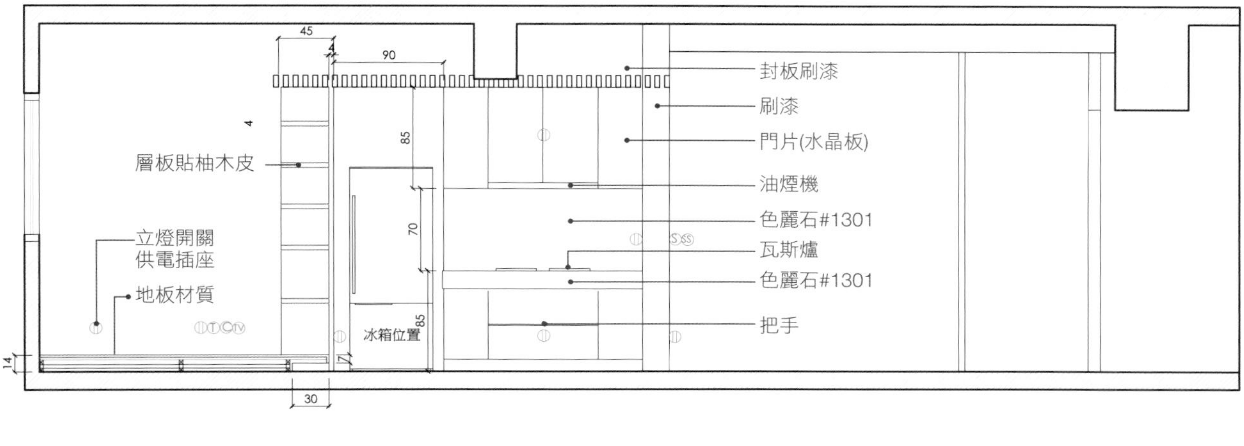

Ming Day Interior Design

利用天花板凹槽與錯置盒燈，簡約設計也能擁有溫馨機能宅

屋主是一對年輕夫妻，習慣明快俐落的生活節奏，兩人都喜愛簡約自然的風格，不想要空間中存在過於複雜的造型，因此打從一開始，設計師想的就是如何以簡單清爽的概念來裝修天花。於是以矽酸鈣板將原始結構包覆，利用簡潔的外觀打造乾淨俐落的印象，也能順便將所有管線隱藏起來，避免雜亂現象出現。此外，設計師在天花板上做出幾個大小、深淺不一的凹槽，並且規劃嵌燈、盒燈，也利用半封頂的天花板將其上的管線、消防灑水頭給隱藏起來。透過這樣的設計，一來彰顯細節，二來利用盒燈取代主燈，既保有照明功效，視覺效果也更為清爽。吧台區因為上方有大樑通過，所以降低天花板高度以便修飾。

【明代室內設計】

Designer:明代設計團隊

天花板以簡單的方式進行規劃。

客廳與吧台利用雙方天花板的高低差，形成一道隱形卻明顯的界線，替住家描繪出清楚的格局動線。

吧台區的天花板降低，以有效隱藏上方經過的大樑，藉由筒燈的裝設，轉移使用者注意力，有效化解壓迫感。

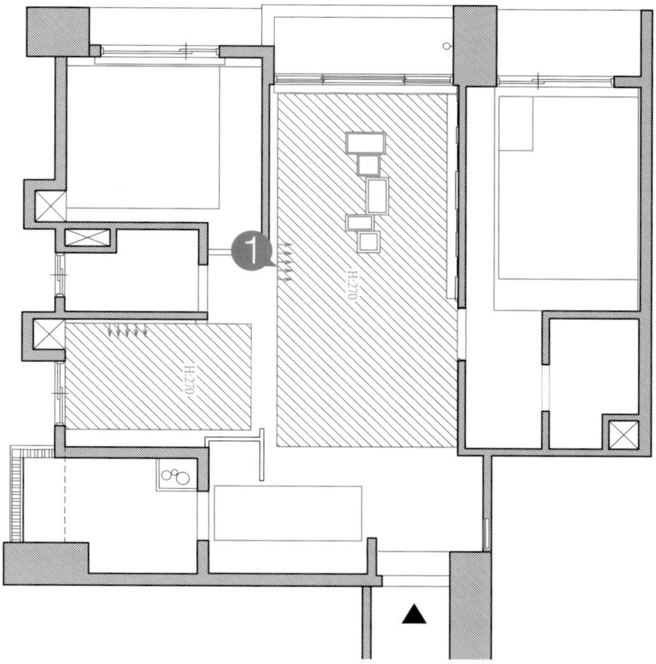

圖例	說明
▭	燈具
——	間接照明
━━	天花板分割線
//////////	高天花板處
↓↓↓↓↓	冷氣出風方向

兩段式修飾大樑，但是保留客廳與中島區的分界。並在天花板加裝筒燈，透過高低落差所形成的隱形界線，自然而然的將客廳與吧台區隔開來，創造更多元豐富的空間機能。

策略關鍵：

1. 分離式空調前方造型距離，需加入足夠的出風與回風空間。

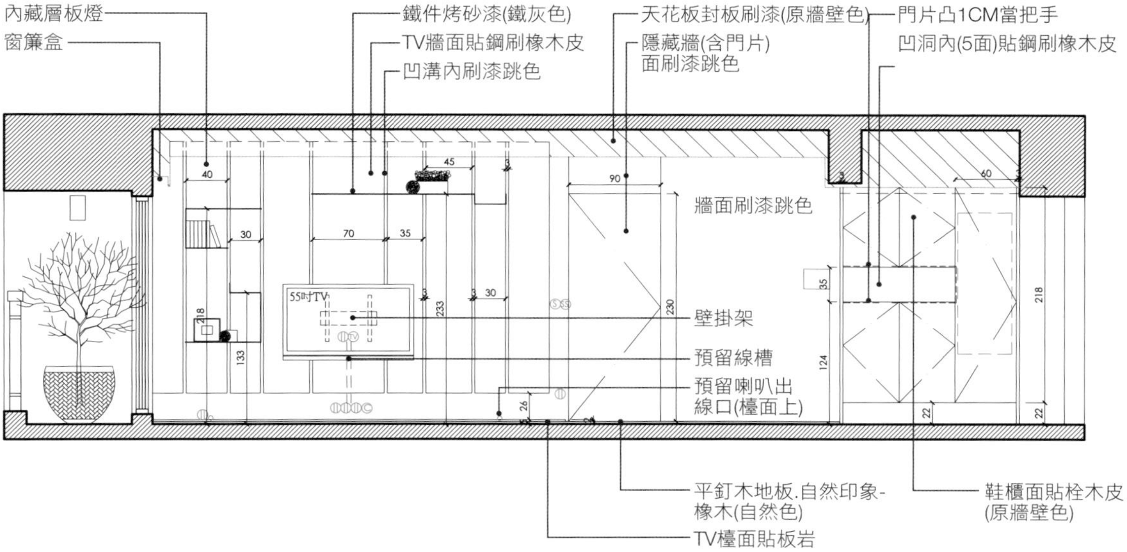

柔和光源自雲朵溢出，擁有可愛夢幻氣氛

Herguang Interior Design

人生不只柴米油鹽，如果能在住家空間添加一些浪漫幻想，生活會更加有趣。設計師以圓弧形天花板來中和現代感的風格，讓居住環境的燈光能夠更柔和，進而使得居住者擁有更舒適的居住品質。圓弧形的天花板是由師傅採用手工方式，將一片片的木板切割出相對應的弧度之後，直立固定於模具上，並以木條一圈一圈拼黏製成，完工後固定於屋頂，中央處規劃一個圓形開口，做為主燈懸掛處，最後補上白漆，再掛上造型吊燈，便營造出溫馨浪漫的用餐氛圍，而圓弧形天花板既像雲朵也像山峰，端看人們以什麼角度看待它，在天花板頂部間接光源的襯托下，散發如夢似幻的奇妙感受。

[禾光室內裝修設計有限公司]

Designer:鄭樺、羅孝立、吳育菁

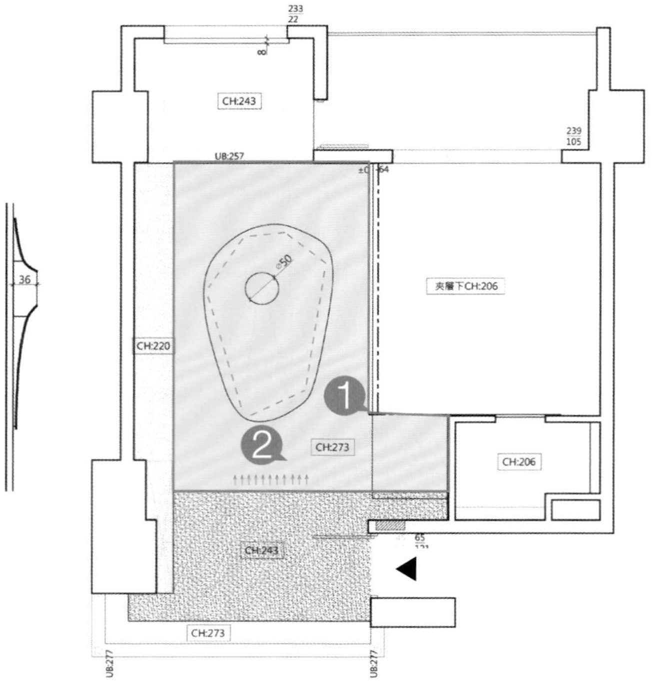

情境式漫光照明有效呈現圓弧的立體感。

策略關鍵：

1. 窄縫燈光令下方造型較暗，更有立體感。
2. 空調出風口。

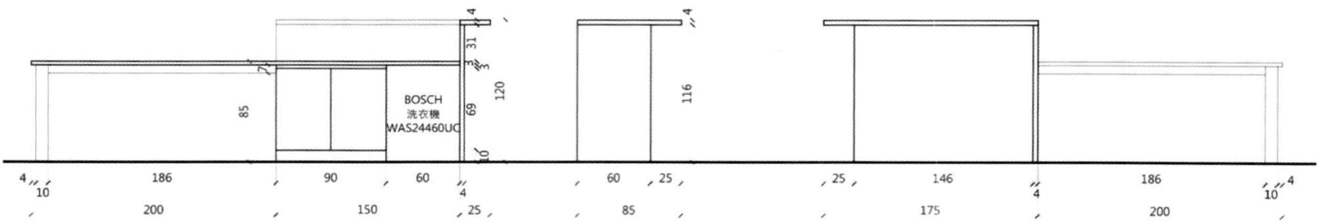

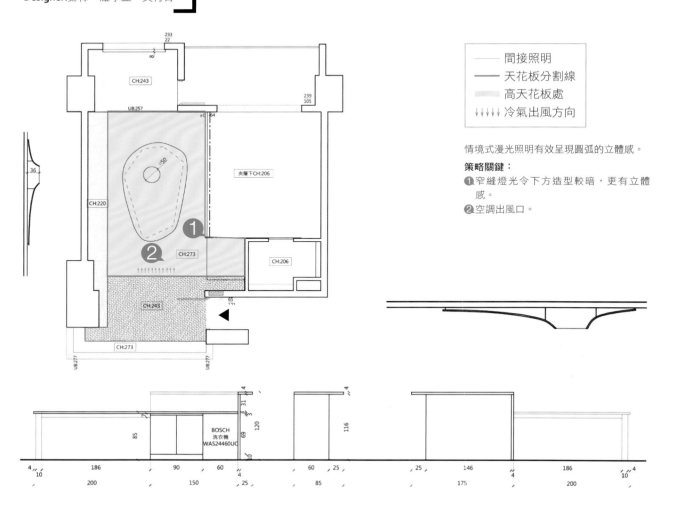

Herguang Interior Design

木格柵包覆嵌燈流瀉黃光，室內也有溫柔表情

由於公共區域的面積非常寬廣，加上屋主不喜歡空間受到阻礙，因此在地坪、立面都沒有特別分隔功能的情況下，只能透過天花板設計將公共區域的界線加以劃分。整面天花板以矽酸鈣板加以包覆，平滑的表面本身就具備一種樸素的美感，同時也將空調主機、維修孔都隱藏在其內，出風口的存在反而成為一道特殊的風景。而在客廳與餐廳上方的天花板，設計師刻意設置木格柵，並搭配嵌燈，讓光線從上方灑落，不僅突顯了格柵的存在，也讓格柵具備更鮮明的角色，足以成為客廳與餐廳的隱形分界線，既保持了公共區域的完整性，也讓兩處空間擁有清楚卻毫無壓迫感的區隔，並且天花板在兩側尾端以圓弧造型收邊，替住家營造圓滿柔和的舒適氣氛。

【禾光室內裝修設計有限公司】

Designer:鄭樺、羅孝立、吳育菁

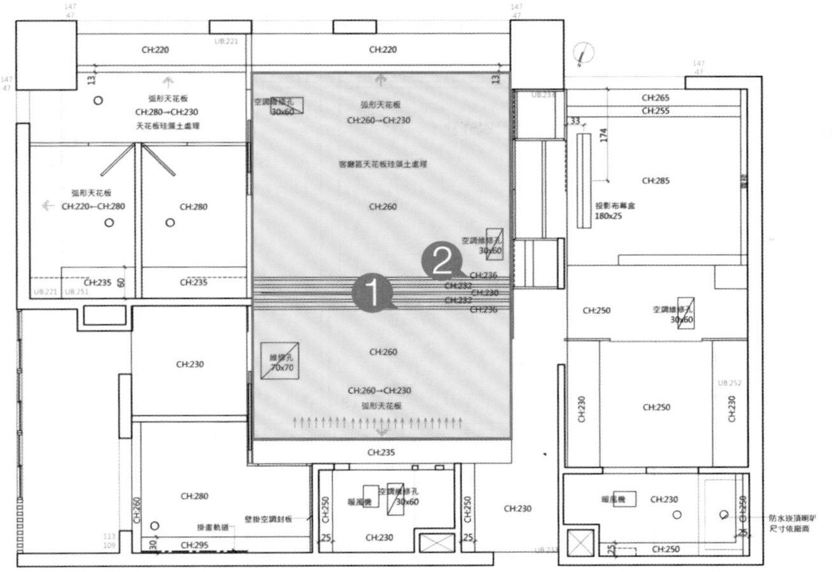

—— 間接照明
—— 天花板分割線
▒▒ 高天花板處
↓↓↓↓↓ 冷氣出風方向

為了保留原屋高的條件，只在大樑處以格柵修飾，達到水平整齊的視覺效果。

策略關鍵：

❶以漫光向上投射，模糊格柵內藏有大樑的秘密。

❷格柵面暗部明顯+側面漫光有照明效果。

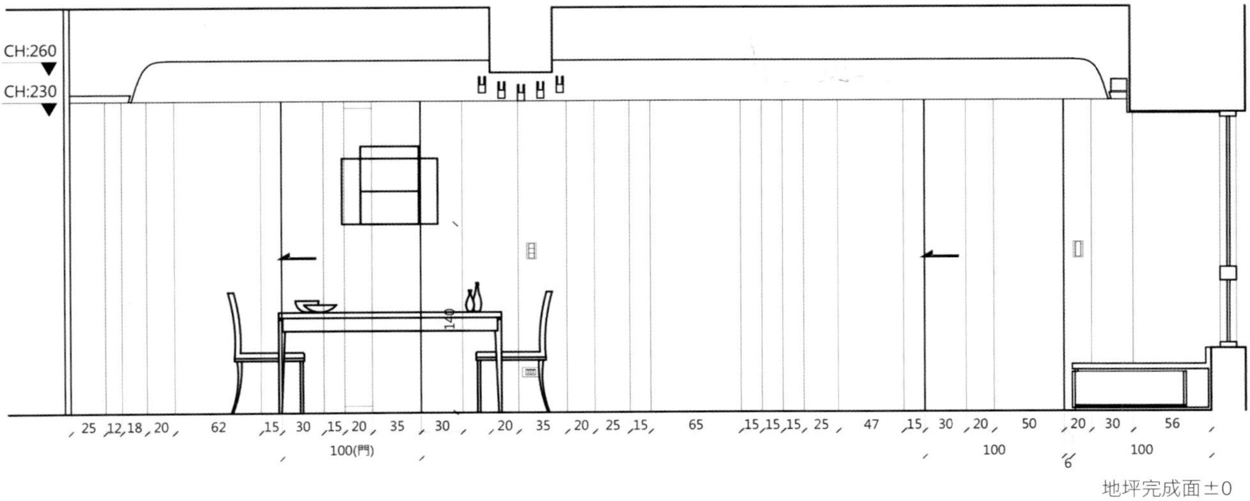

【禾光室內裝修設計有限公司】

Designer:鄭樺、羅孝立、吳育菁

Herguang Interior Design

浪頭浪尾的浪漫造型天花板，巧妙隱藏空調位置

考量到室內的格局及屋主的喜好，希望營造出一種簡單自然但又讓人印象深刻的風格，於是天花板除了以純白色表現之外，也摒棄了一般住家直接封頂的造型，而是改用一邊高、一邊低的波浪設計，位置較高的浪尾部分，除了隱藏空調主機之外，並規劃冷氣出風口，不僅達到節省空間的效果，還爭取到挑高，令空間尺度更顯開闊。位置較低的浪頭部分，以圓弧造型收邊，與電視牆的弧線相呼應，營造更完整且首尾相連的視覺感受，此外，圓弧線板上方還裝設間接燈光，光線並不明亮，但恰好能將沙發主牆染上一片金黃，替住家環境增添溫馨而迷人的浪漫氣息。

天花邊上的大樑靠近沙發背牆，所以用圓弧天花收邊來修飾，然後靠牆處可以投射燈光，讓空間看起來更為柔和。

間接照明
天花板分割線
高天花板處
↓↓↓↓↓ 冷氣出風方向

曲狀天花板造型收尾處轉移對局部大柱的注意力。

策略關鍵：

❶脫開式處理手法安置漫光間接照明+提供白牆情境光源。

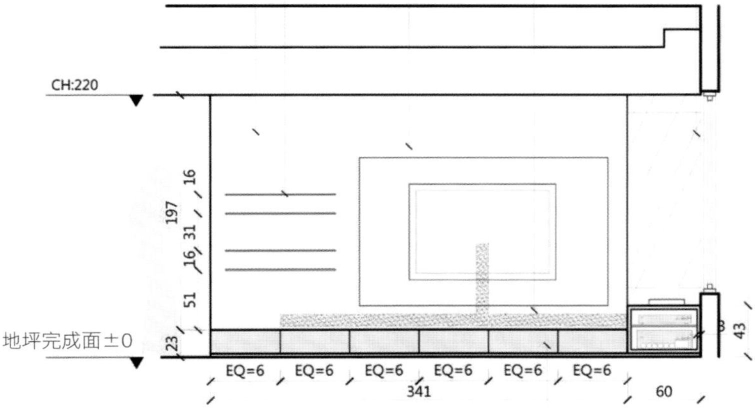

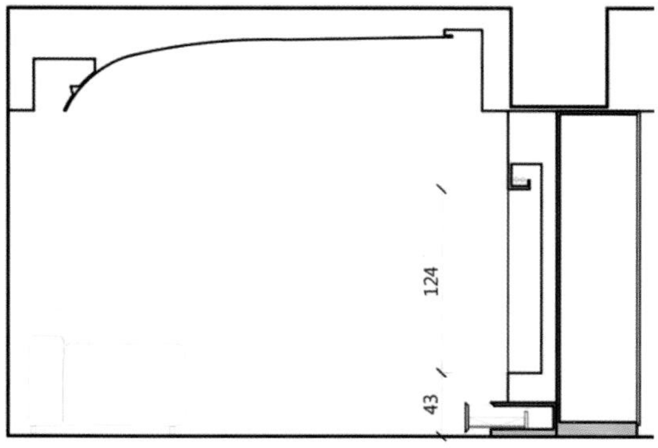

抽屜櫃與機櫃面貼栓木皮．噴漆

Herguang Interior Design

素雅天花板突出一雙弧線開口，替室內空間增添細節

德國名設計師Ludwig Mies van der Rohe曾說過：「Less is more.（少即是多）」，在此空間中，充分驗證了這句話，簡潔的天花板，深得簡約美學的真諦，沒有累贅的線條與華麗繁複的造型，冷氣維修孔、出風口、盒燈、嵌燈依序排列整齊，在純白色漆的襯托下，簡單到讓人無法忘懷，充滿純粹獨特的個性品味。天花板向四面八方展開，在有限空間內創造出無限視覺延伸，讓一家人的煩憂及疲累自然而然消失於無形中。更值得一提的是，設計師在客廳與餐廳的天花板交會處做出一道弧線開口，就像在一片平原中突然拱起一座丘陵。這道開口替空間表情增添了更豐富動人的細節，而兩個空間的差異性也由此被突顯。

【禾光室內裝修設計有限公司】

Designer:鄭樺、羅孝立、吳育菁

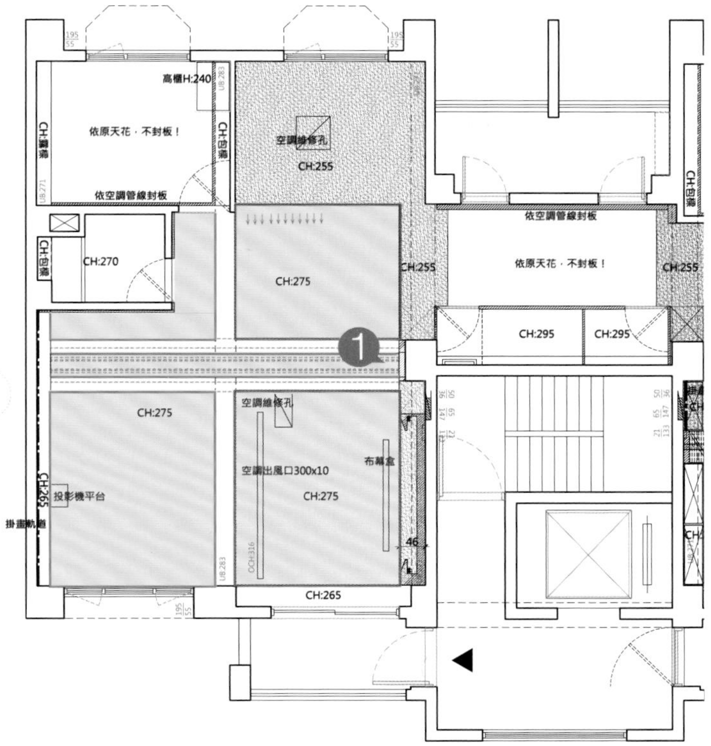

利用樑的位置增加天花造型感，是設計師簡潔又有趣的手法。

策略關鍵：

1. 雙倒折板塊和樑之間銜接細節藏在暗部，看不到界面收口。

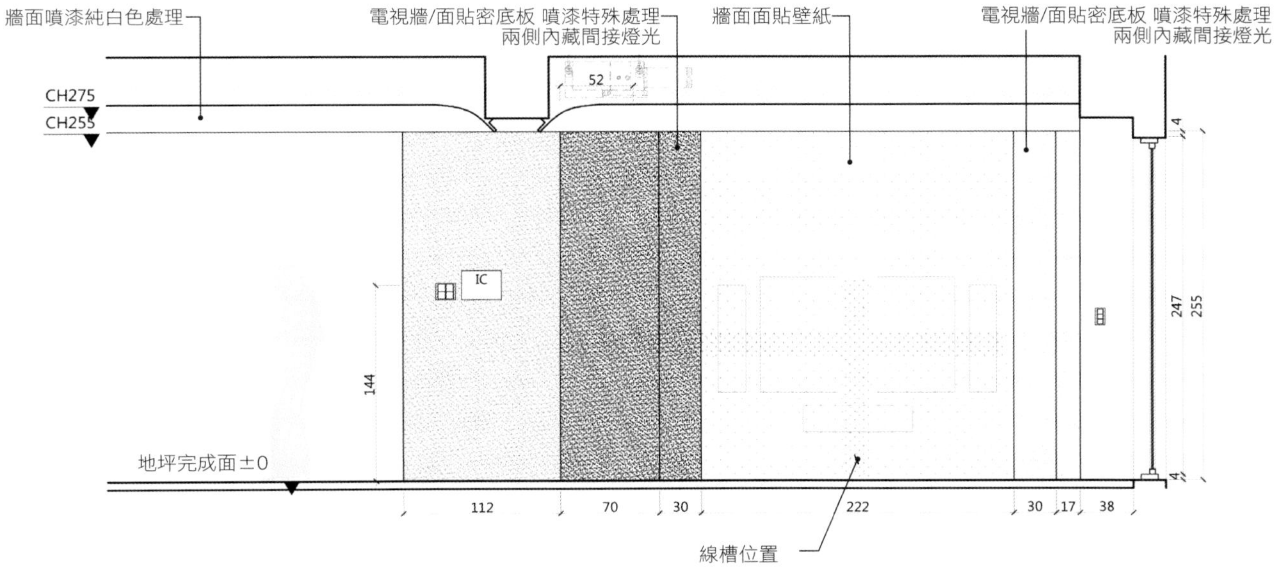

仿天井設計天花板，強化空間明確性

Herguang Interior Design

這是一間休閒度假宅，屋主希望全家人來到這裡時能夠遠離３Ｃ產品，將注意力集中在情感交流及閱讀書籍，所以室內設計風格以此為主展開，天花板也不例外。入門吧台區緊鄰是屋主相當重視的區域，於是此區的天花板設計與其他區不同，在此做出木格柵，藉此襯托吧台的獨特性，但為了怕格柵替下方使用者帶來壓迫感，於是在格柵上方加裝燈具，讓格柵區成為一條光帶，也營造出如同天井般的視覺效果，空間的重心由此被彰顯。

【禾光室內裝修設計有限公司】

Designer:鄭樺、羅孝立、吳育菁

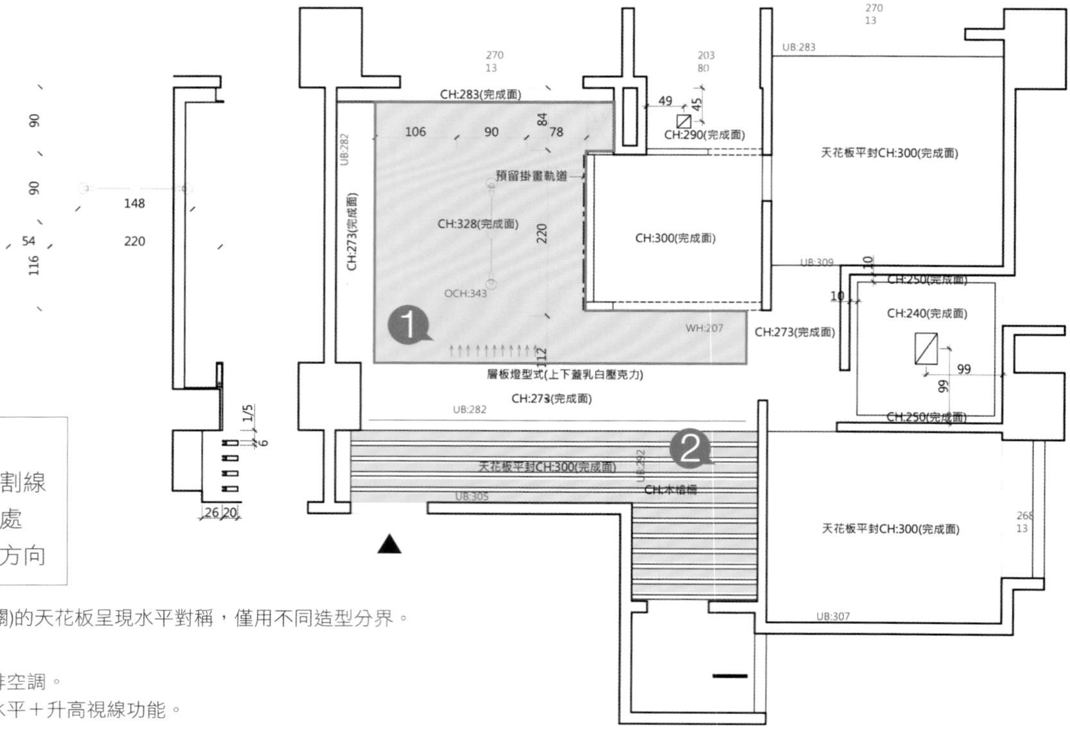

間接照明

天花板分割線

高天花板處

冷氣出風方向

客廳區與吧台區(玄關)的天花板呈現水平對稱，僅用不同造型分界。

策略關鍵：

❶平頂式收樑＋安排空調。

❷白格柵兼具收齊水平＋升高視線功能。

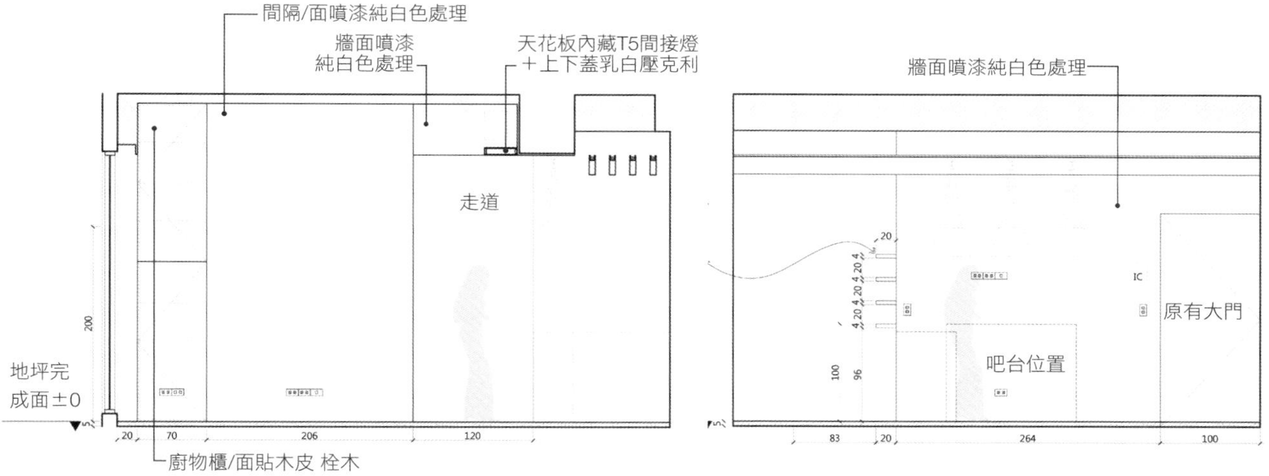

大樑位在木格柵旁，藉由封頂天花板修飾，轉移對大樑的注意。吧台區天花板則以木格柵設計，營造出仿天井的效果創造挑高。三盞造型主燈的搭配，強化此處空間。

【禾光室內裝修設計有限公司】

Designer:鄭樺、羅孝立、吳育菁

Herguang Interior Design

微笑曲線曲線平頂天花板，打造悠閒單身居宅

一個人的單身生活再也不用顧慮別人的看法，只要盡情做自己就好，因此屋主希望室內所有的線條都要圓潤柔和，以創造舒適且沒有壓力的生活品質，於是包括入口鞋櫃以及客廳電視牆當採用圓弧造型，客廳天花板自然也不例外，從大門開始便設計出一道弧線與旁邊的餐廳做連結。弧形天花板的設計一來是爭取挑高，二來是與電視牆和鞋櫃的圓弧造型呼應。本案選用吊隱式冷氣，所以將主機、管線都放到餐廳，再以天花板造型修飾，所以餐廳區的天花板高度會變得較低，將最高的天花板留給客廳。弧線天花板內隱藏冷氣主機及橫樑，並安裝嵌燈，於是光帶猶如一抹微笑曲線，替空間營造悠閒放鬆的氣息。

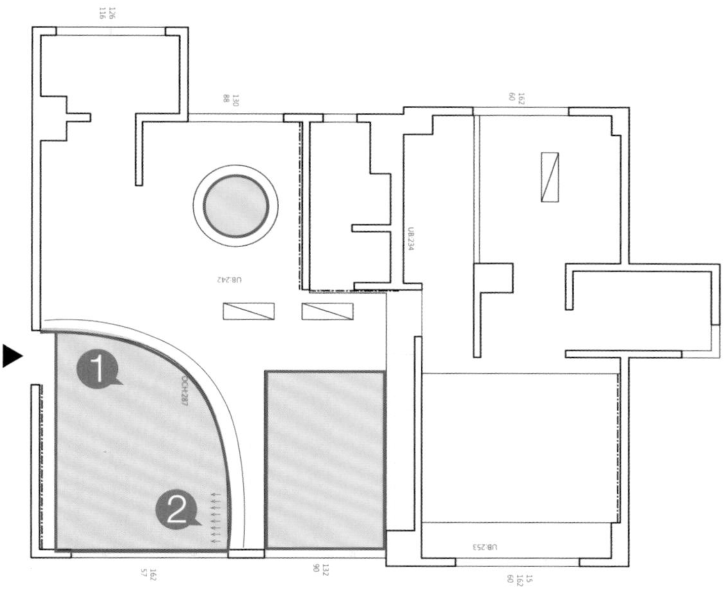

弧線之外的挑高區域，徹底保留原始格局的樓高，開啟無拘無束的樂活步調。而從天花板到壁面都塗上白色漆，讓視覺印象得以延續不中斷，也替空間打造乾淨簡約的氣氛。

策略關鍵：

❶無玄關與客廳合為一體的空間+使用挑高的圓弧天花界定範圍。

❷空調出風口藏在電視機上方。

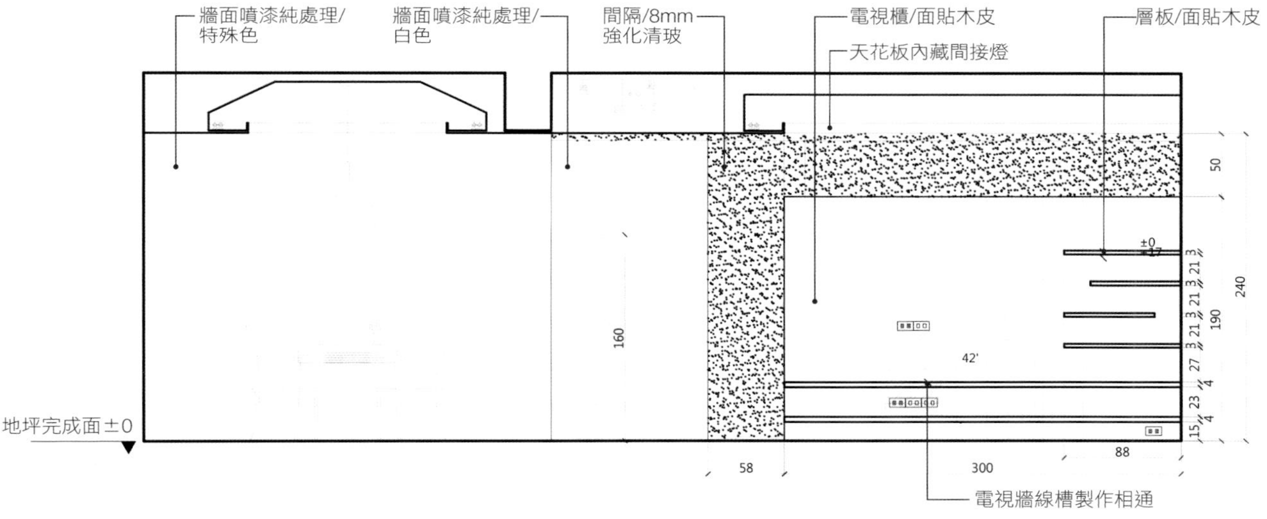

天花板光帶彷彿一抹微笑，展現出圓融親切的氣息，進而創造悠閒慵懶的生活步調。

宛如翻頁式天花板造型，狹長型格局也有趣味與俏皮

Herguang Interior Design

一對新婚夫婦受限於預算及面積，設計師在平凡中打造獨特而與眾不同的空間氛圍。由於客廳至餐廳呈長方形格局，一個人身處其中容易感到狹窄拘束，甚至壓迫感，為此，設計師特別針對公共區域的天花板造型下功夫，屋頂天花板中央處由上往下向兩邊彎曲，猶如一本書翻開了新的篇章，獨特設計不僅吸引所有人目光，還有效轉移人們對於原始格局的注意力，也替住家增添濃郁人文風情，而透過這樣的設計，除了能夠在上方隱藏橫樑、管線、空調主機……等，讓雜亂化整為零之外，開口處並裝設間接燈，透過暖黃燈光與室內的純白色彩形成反差，創造出時尚輕盈且耐看的居家面貌。

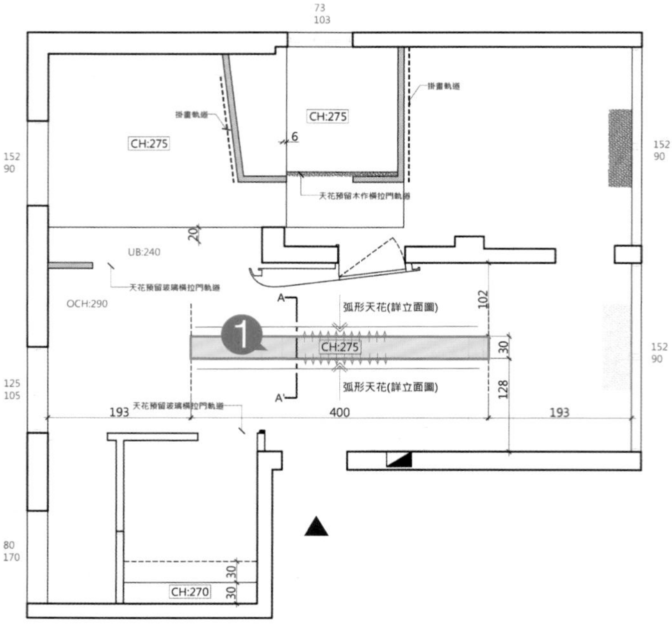

—— 間接照明
—— 天花板分割線
▭ 高天花板處
↓↓↓↓↓ 冷氣出風方向

樑的走向和室內動線方向不合，必須以造型修整樑。

策略關鍵：

1. 漫光照明一開模糊大樑的存在感+位置為房屋的十字中軸線。

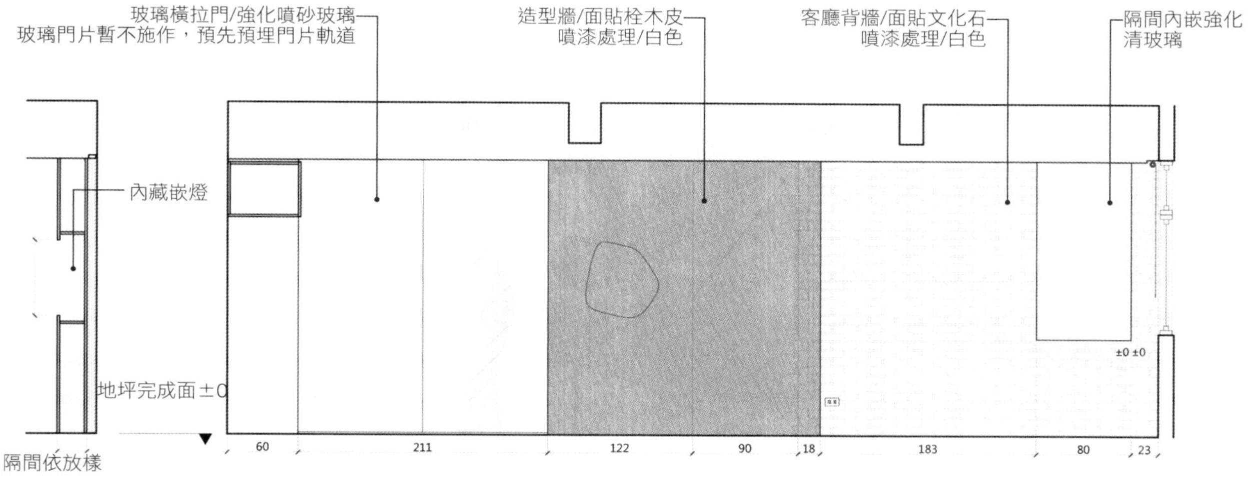

[禾光室內裝修設計有限公司]

Designer:鄭樺、羅孝立、吳育菁

圓弧天花板開口處內部就是樑，以這種方式修飾，同時在天花板內側安裝間接燈，讓人不會直接去注意到樑的存在。除了做為照明之用，也是打造浪漫氣氛的好幫手。

23Design

冷調配件、簡約設計，老屋印象完美洗牌

老屋翻新，不僅是屋子的重生過程，使用者的心態也可能改變，本案中，屋主希望不要有隔間牆的出現，於是天花板的角色便加倍重要，一躍成為界定空間的關鍵要素。公共區域的天花板平整不花俏，為的就是透過最簡單的設計讓挑高達到最大值，給予一家人最自在無拘束的生活感受，但如果全部維持這種狀態未免太無趣，於是設計師在靠近電視牆的那片天花板，以木頭與鐵件做出格柵造型，貫穿整條廊道，令格局動線擁有明確的指引，格柵本身不規則的排列組合更成為別具特色的空間焦點。餐廳上方天花板也特別設置懸空儲物櫃，並將嵌燈結合其中，與格柵天花板形成交錯配置，透過硬件的增添，強化餐廳的機能與存在感，藉此與客廳做出分隔。

【二三設計23Design】

Designer:張佑綸、陳俊翰、温奕謙

餐廳上方的懸空儲物櫃，除了強化此區的收納功能，也讓公共領域多了一分木頭獨有的沉穩厚實感。

在沒有隔間的空間中，天花板便要擔任起界定區域的角色。

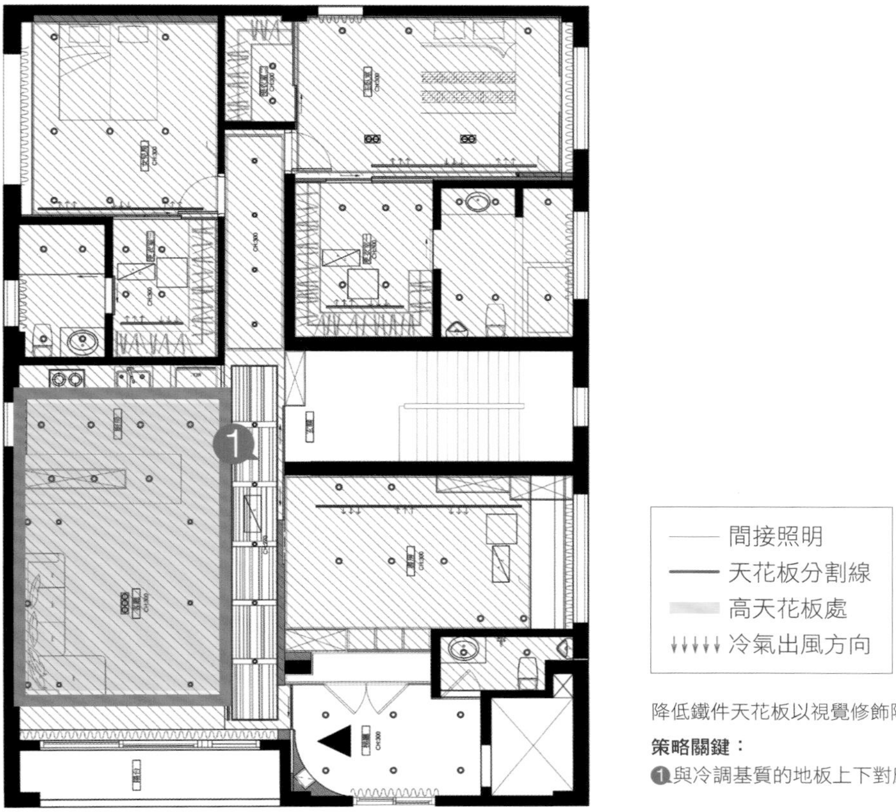

降低鐵件天花板以視覺修飾陽台前的橫樑，也是玄關入內的展演台。

策略關鍵：

❶與冷調基質的地板上下對應+擔任空間功能的界定。

23Design

石材、明鏡、大量木料，營造家的都會禪意

空間中大量使用木料，創造自然溫馨的氣息，天花板設計也從此思維出發，採用實木皮予以包覆，一來與木質牆壁相呼應，二來中和客廳電視牆、地坪採用石材所散發的冰冷調性，視覺上也更具可觀性。而天花板的規劃也非一成不變，除了因應安置空調主機而規劃的高低差設計，也在大樑的位置使用大片明鏡，不僅可有效修飾，消除壓迫感，同時鏡面的反射作用也達到擴展視覺效果的目標，利用黑鏡消逆掉大樑，讓線條直接延伸到主臥室的門口。天花板鏡面內側安裝嵌燈，使其成為一條燈帶，吸引人們的注意。

【二三設計23Design】

Designer:張佑綸、陳俊翰、溫奕謙

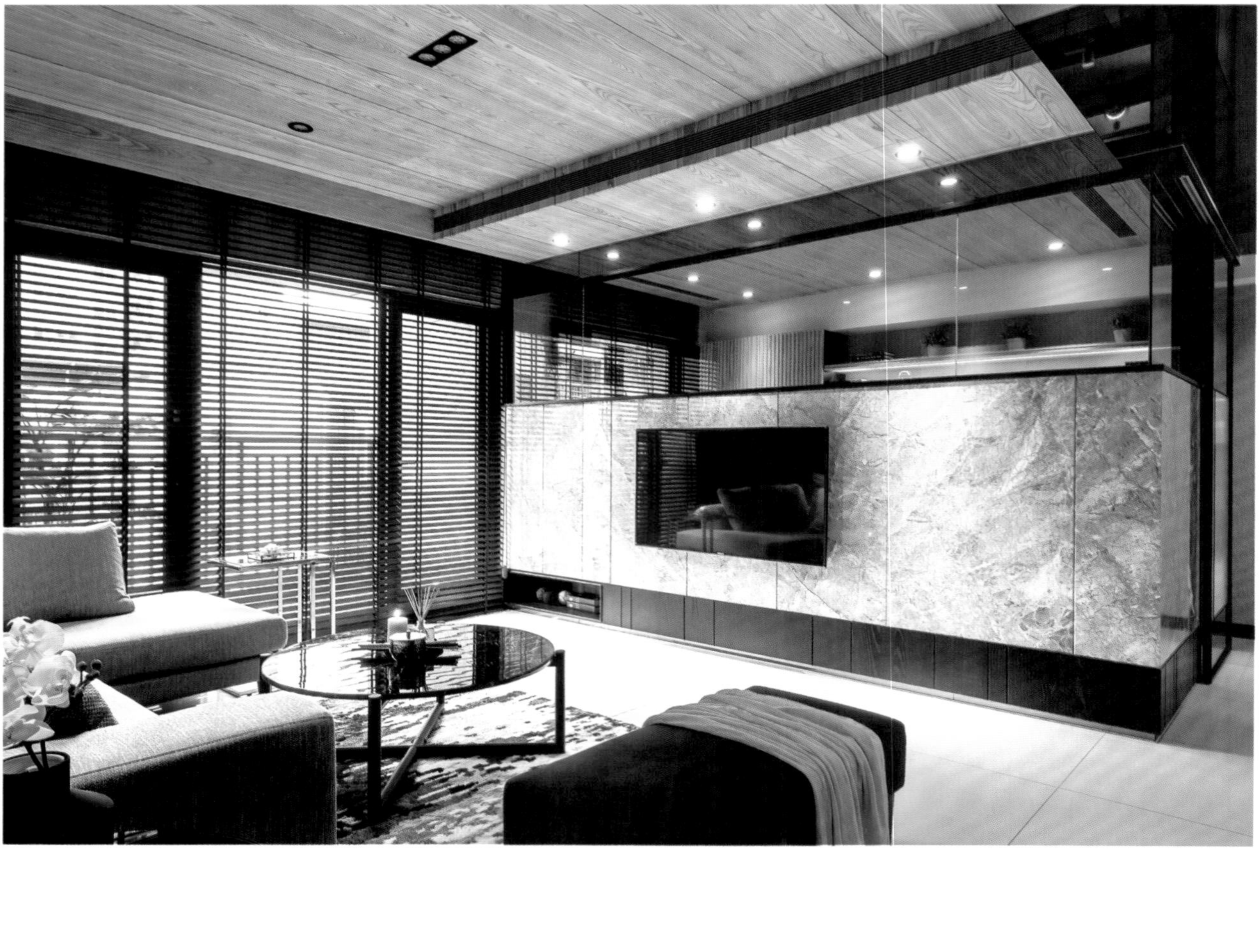

天花板以鏡面修飾大樑的存在，且透過反射達到放大空間的效果。

天花板鏡面上方暗藏嵌燈，藉此形成一條明顯光帶，並成為導引動線，串連起公、私兩個領域。

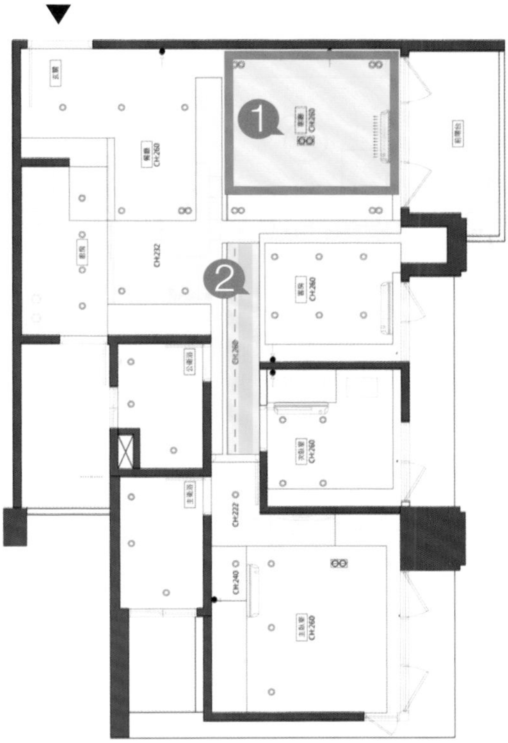

—— 間接照明
—— 天花板分割線
▬ 高天花板處
▬ 中天花板處
↓↓↓↓↓ 冷氣出風方向

木質天花板則由一片片木材拼接而成，俐落的溝縫接線不顯突兀，反而創造出目光得以不斷向遠方延伸的感受，冷氣出風口與維修孔也隱藏在天花板內，巧妙設計確切的保持了外觀完整性。

策略關鍵：

1. 利用明鏡反射拉高屋高。
2. 脫開式間接照明為狹窄走道增加亮度+標示區域

【二三設計23Design】

Designer:張佑綸、陳俊翰、温奕謙

23Design

錯落線條十字天花板，巧思計算的十度空間

在這個作品中，天花板與格局搭配的天衣無縫，客廳及餐廳分別位在左右兩側，玄關、廚房及臥室則位居前後兩方，由上往下看整體而言剛好形成一個十字形，於是天花板也以此概念展開設計，由於空間中央有一根大樑，於是設計師將大樑噴上黑漆，並依此為中軸線，周邊天花板以白色木料修飾，並降低高度來隱藏諸多管線，而白色木料與大樑交會處刻意留下一條整齊溝縫，於是兩條直線交叉，看起來正如一個十字形，不僅與地面動線相呼應，更創造出一種經過謹慎計算後的對稱美感。

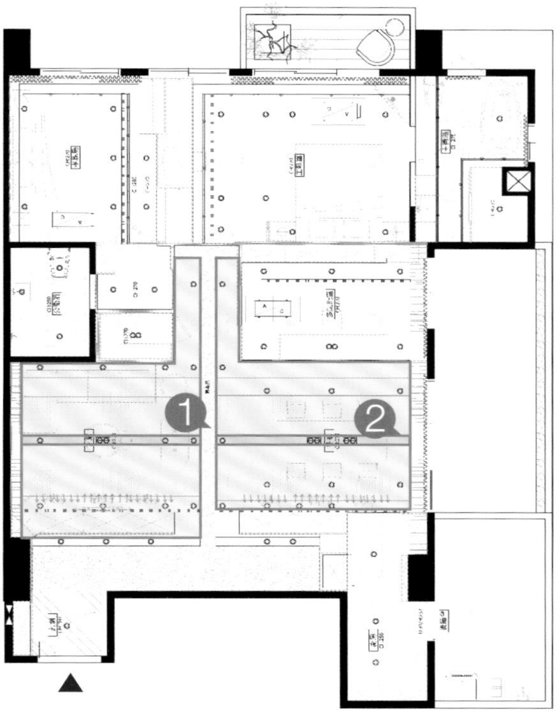

—— 間接照明
—— 天花板分割線
高天花板處
中天花板處
↓↓↓↓↓ 冷氣出風方向

十字造型的天花板除了與地面格局搭配外，十字本身也具備禮物緞帶的象徵概念，讓屋主每次回家時都擁有好像要拆開緞帶看禮物的驚喜心情，堪稱抽象概念與實體設計的完美結合。

策略關鍵：

❶上黑漆的大樑是客廳的軸心線。

❷側面橫過的深木色長條與地面呼應用。

因為業主喜歡有精品氣氛的感覺，燈光上利用了洗牆的方式打在壁面造型上，營造出業主想要的氛圍，此外利用在十字動線的凹槽裝了盒燈，除了可增加燈光明亮度，也能讓畫面更加簡單俐落。

燈條直斜光帶，打造時尚科幻的感官空間

屋主熱愛極簡風格，不希望在室內看到太多繁複的線條，另一方面，本案樓高有限，而設計師必須在這樣的條件下，隱藏尷尬的大樑與空調主機，同時還要保持舒適的挑高，為了達成上述目標，天花板並沒有進行特別的設計，只是利用簡單素雅的白色線板透過高低差的形式巧妙將大樑、管線、主機都修飾掉，也打造出時尚俐落的簡約氛圍。值得注意的是，設計師在天花板安裝鋁擠型燈條並向下延伸，透過或直或斜的不規則行進動線，串連起天花板與壁面的互動關係，而一條條的光帶也彷彿在室內反射碰撞，創造出迷離科幻的感官印象，也令空間猶如在2D與3D之間跳動轉換，刻劃出讓人一見難忘的獨特魅力。

[二三設計23Design**]**
Designer:張佑綸、陳俊翰、温奕謙

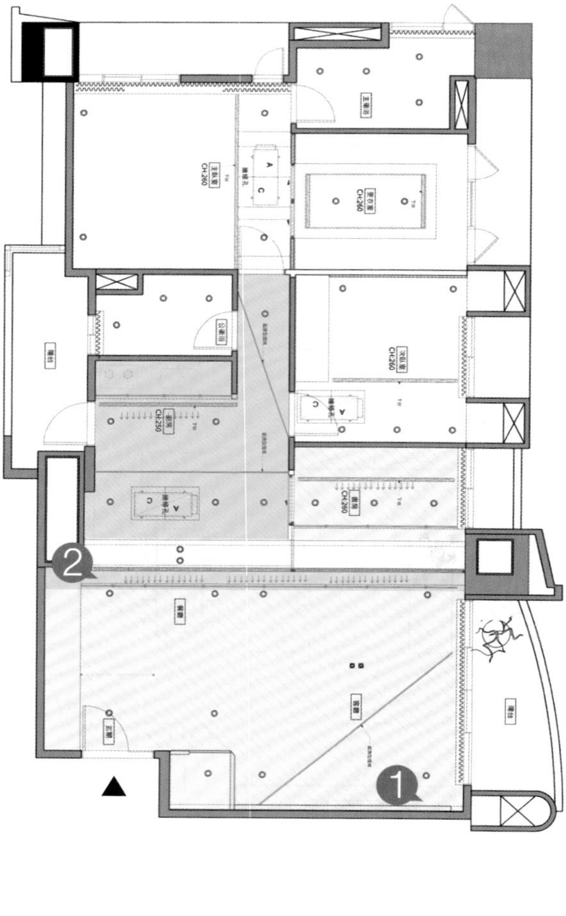

—— 間接照明
—— 天花板分割線
高天花板處
中天花板處
↓↓↓↓↓ 冷氣出風方向

光帶溝縫在客廳與餐廚區交映成空間前後3D效果。

策略關鍵：

❶燈槽非常細緻，精準計算是很重要的。
❷降低區有出風口。

鋁擠型燈條所散發的鮮明白光，在空間中畫下美麗線條，展開一場科幻味十足的追逐遊戲。

【二三設計23Design】
Designer:張佑綸、陳俊翰、温奕謙

23Design

線條緊密相連，串起室內延續視覺

「線條」是本案天花板的設計重心，客廳電視牆上方就是一根再顯眼不過的橫樑，於是電視牆本身便先刻劃出平行線條，大樑以白色線板包覆後，連同周邊天花板都以溝縫形成的直行線條前後貫穿，並向兩側延伸，透過壁面轉折後轉化為金屬材質向沙發後方主牆繼續前進，直到抵達地板為止，於是天花板與電視牆及沙發主牆形成彼此呼應的奇妙關係，整體空間也藉由線條緊密相連。主要是將沙發背牆的不銹鋼壓條延伸至天花板，讓客廳與書房有共同串聯的「延續」。此外，靠窗處的天花板也採用同樣設計，左右兩邊的對稱模式也避免了公共區域格局失衡的現象出現。玄關處的玻璃隔屏亦以鐵件呈現線條意象，搭配一旁大片明鏡所反射天花板清晰景象。

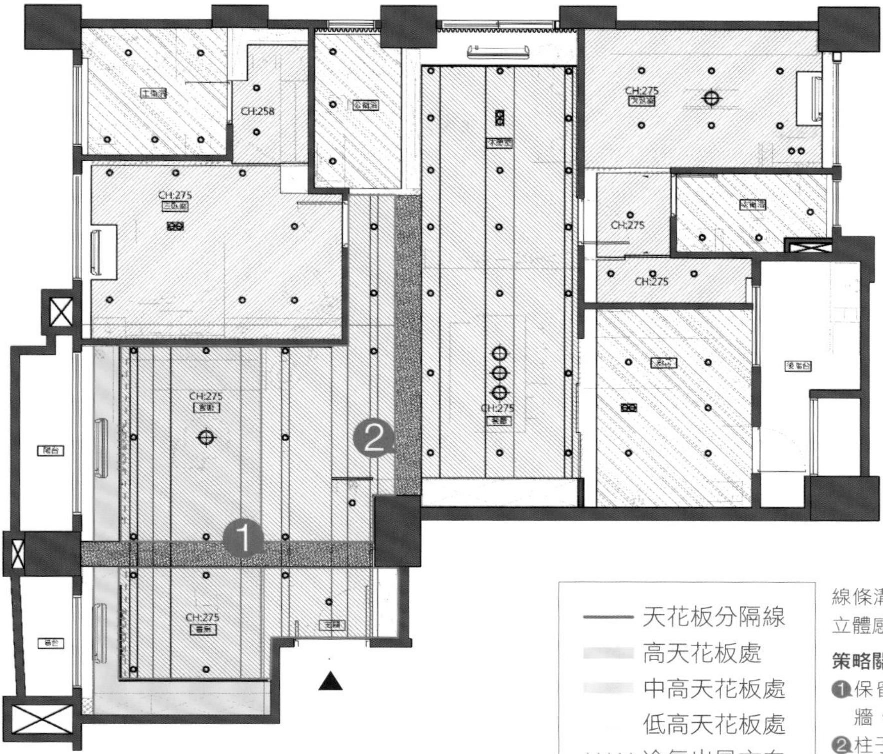

— 天花板分隔線
高天花板處
中高天花板處
低高天花板處
↓↓↓↓↓ 冷氣出風方向
—— 間接照明

線條溝縫在天花板上的大樑，陰影形成有趣的立體感。

策略關鍵：

❶保留大樑天花板分區，在下方做一個電視牆，穩定空間的平衡。

❷柱子與天花板之間的空隙，在鏡面牆後面運用漫光上下投射模糊邊角線條。

線條是貫穿本案的設計元素，空間也由此更添層次感。

電視主牆上的大樑，除了以白色線板修飾之外，也運用線條造型讓注意力獲得轉移，並創造視覺延伸的效果。

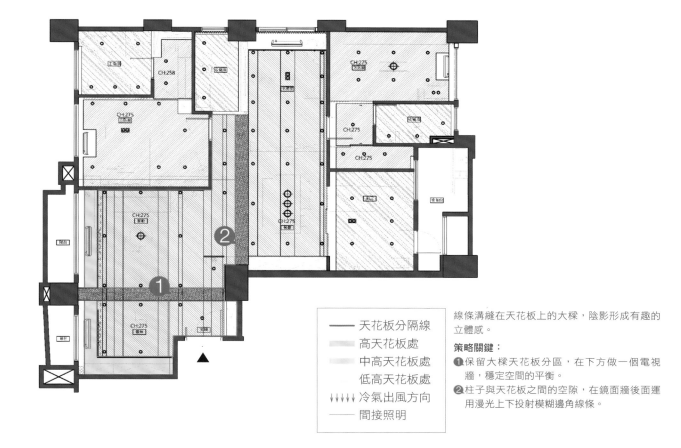

23Design

三種材質交錯混合，勾勒屋主俐落時尚生活態度

天花板使用三種材料，首先是木料，且向下延伸至壁面，透過淺色系達到放大空間的功效；其次是黑鏡，不僅替空間增添幾許神祕感，也營造輕盈透明的視覺感受，同時帶狀黑鏡也一樣向下延伸至壁面，成為家電機櫃的門片，並具有修飾隱藏的作用；最後是裝飾於大樑的明鏡，除了藉此將樑的存在感降到最低之外，鏡面反射還創造出另類的觀賞樂趣，並且讓室內面積看起來的感覺比實際面積更為寬廣。設計師透過三種材質的交互混和，讓天花板顯現出與眾不同的獨特風情。

【二三設計23Design】

Designer:張佑綸、陳俊翰、温奕謙

從下往上看，就能夠充分感受到天花板自身創造的獨特景觀，隱然流露隨興不羈的人文氣息。

天花板以三種材料組合而成，分別是：木材、黑鏡、明鏡，空間生命力也由此展現。

間接照明
天花板分割線
高天花板處
冷氣出風方向

天花板的比例分割是以明鏡消弭掉現場大樑為出發點來考量，再利用木皮營造出溫潤感。設計師還在天花板加裝鋁擠型燈條，藉由細緻的燈光勾勒屋內浪漫氣氛，而其乾淨俐落的造型，也替空間框塑出時尚簡約的生活態度。

策略關鍵：

1 黑鏡天花板視覺分區。
2 明鏡包大樑於視覺上能消弭存在感。

倒切式天花板設計，界定空間分明區隔

Lake forest design

所謂「形隨機能而生」，此空間洽為最佳例證。屋主想要設置一盞造型經典的吸頂式吊扇，但若直接安裝至天花板，則一來機體會持續震動，二來風向無法控制會往四面八方飄散，造成室內降溫的效果不佳，為此，設計師針對客廳天花板頂部採用倒切式設計，藉此引導風向固定朝下吹拂，讓下方的人都能夠感受到陣陣涼風，而天花板周邊則刻意壓低，搭配燈具內嵌，看起來就像是極簡造型的巨大音響，也形成一種在不對稱中尋求對稱的趣味美學。而冷氣出風口也依循天花板設計原則，以倒斜方式處理，讓冷風得以集中，避免電力浪費。天花板向玄關與餐廳兩側各自延伸，不僅界定了空間，同時也模糊了空間，透過錯落有致的天花板放大空間感，並融入不同區塊，反而突顯出更鮮明的視覺特色。

【大湖森林室內設計公司】
Designer:柯竹書、楊愛蓮

天花板前後高低落差，除了修飾大樑之外，也令整體空間更具層次。

客廳天花板是故意不對齊中心點，因為若與電視牆處在同一中軸線上，看起來會太規矩，故意偏一邊刻意創造一種失去平衡的感受，同時把視覺重心往玄關帶去，讓客廳藉此感覺更寬廣，天花板周邊以一些豐富性的元素點綴，營造視覺延續性。

天花板採用倒切式設計，控制吸頂式風扇的風向固定朝下吹拂，不致於四處飄散，有效讓室內溫度更加涼爽。

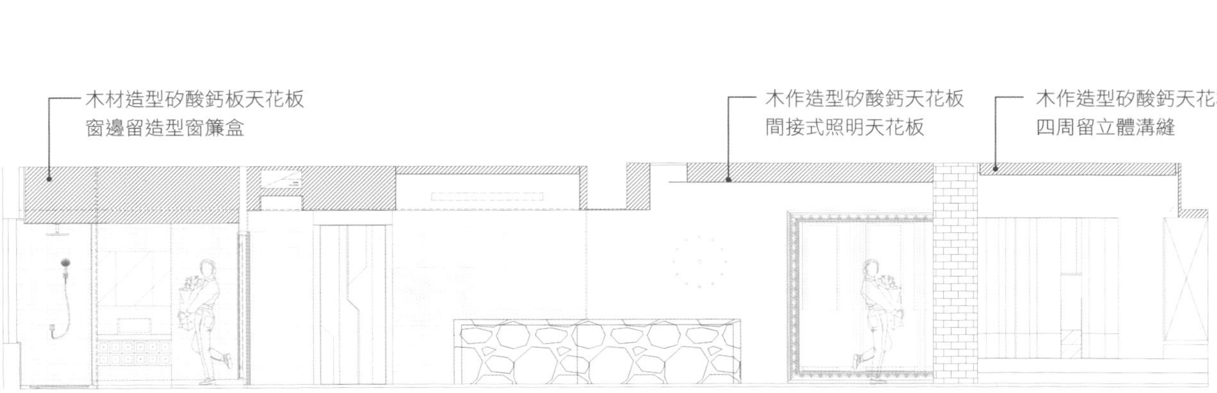

Lake forest design

造型隨機能力求變化，舒適美觀完美兼顧

天花板設計要注意的地方不僅是造型或風格而已，更重要的是使用機能性，以此處空間為例，為了給予居住者更舒適的生活尺度，於是天花板皆採挑高處理，但是這樣一來，冷氣出風口被規劃在溝縫之內，難免影響到冷房效果，於是經過精密計算後，針對出風口的造型加以調整，讓冷風會直接向下吹而不會被遮擋，等於在爭取充足挑高的同時，室內降溫冷卻功能也絲毫不受影響，徹底兼顧實用及美觀性。另一方面，客廳角落則針對天花板設計成斜切造型，除了可將空調主機隱藏於無形之外，也藉此顛覆傳統認知，避免室內空間予人一成不變的視覺印象，以天花板高低差創造更具特色、更有力道的設計概念，而日常生活的小趣味就透過這些細節一點一滴的累積出來。

【大湖森林室內設計公司】

Designer:柯竹書、楊愛蓮

為了在有限高度內爭取到最多的生活空間，挑高天花板的設計是必然的，此處空間的冷氣出風口也因此無法完整露出，但在精密角度計算下，出風絲毫不受影響。

斜角的天花板設計，創造出別具特色的面貌，也讓住家場域脫離一成不變的空間印象。

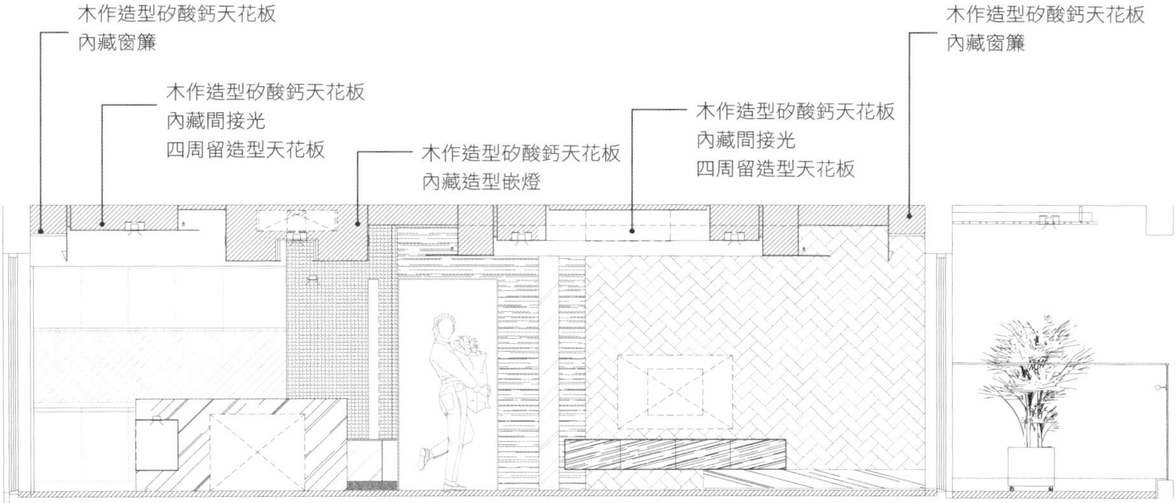

Lake forest design

實木天花板襯托特色火山岩洞石素材，還原粗獷高質感

在台灣相對少見的日式侘寂美學在這一處空間中被運用的淋漓盡致，設計時大量運用火山岩洞石，其表面充滿大小不一、密密麻麻的孔洞，替空間創造出原始粗獷的質感，為了襯托這種樸拙建材，天花板採用實木皮包覆，替冰冷的建材注入溫度，同時也將大樑、配管修飾完整，並安裝投射燈及盒燈，利用暖黃燈光點綴住家溫馨氣氛。同時天花板的實木質感也向牆壁與地坪延伸，藉由近似的顏色與建材，創造出整體一致性的風格，另外天花板以木皮一片片平整排列，形塑出俐落的簡約氣息。

【大湖森林室內設計公司】

Designer:柯竹書、楊愛蓮

由於居家環境中大量使用火山岩洞石，為了與此粗獷建材相匹配，於是天花板採用實木皮，帶入自然觸感，也讓空間溫暖了起來。天花板平整排列，讓視線自然向外延伸，空間感受也因此更加開闊。

實木天花板與火山岩洞石的搭配，以自然元素讓室內瀰漫淡雅禪意。

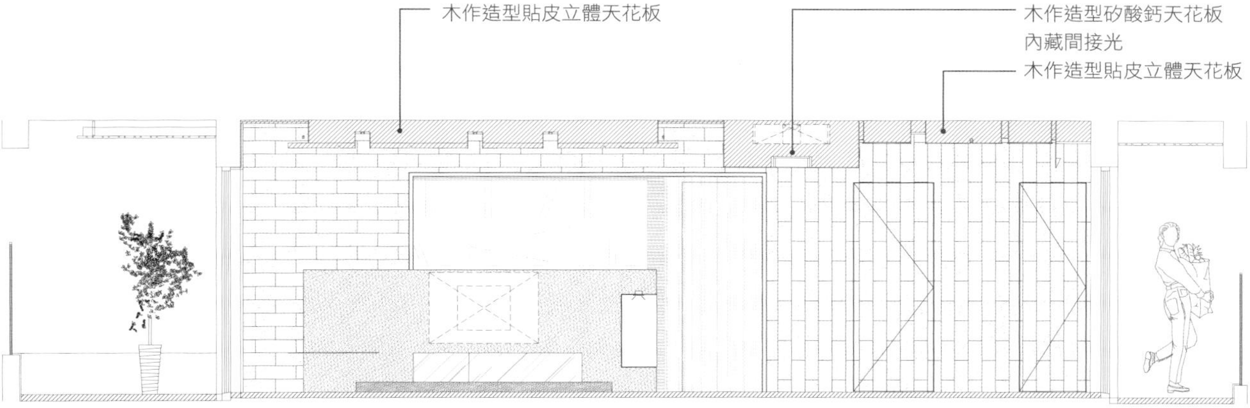

Lake forest design

堆疊繁複造型天花板，新古典藝術美感渾然天成

為了打造印象深刻的室內風貌，在設計天花板時擷取古典元素。也融合現代極簡手法，讓天花板產生獨特戲劇張力。天花板刻意選用線板做出一層一層向上堆疊的造型，恰如其分的彰顯新古典風格的華麗特色，豐厚層次感也應勢而生。同時也將吊隱式冷氣的管線隱藏在天花板內，並規劃維修孔以便日後進行清潔保養，維修孔外圍以面板修飾，且上下各留0.5公分溝縫，透過對稱比例，令視覺效果俐落清爽。冷氣出風口兩側搭配的現代風細膩紋路與古典風線板的組合，形塑相輔相成的反差美學，當視線繼續順著切割線條往前移動，最後匯聚在天花板中心的水晶吊燈，關於優雅尊貴，便水到渠成了。

冷氣維修孔與管線被隱藏在天花板內，冷氣出風口上下則搭配線條明確的現代風紋路，與頂部古典風線板形成明顯對比，碰撞出雋永且耐人尋味的衝突美學。

【大湖森林室內設計公司】

Designer:柯竹書、楊愛蓮

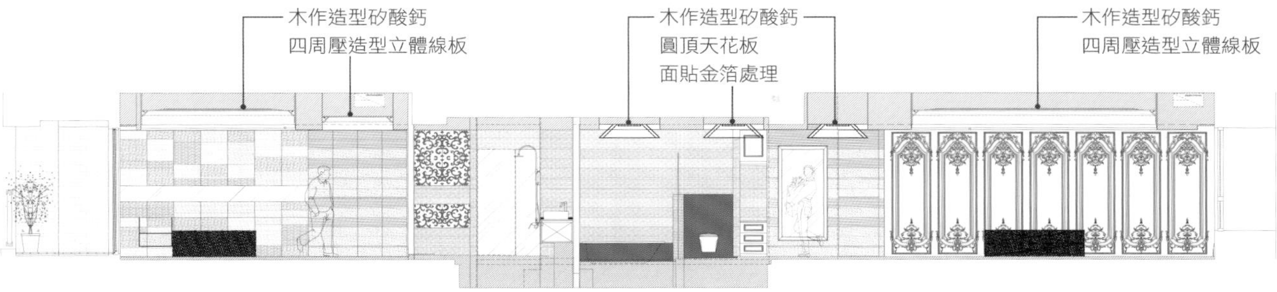

客廳天花板結合了古典的華麗與現代的簡約，以線板設計出堆疊向上的造型，突顯繁複細緻的美感。

【大湖森林室內設計公司】
Designer:柯竹書、楊愛蓮

Lake forest design

實木皮、黑色吸音材，打造時尚視聽功能居家

屋主事業成功，非常年輕就退休了，對於住家的想像相當具有主見，由於平日屋主非常喜愛待在家看電影、聽音樂，所以對於視聽設備擁有極高的要求，而設計師在進行天花板設計時，也充分考量這方面的需要，並置入於天花板內。天花板設計採用了兩種材料，第一種是實木皮，第二種是黑色吸音材，使用實木皮的原因是為了營造溫潤舒適感，而使用黑色吸音材的原因則是為了讓音響效果表現更好，吸音材特別裁切成長方形，表面看似簡單，其實內部鋪上吸音棉，外部為一層薄網，是相當專業的產品，實木皮與吸音材交互排列，不僅實用，也讓視覺美學達到進一步的提昇。

木作造型矽酸鈣天花板
四周留立體溝縫

木作造型矽酸鈣天花板
內藏間接光
四周留立體溝縫

木作造型矽酸鈣天花板
內藏間接光

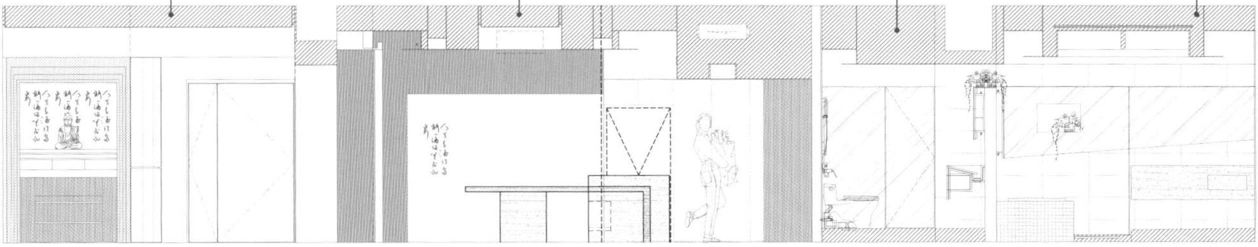

天花板結合裝飾性燈具，賦予空間多元面貌。除了使用實木皮修飾之外，還加入黑色吸音材，藉以強化音響效果。

Lake forest design

手刮紋理圓拱線條天花板，產生頂上微妙光影變化

屋主直言生活空間必須保有溫馨氣息，拒絕過於設計感和冰冷的裝潢風格，強調放鬆、隨興。於是設計師別出心裁以建築角度進行天花板設計，首先以木材做出連綿不斷的圓拱拋弧線條，使之成為視覺焦點，同時表面以手刮紋理呈現，鋪陳細膩精緻的人文風情。在歐美建築常見的圓拱造型，設計師也企圖透過造型連結屋主曾至歐美旅遊的記憶，形塑人文氣息濃郁的住家氛圍。圓拱之間的溝縫也刻意保留，並將燈具隱藏其中，當燈光從裡向外透出時，便會產生微妙的光影變化，空間表情也由此更加豐富。天花板與餐廚區相鄰處高度往下降低，除了留出更寬廣的空間隱藏冷氣主機與規劃維修孔、出風口，並且天花板材質也隨之轉變以實木修飾，藉由不同材質讓客廳與餐廳自然分隔成兩個區域，打造明確的住家格局定義。

[大湖森林室內設計公司]

Designer:柯竹書、楊愛蓮

客廳與餐廚區的天花板採用不同材質，高度也有所差異，成為兩個區域的分隔界線，賦予格局更明確的角色定位。天花板溝縫之間設置燈具，當光線由縫隙中落下，便會營造出人意料的光影變化。

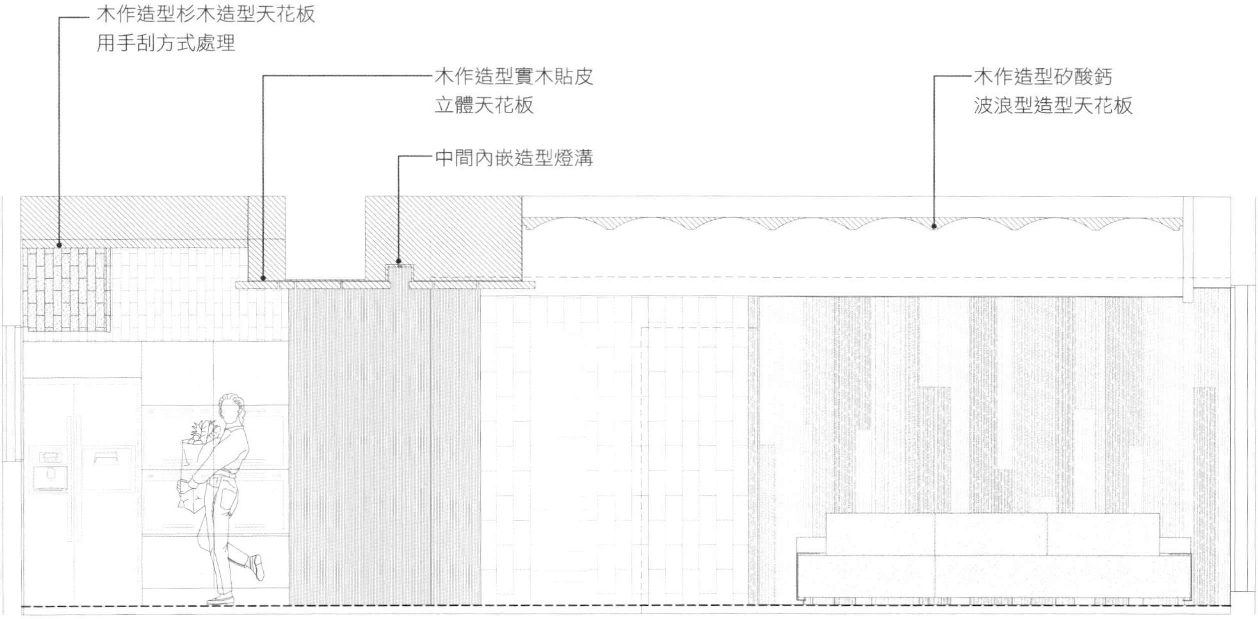

【大湖森林室內設計公司】
Designer:柯竹書、楊愛蓮

Lake forest design

陣列式天花板完美融合日式優雅與屋主豪邁

本案是將兩間套房打通而成的長形空間，由於原始尺度改變了，所有格局也隨之重新調整，天花板的重要性也愈加提升，設計師透過天花板來界定不同區域的功能，也藉由天花板將生活重心由客廳轉移到餐廳。屋主喜愛無印良品風的現代簡樸氣質，但對於這處空間而言，若單純套用類似風格，會顯得過於簡單，失去個人特色，因此融入改良過後的日式元素，將實木天花板一字拉開，形成陣列，創造出強烈氣勢，可說是2.0版本的無印良品，兼具了日式設計的優雅細膩以及堅持做自己的豪邁氣質，而整個公共區塊的界線也被打碎後再加以融合，而天花板無疑成為決定空間走向的關鍵要素之一。

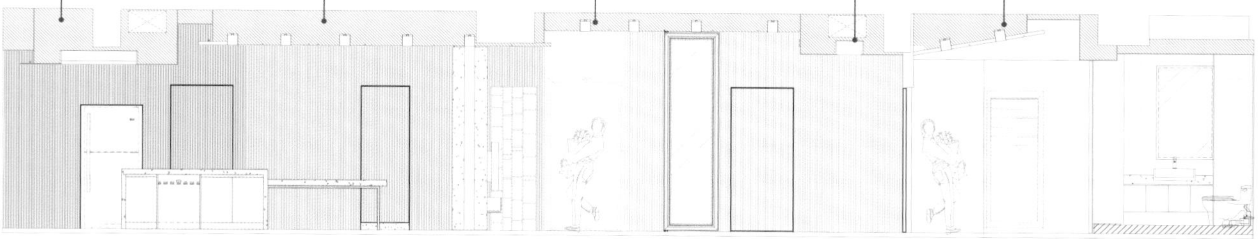

實木天花板由近至遠層層排列，堆疊出無限延伸感受。

將兩間套房打通，形成一處長形空間，天花板角色於是更加重要，藉由引導，將格局重心做大幅度的轉移。

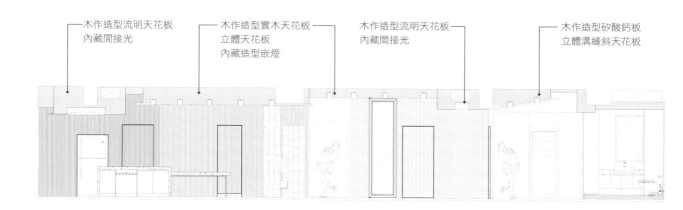

Lake forest design

黑玻璃、白光源，清楚劃分天花板範圍

本案天花板設計概念相當有趣，設計師試圖創造一種融入現代科技的自然療癒風，由於地坪採用清水模、牆壁選用實木皮及石材，一股猶如洞穴般的粗獷質感瀰漫室內，因此天花板便成為聚集目光、吸引注意力的重點目標。客廳天花板四周與牆壁接縫處設置間接照明，藉由光源清楚劃分天花板範圍，使之彷彿成為一個蓋子，從上而下籠罩住客廳，自外向內第二層規劃一圈黑色玻璃，玻璃表面並安裝盒燈，強化照明作用，而黑白對比也形塑立體層次感，黑玻再往內又是一圈白色四方形，藉由黑、白、黑的排列方式，讓視野產生無限延伸的體驗。天花板中心整個內縮拉高，內部並以鏡面搭配水晶燈的形態呈現，鏡面反射加上拉高設計營造如同自然天光的效果，水晶燈的清澈透亮，也成為居家空間中的一大亮點。

【大湖森林室內設計公司】

Designer:柯竹書、楊愛蓮

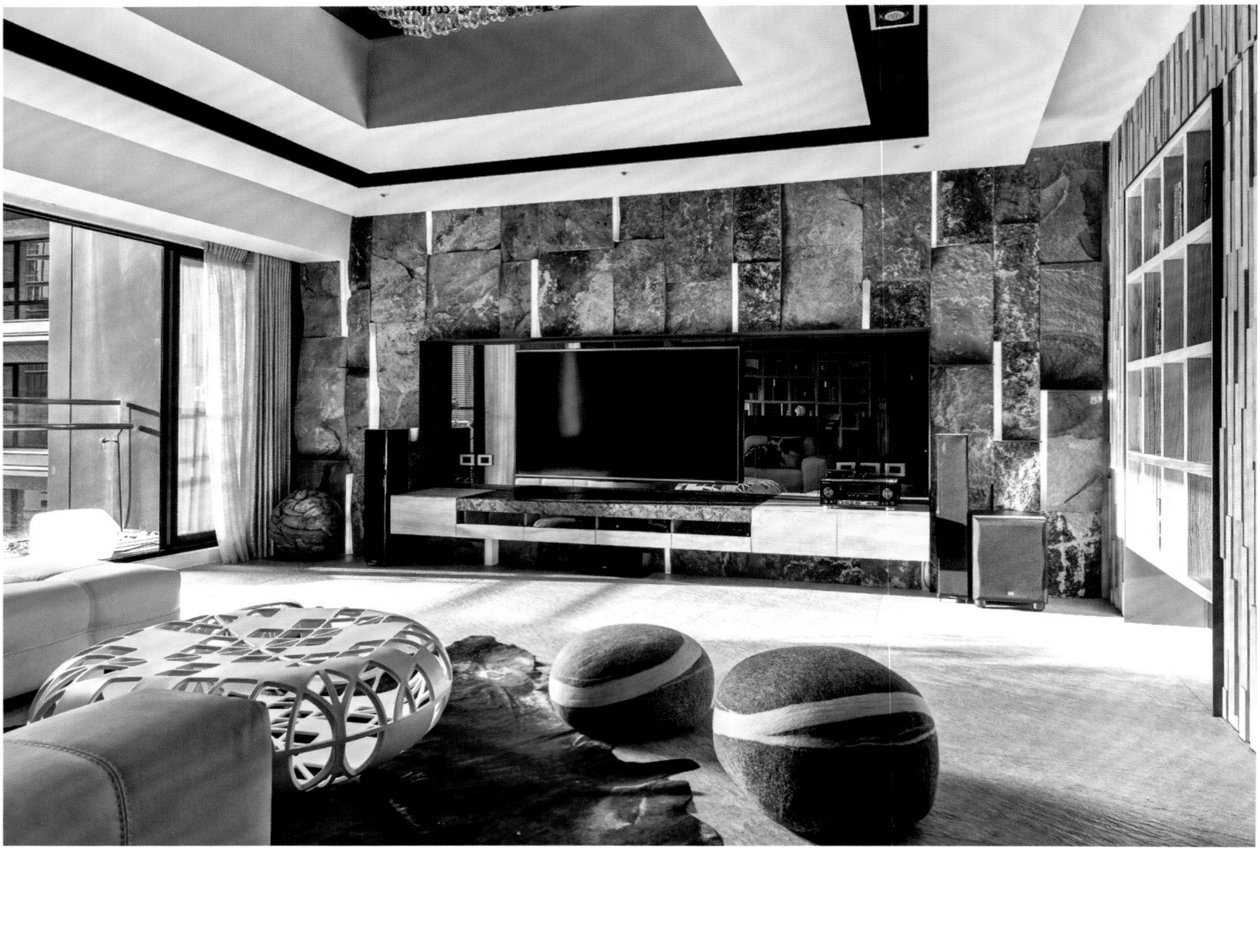

四方形的天花有如一頂巨大的蓋子，由上而下覆蓋住客廳，天、地、壁的完美融合，讓空間格局更具有安全感。天花中心安裝明鏡與水晶燈，除了模仿自然光的效果之外，也透過水晶燈替空間美學達到畫龍點睛的作用。

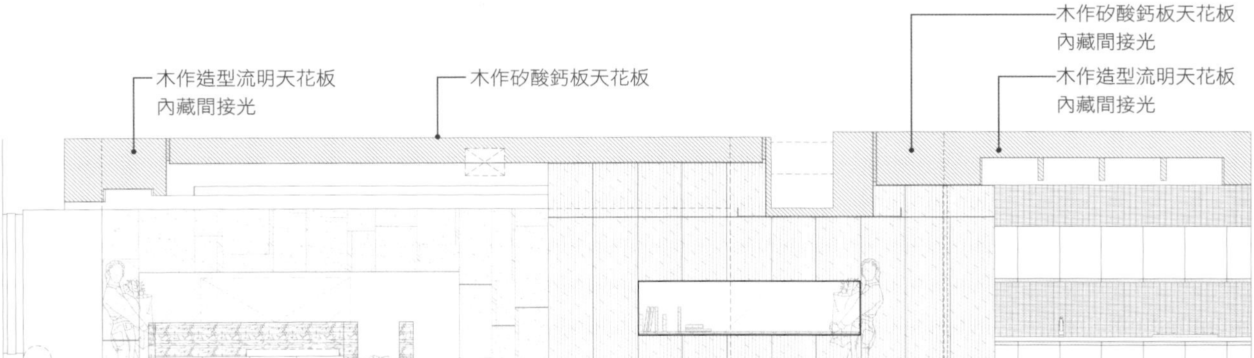

大膽使用戶外建材，創造豪邁不羈的年輕化室內風格

這間房子的用途是經過裝修後再轉賣出去，由於銷售對象鎖定年輕人，所以室內設計的方向以粗獷不羈為主，呈現青春專屬的獨特風格，天花板規劃亦然，為了打造與眾不同的情境，設計師直接將戶外建材拿來室內使用，天花板以烤漆鋁板及木紋鋼板做修飾，做出不規則格柵排列造型，既創造出豐富層次，也藉由穿透的視覺效果，讓空間更顯輕盈。並且這類戶外建材耐用且價格便宜，正好呼應年輕人不拘小節的個性。此外由於屋高僅2米7左右，又是單面採光，所以刻意保持天花板原始結構不多做修飾，一方面避免沉重壓迫感出現之外，另一方面也最大程度爭取充足挑高，同時設計師將所有管線都隱藏於地面之下，讓天花板除了基本的軌道燈具配置外，不存在任何多餘線路，替整體格局奠定簡約俐落的氣質。

【伊國設計DS&BA Design Inc】

Designer:謝志杰

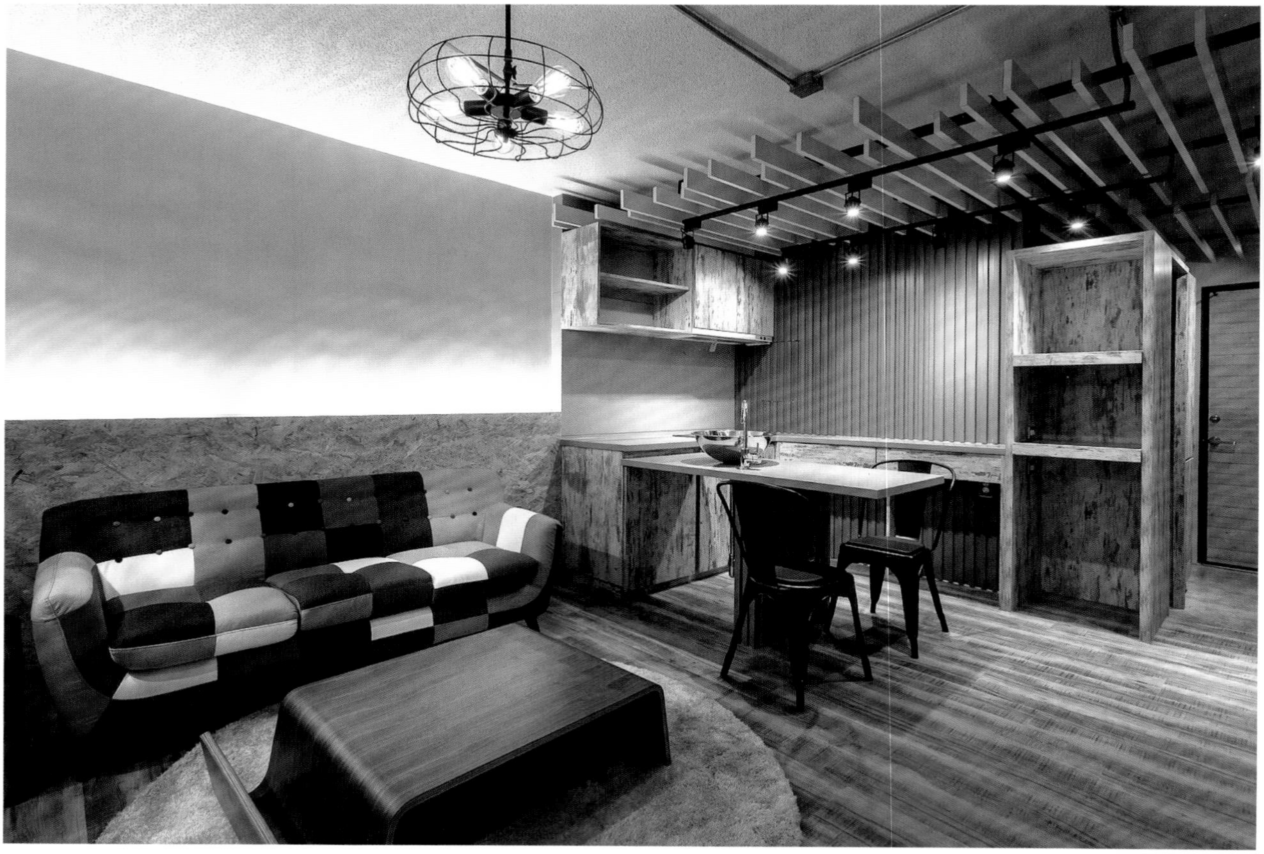

天花板格柵的材質採用烤漆鋁板與木紋鋼板等戶外建材，從尺寸、顏色都能夠自由調整，同時耐用又便宜，替空間開創不同可能性。

天花板採用軌道燈，靈活、方便拆卸安裝、角度多變。將大部分線路隱藏在底板下，外觀看不到多餘管線，給使用者一個清爽乾淨的視野。

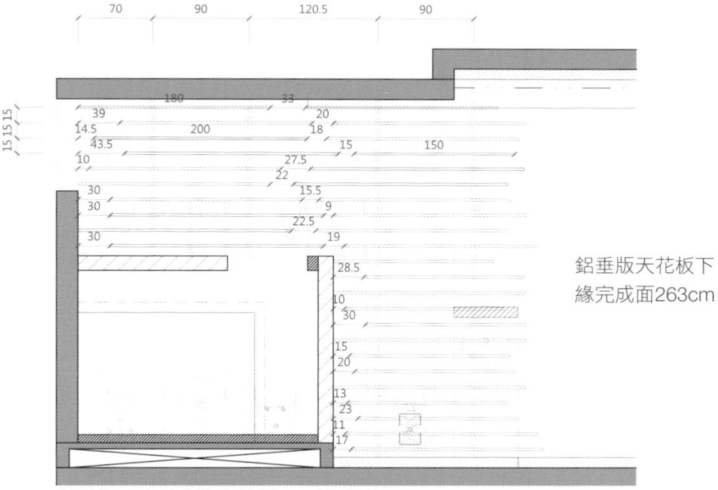

鋁垂版天花板位置圖比例：1/30 單位：cm

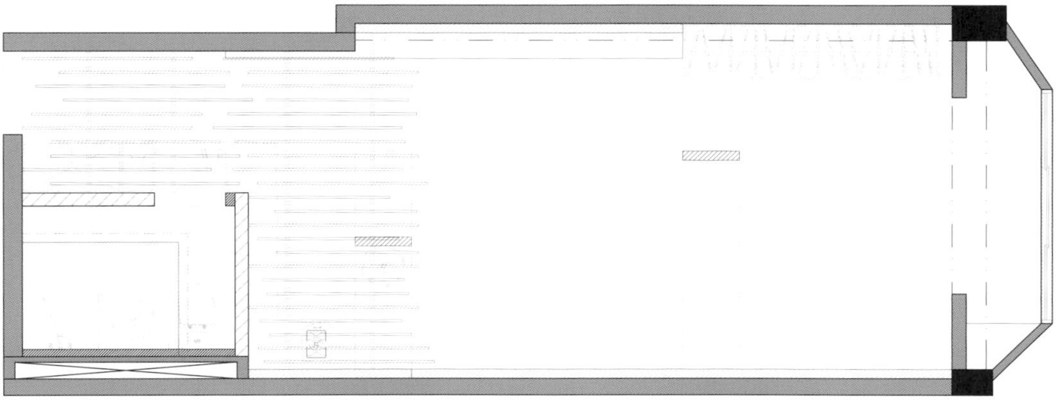

【伊國設計DS&BA Design Inc】
Designer:謝志杰

DS&BA Design Inc

當設計遇上風水，模擬山水畫抽象意涵

屋主喜愛中式的裝潢風格，更找來風水師對室內設計提出建議，所以包括天花板在內，設計師必須在滿足前述兩項條件的情況下展開設計。入口玄關天花板以不鏽鋼與玉砂玻璃加以修飾，透過不鏽鋼的反射及玻璃紋路，模擬出如同瀑布衝擊的東方山水畫抽象意涵，以「遇水則發」的概念巧妙結合五行概念與風水元素，並將之轉化為實體，並一路延伸進入公共區域。由於本案先天擁有優良挑高，於是索性捨棄繁複天花板造型，保留原始結構，以讓空間感受更為寬闊，但這樣一來視覺上有可能稍嫌單調，於是設計師透過設置假樑的方式將管線收納其中，並與軌道燈等設備形成交錯穿插的景象，替空間增添主題性，同時假樑的兩片垂板也刻意削成斜角，讓厚度由2公分降至0.5公分，形塑輕薄靈活的氛圍。

既有RC面天花板噴漆處理
面刷ICI全校淨味水泥漆-純白

平釘天花板封矽酸鈣板
面刷ICI全校淨味水泥漆-純白
書房、傭人房-H:270cm

平釘檜木天花板
主臥室淋浴間-H:210cm

平釘天花板封矽酸鈣板
面刷ICI全校淨味水泥漆-純白
主臥室-H:250cm
次臥室更衣間-H:250cm
儲藏室-H:250cm

平釘天花板封矽酸鈣板
木作包樑及窗簾胡盒封矽酸鈣板
面刷ICI全校淨味水泥漆-純白
公領域-H:240cm
次臥室-H:240cm

格柵天花板
上方面刷ICI全校淨味水泥漆-純白
主臥室入口-H:240cm
主臥室床上方-H:235cm

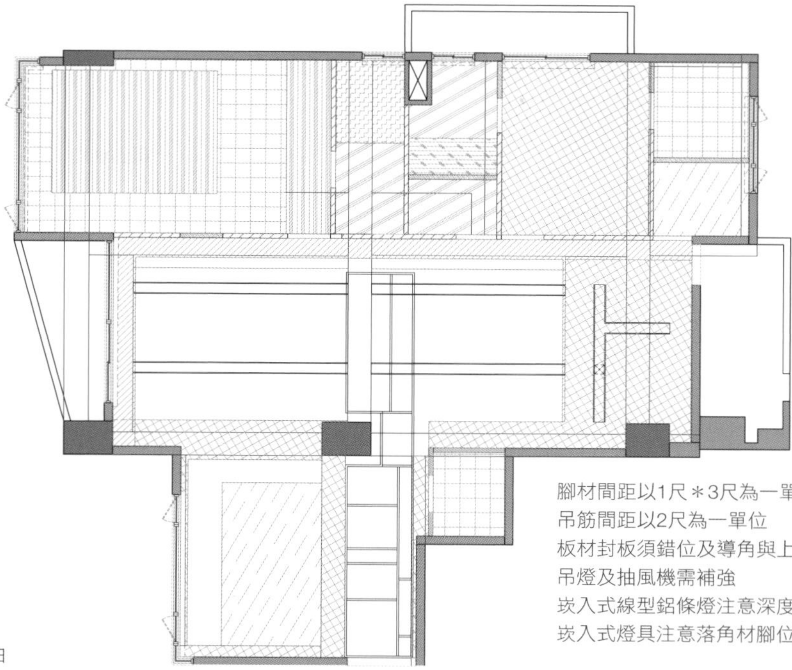

腳材間距以1尺*3尺為一單位
吊筋間距以2尺為一單位
板材封板須錯位及導角與上膠
吊燈及抽風機需補強
崁入式線型鋁條燈注意深度
崁入式燈具注意落角材腳位

平釘天花板封矽酸鈣板
木作包樑及窗簾胡盒封矽酸鈣板
面刷ICI全校淨味水泥漆-純白
露樑面刷ICI全校淨味水泥漆-純黑
公領域-H:220cm

平釘天花板封矽酸鈣板
木作包樑及窗簾胡盒封矽酸鈣板
面刷ICI全校淨味水泥漆-純白
露樑面刷ICI全校淨味水泥漆-純黑
公領域-H:220cm

平釘防潮天花板
次浴室淋浴間-H:215cm

鋼構與玻璃組合的天花板彷彿是一條隱形界線，將客廳及餐廳區分開來。

所有管線、燈具皆以假樑整齊收納，既避免雜亂的視覺景觀，也營造乾淨俐落的動線。

【築川室內裝修設計有限公司】
Designer:施侑坤

ZHU CHUAN

管線配色讓室內也能染上色彩敏銳度

屋主本身是一位插畫家，所以對於色彩感受相當敏銳，也希望透過顏色的差異來打造與眾不同的住家。公共區域的天花板保留原始結構，客廳的消防管線與餐廳牆面採用同色系，形塑出像是樹枝由用餐區延伸至天花板的創意美感，這樣的規劃一來不因裝修導致天花板高度降低，爭取到足夠挑高，開創輕鬆無負擔的生活品質。二來透過輕裝修減少廢棄物的出現以達到綠能永續的表現，也突顯屋主對於環保議題的重視。三來利用管線配置與用色變化讓室內氣氛變得更為有趣，不僅打造出專屬於屋主的個性與特色，更因為去除了多餘的裝潢令預算大幅降低，可說是兼顧了美觀及實用的設計。

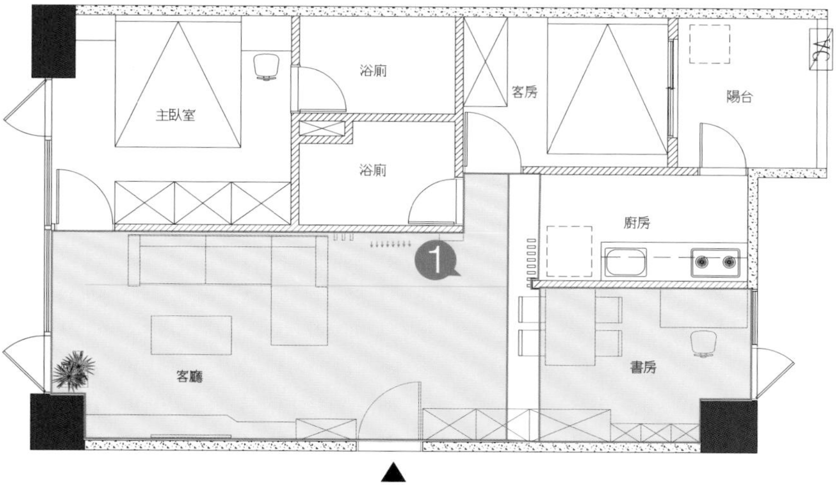

- 間接照明
- 天花板分割線
- 高天花板處
- 冷氣出風方向

讓樑裸露，以牆面色塊轉移注意力。

策略關鍵：

❶管線沿天花四周分布。

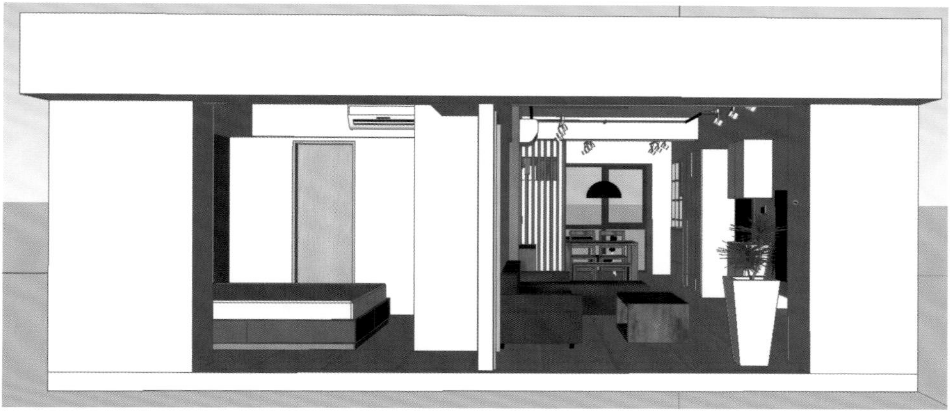

消防管線配色與餐廳牆面用色相同，讓視覺一路從地面向上延伸至天花板。天花板保留原始結構，蜿蜒的消防管線有如樹枝藤蔓爬滿屋簷，替空間創造一種經過刻意安排後的狂放不羈氛圍。

軌道燈也是天花板設計的重點，除了增添空間層次，也具備實用機能。

水晶吊燈光影投射，營造圓頂天花板多變性

Hsin Yueh Interior Design

本案室內空間原為挑高樓中樓，因顧及建築結構安全，導致客廳天花區域存在一根結構樑，若只有一根樑橫越上方，則觀感突兀，因此設計師採用精妙對稱工法造出一根假樑，以達到左右平衡的黃金比例效果。且客廳與餐廳均採開放式設計，並透過天花造型，讓兩處空間的定位更加明確。

餐廳的圓形天花，藉由照明投射後所產生的角度營造出漸層陰影及柔和氛圍，並透過不同線條的設置讓天花向前延伸並擴大視野，同時謹慎評估窗簾盒、線板、音響設備、消防系統、空調主機、衛浴管線、樑柱位置大小以及燈具尺寸與燈具形式，確認彼此完美協調後，再替天花規劃出適當高度，讓光線結合空間，引領視覺動線，塑造毫無瑕疵的天花基本概念。

【新悅設計】

Designer:吳風德

天花板採用純白色與地坪牆壁做呼應，充足的挑高化也打造出舒適自在的生活氛圍。

餐廳使用圓桌，可容納更多人一起入座，設計師選擇在餐廳的天花板做出圓狀造型，與餐桌的形狀呼應。

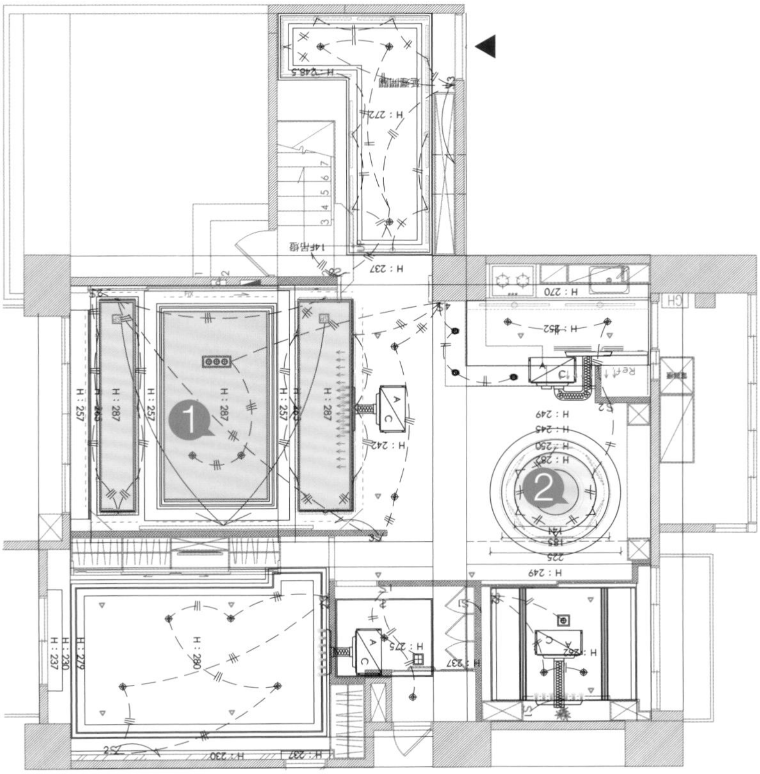

—— 間接照明
—— 天花板分割線
▭ 高天花板處
↓↓↓↓↓ 冷氣出風方向

設計師認為，最初做平面配置規劃時就要聯想到天花板造型，因為它影響了整體空間風格及區域定位，也可以說是「室內第二動線」，攸關空間管理的關鍵要素，可調和整體空間流暢。

策略關鍵：

❶呈現「四」字的假樑能穩定空間。

❷挑高拱形天花板具有向下聚攏的視覺效果。

Heng Yueh

實木天花板搭配黑色馬賽克磚營造視覺強烈對比

為了替浴室營造高雅的氣氛，設計師特別選用黑色磁磚，縫隙則塗上白色填縫劑，並利用抗潮、不易發霉且好清潔的檜木搭配柔和的間接照明，建構一個極為舒適的環境，以營造出泡湯的溫暖氛圍，讓業主即使在家也能充分享受被熱水包圍的療癒效果。浴室位在邊間，挑高約3米，面積4坪左右，擁有雙面採光與正對美麗河景的優勢，因此只使用簡單的嵌燈搭配間接照明，讓人在盥洗時能夠奢侈享受大自然的美景與光線。此外，實木天花板與牆壁黑色馬賽克形成強烈對比，形塑讓人印象深刻的美學情境，當空間中每一個元素、細節都能各司其職時，這間浴室的獨特性也由此被確認。

設計師沿著天花板邊緣以光帶修飾，讓空間更豐富，也兼具照明的效果。

自然色的實木天花板與壁面黑色馬賽克磁磚形成視覺中強烈的衝突感受，美感於是從中應運而生，浴室獨特性也因而獲得彰顯。

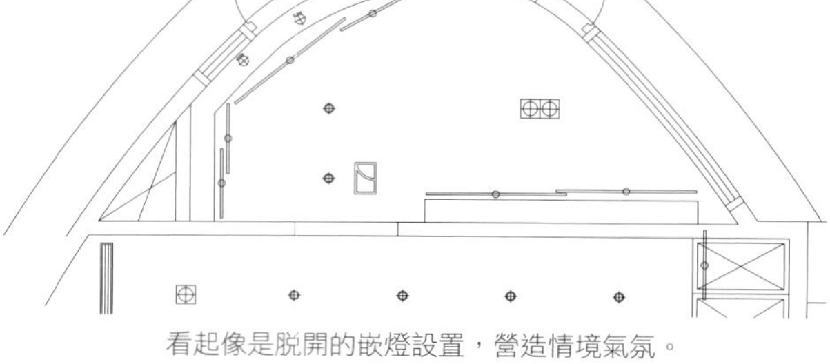

看起像是脫開的嵌燈設置，營造情境氣氛。

【恆岳空間設計有限公司】

Designer:蔡岳儒

Heng Yueh

選用防潮機能EB板，切割造型更具玩心

浴室經常處在潮溼悶熱的狀態，因此在建材的選擇上就格外重要，設計師特別採用日本進口的EB板規劃天花板，EB板具有防潮、防黴的特性，還通過綠建材檢驗，對於維護人體健康、保障生命安全擁有相當大的助益，而由於天花板範圍較寬廣，不可能將一整片EB板直接覆蓋上去，必須經過切割後再拼裝的程序，為了避免外觀過於單調，所以裁切時刻意選用不規則的線條，以打造更有趣的視覺效果，而天花板與牆壁交接處也設置明鏡，但因為明鏡與磁磚厚度不同，若直接相接會有凹凸縫的現象出現，所以此區的牆壁要先抹上水泥，讓明鏡與磁磚的厚度相同，這樣才能完美與天花板接合。

【恆岳空間設計有限公司】

Designer:蔡岳儒

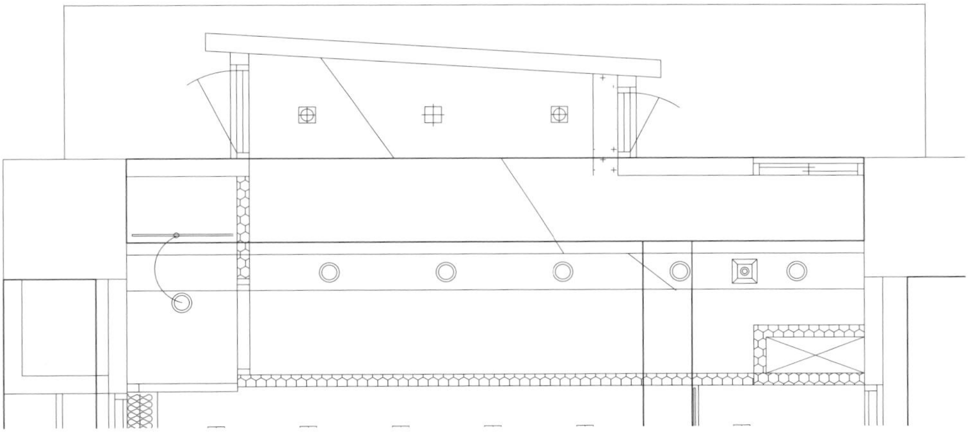

原廠以專業電鋸來切割EB板，避免斷面出現毛邊。

Heng Yueh

天花板挑高施作大量木皮，統整全室輕日式風

屋主偏愛輕日式風，因此在房間內使用相當多木料，為此，天花板設計也隨著調整，由於屋頂存有橫樑，所以先以矽酸鈣板包覆，將所有管線、大樑修飾掉，同時也將空調主機隱藏其中，但是如此一來，天花板高度勢必降低，於是在旁邊挑高區域貼上木皮，除了與儲物櫃、牆面、地坪做搭配之外，也突顯天花板的高低差設計，一來一往之間，反而讓空間層次感更為鮮明，並且由於屋主希望房內明亮一些，因此天花板安裝許多盒燈，方正外觀營造簡約俐落的氣息，同時本身也是實用照明設備，空間機能也由此更加完整。

【恆岳空間設計有限公司】

Designer:蔡岳儒

天花板以矽酸鈣板修飾，將管線、橫樑、空調主機都隱藏起來，挑高處則貼上木皮，突顯高低差設計的特色。為了顧及屋主對於照明的需求，天花板安裝盒燈取代主燈。

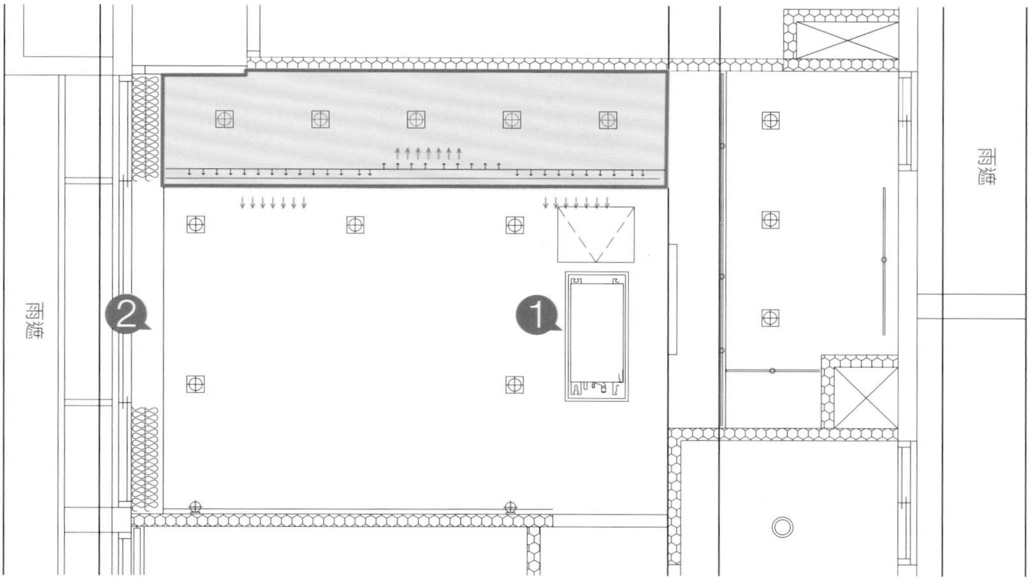

——	間接照明
——	天花板分割線
▬	高天花板處
↓↓↓↓↓	冷氣出風方向

升高區與降低區的天花板，採用不同材質，達成層次變化。

策略關鍵：

❶降低區藏吊隱式空調主機

❷天花板與外窗的間距，要以能容納窗簾的總厚度為準。

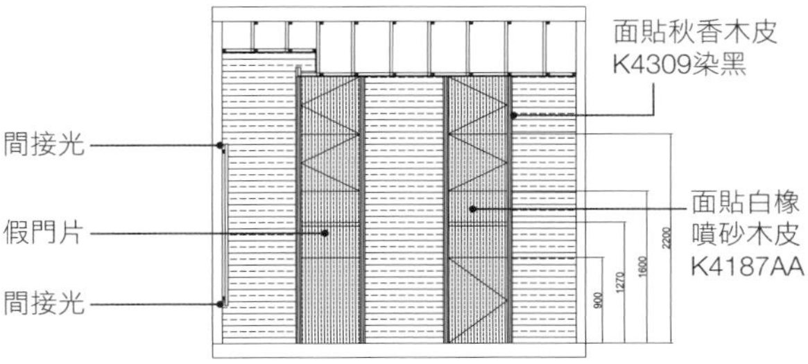

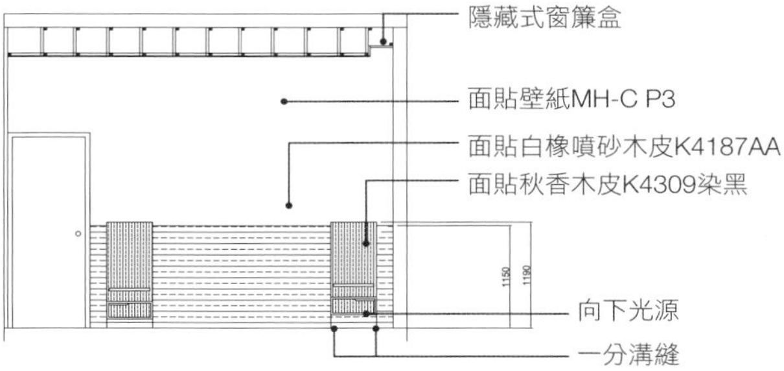

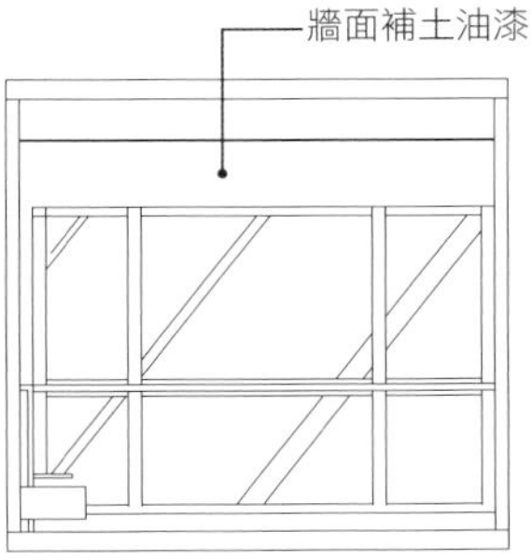

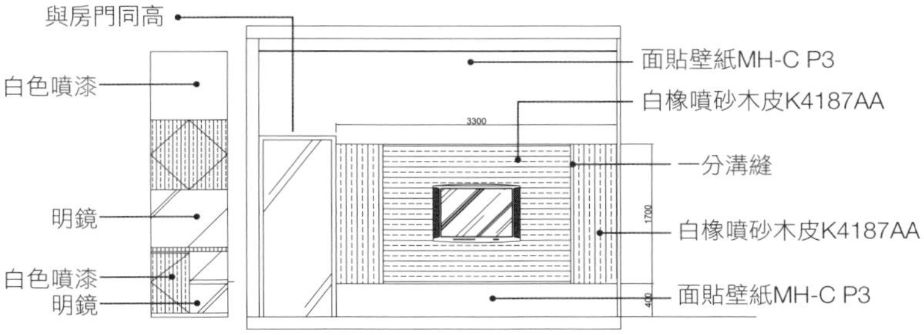

Heng Yueh

天花板強化收納功能，滿足熱愛玩具收藏的心

為了營造簡約日式的極致與精工，特別淡化天花板造型的視覺美感，增加儲物空間，電視主牆的上方看似間接照明，其實是屋主樂高玩具的收藏，利用中樑的空間搭配實木的間接照明淡化維修孔，更能利用天花板強化收納功能。由於室內採光不佳，故在天花板上裝設許多照明設備，由於擔心光源過度明亮造成眼睛不適，特別將每個空間的光源區分成好幾個開關。天花板接觸牆壁面的交界處溝縫，採用油漆及矽利康收邊。白色立體的天花板搭配些許的實木間接照明，讓空間更加突顯日式風情，並經由仿石材的主牆與業主喜愛的綠色來呼應玄關木紋磚及客廳霧拋石英磚，令整體格局更趨一致。

此物件因屋況老舊及樓層關係，並沒有消防灑水頭安裝於天花板，故客廳與餐廳能夠將天花板提升到最高，讓一家人享有輕鬆自由的生活空間。

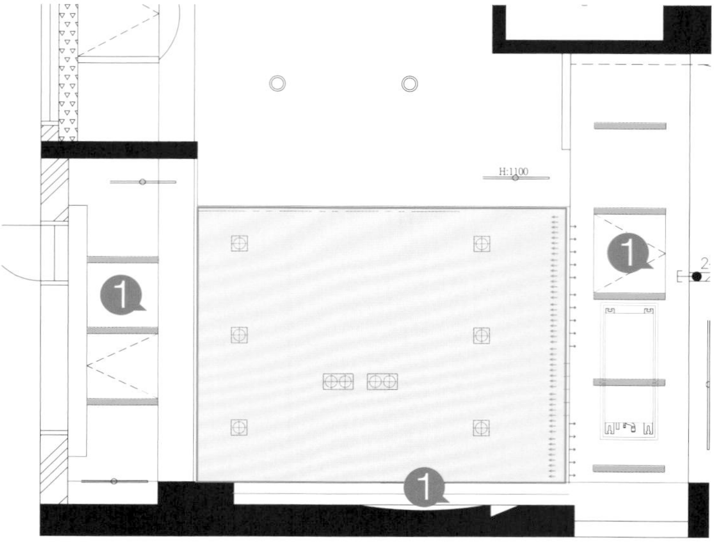

【恆岳空間設計有限公司】
Designer:蔡岳儒

客廳區域天花板整體挑高界定空間。

策略關鍵：

❶藏有收納功能。

Heng Yueh

間接照明營造天花板細緻感，搭配主燈增添韻味

四周間接照明夾帶線板為底層，在最上層的天花板為了不讓高度太過壓迫，只在客廳的中間以線板圍繞，並搭配主燈來增添韻味。由於天花板上有電燈配管及管線、開關的配管及管線、冷氣銅管、消防灑水頭、偵煙器等設備，為了不要外露讓這些管線，於是先將最高層的天花板降低來包覆所有管線，再利用第二層的天花板來修飾及增加光源。而由於此物件地理環境極佳，平日室內光線非常充足，故選用優美的水晶燈搭配可以減少眩光的嵌燈即可。同時針對天花板接觸壁面的交界處溝縫，採用線板、油漆及矽利康完成收邊，並透過造型牆與家具陳列，與地面抛光石英磚進一步產生協調關係。

【恆岳空間設計有限公司】
Designer:蔡岳儒

——	間接照明
——	天花板分割線
▒	高天花板處
↓↓↓↓↓	冷氣出風方向

淨高空間理想的空間，搭配挑高天花板與吊燈就能成為亮點。

策略關鍵：

❶原本的大樑被造型天花板修飾。

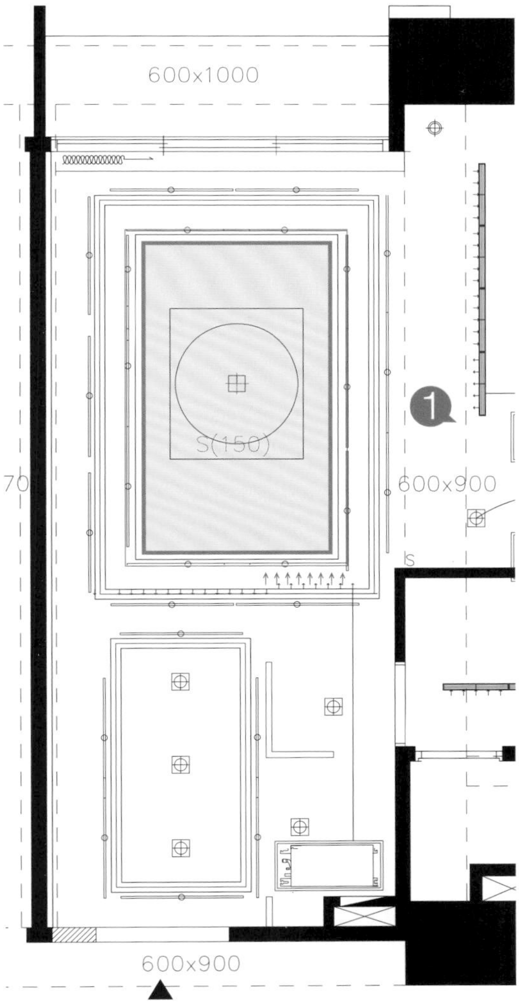

10 pure design

分區色塊對比紅色消防管線，在平凡中加點玩心

本案是兩戶打通，所以大門進來後會通向兩邊，一邊是通往儲藏室，另一邊是通往玄關再進入室內，至於壓低的天花板其實是順應走道寬度設計的，並沒有刻意與客廳挑高形成1：1的比例。設計師刻意壓低天花板高度並搭配明亮白燈，目的有二：一來是將冷氣主機與繁雜的管線隱藏其中，令視覺觀感更為乾淨；二來是透過高度的降低與冷調的光線讓人由玄關進入時，因感受到上方壓力於是淺意識中不想多做停留而快速通過，當離開玄關之後來到客廳，由於天花板挑高陡然拉升，於是便會產生豁然開朗的心理效果，心境也隨之開闊。客廳天花板保留原始結構，以創造挑高條件，且讓消防管線外露，除了遵守消防法規之外，紅色的消防管粗糙外觀也與玄關天花板的平整形成強烈對比，增添空間趣味性。

【拾鏡設計】

Designer:楊岱融、陳相妤

動線區域使用大面積白色與直接照明使空間明亮，座椅區域使用安定的藍色及間接照明，使人感覺放鬆舒適。

高低層次的天花板，刻意壓低隱藏了大部分的管線，使刻意外露的藍色挑高區域清爽乾淨，只留下具有特色的消防管線。

—— 間接照明
—— 天花板分割線
高天花板處
↓↓↓↓↓ 冷氣出風方向

只在公共區分成1:1的挑高天花板和降低區，取得空間劃分主從之別。

策略關鍵：

1 原本大樑

2 藏有投射燈光

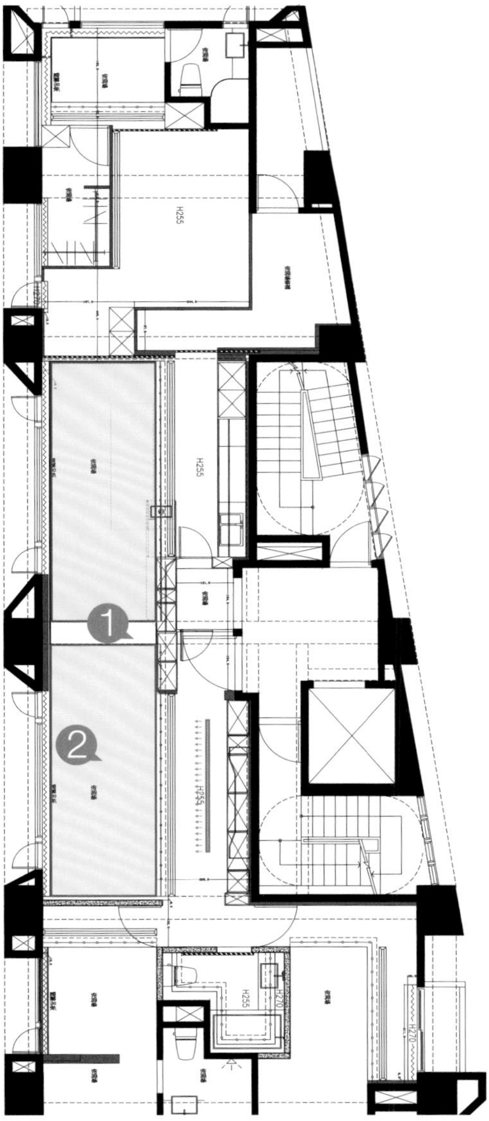

【寓子設計｜爵士藍調】
Designer:蔡佳頤

U Design

挑高天花板運用燈具配置，賦予轉換室內氣氛的意義

因為室內為挑高的空間，故規劃間接照明再加上幾顆嵌燈點綴，再以吊燈為主軸，讓空間看起來更有層次。餐桌就以壁燈來增添可樂石的溫暖，走道藉由數字燈做為裝扮同時也是夜燈，讓每個空間都有照明的意義存在。客廳以及上夾層利用燈具來分區塊，上夾層使用散光燈具讓人不會感到刺眼以及不舒適，而挑高的部分利用較聚光的燈具讓客廳有聚焦的感覺，想轉換氣氛的時候可以只開主燈或是只開聚光燈具，打造不同氛圍。除了以間接照明來烘托立體層次感，更透過木作包附冷氣管線，將其隱藏於天花板中，並以木皮包覆增添空間暖度及設計感，上夾層設置簡單嵌燈配置以不感到壓迫為主，讓人能夠在此空間長久待下去並擁有無與倫比的舒適感受。

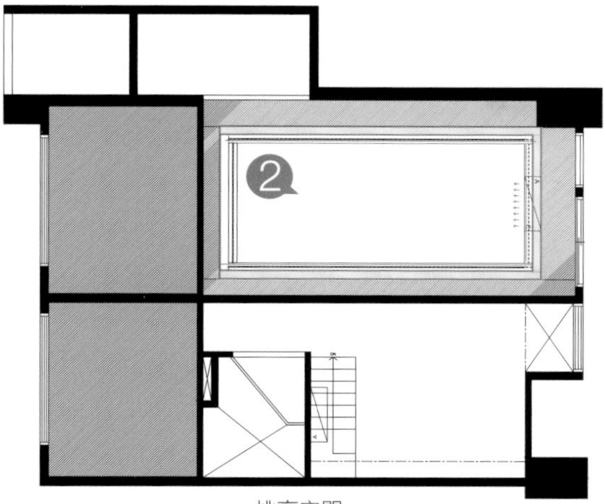

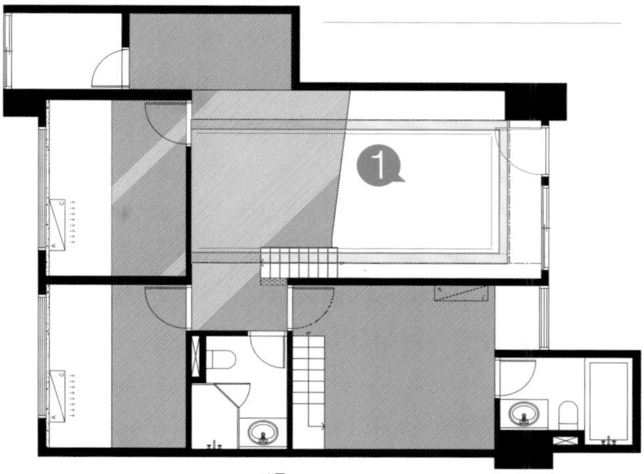

反間接照明
天花板分割線
高天花板處
冷氣出風方向

設計深色斜面天花板修飾大樑，其餘皆採白色塗裝

策略關鍵：

❶挑高空間為了不要帶出狹窄感，裝置較長的吊燈。

❷內有嵌燈投射減低深色沉重感。

所有管線都隱藏在天花板內，木做塗上純白色漆，展現簡約俐落的氛圍，視線也由此向前延伸。

為打造挑高不壓迫的空間，以吊燈為主角再加上幾顆嵌燈做為輔助，並將沙發背牆上的樑貼上木皮，造型主燈與嵌燈的搭配，當燈光打下去時會令空間看起來更有層次，也消除了橫樑的尷尬感。

[Bellus interior design]
Designer:王昭智

Bellus interior design

斜角天花板的藝術，兼具機能與美感

客廳天花板採用斜角設計，讓視覺變得更加柔和，而天花板所呈現猶如大廈屋頂的造型，帶有現代、前衛的元素，但又富含變化。另一方面，天花板周邊做出溝縫，其垂直與水平面刻意脱開，以確保日後不會發生油漆龜裂現象，也創造出層次美感。兩側有樑，所以透過斜角設計加以修飾，中間的天花板上方有管線，藉由封頂天花板遮掩，並加裝嵌燈，強化照明機能，而電視牆與天花板是刻意讓它們安排在同一條中軸線上，呈現對稱的視覺效果。設計師也針對燈具加以調整，採用 3000K 流明的黃色燈光，讓空間質感更為溫暖。

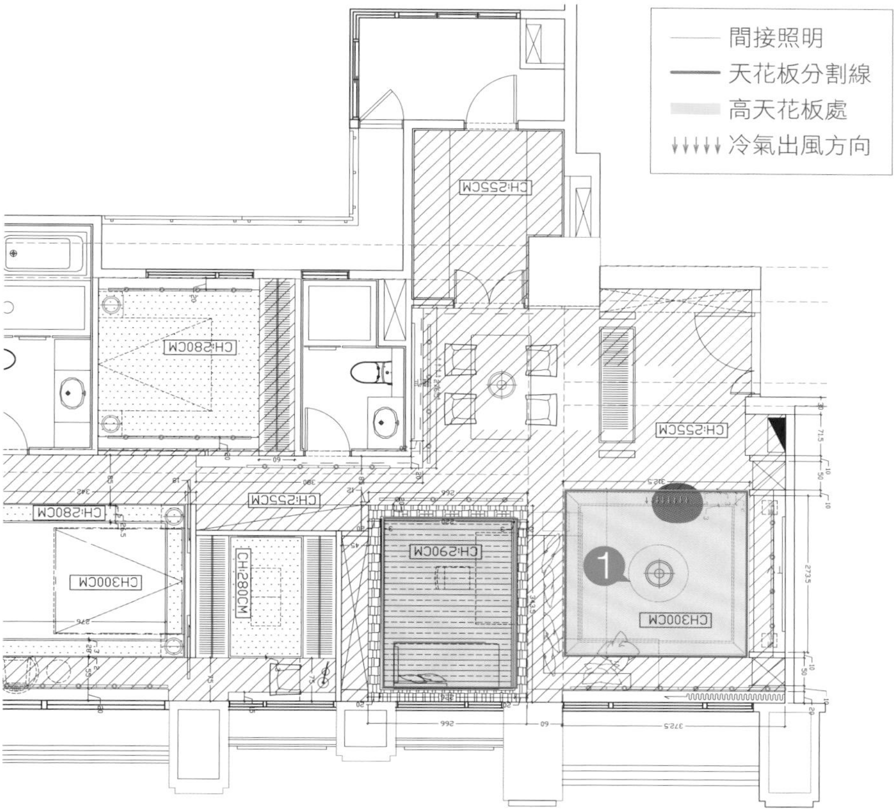

天花板高低會決定壓迫感的大小，因此針對天花板設計的尺度、比例須抓好，除了與整體室內風格搭配以外，還得整合消防管線、燈具設備、空調主機……等，最後無論從橫向或縱向來觀看，都必須保持外觀整齊。

策略關鍵：

❶最常使用的平頂式天花板，務必維持簡潔，不要有太多燈孔。

天花板頂部與四周刻意脫開，除了營造層次感之外，也避免日後因為天候關係所導致的龜裂現象。

挑高天花板有效消除壓迫感，斜切角度設計也讓空間氣氛變得柔和。

NOIR Design

皮革互搭玻璃天花板營造視覺交錯感受

在一片淺色系的室內空間裡，踏入餐廳轉變成另一種新鮮的視覺氣氛，最大的功臣就是頂上別出心裁的天花板設計。屋主本人偏好暗色擺飾，深色木造能賦予空間沉穩的氛圍，因此傢俱門框選用暗色系的比例偏高，設計師思考，要讓天花板呼應木作桌的顏色，不選用同樣咖啡色系改以黑色人造皮革，在天花板的底板之下將人造皮革與玻璃拼貼互搭而成，展現出沉穩中的現代感，融合強烈屋主個性的裝飾性天花板效果。配合硬質工業風的吸頂燈落下的黃光，映照在空間當中，創造出視覺上的交錯感受。

【諾禾空間設計Noir Design】

Designer:諾禾設計團隊

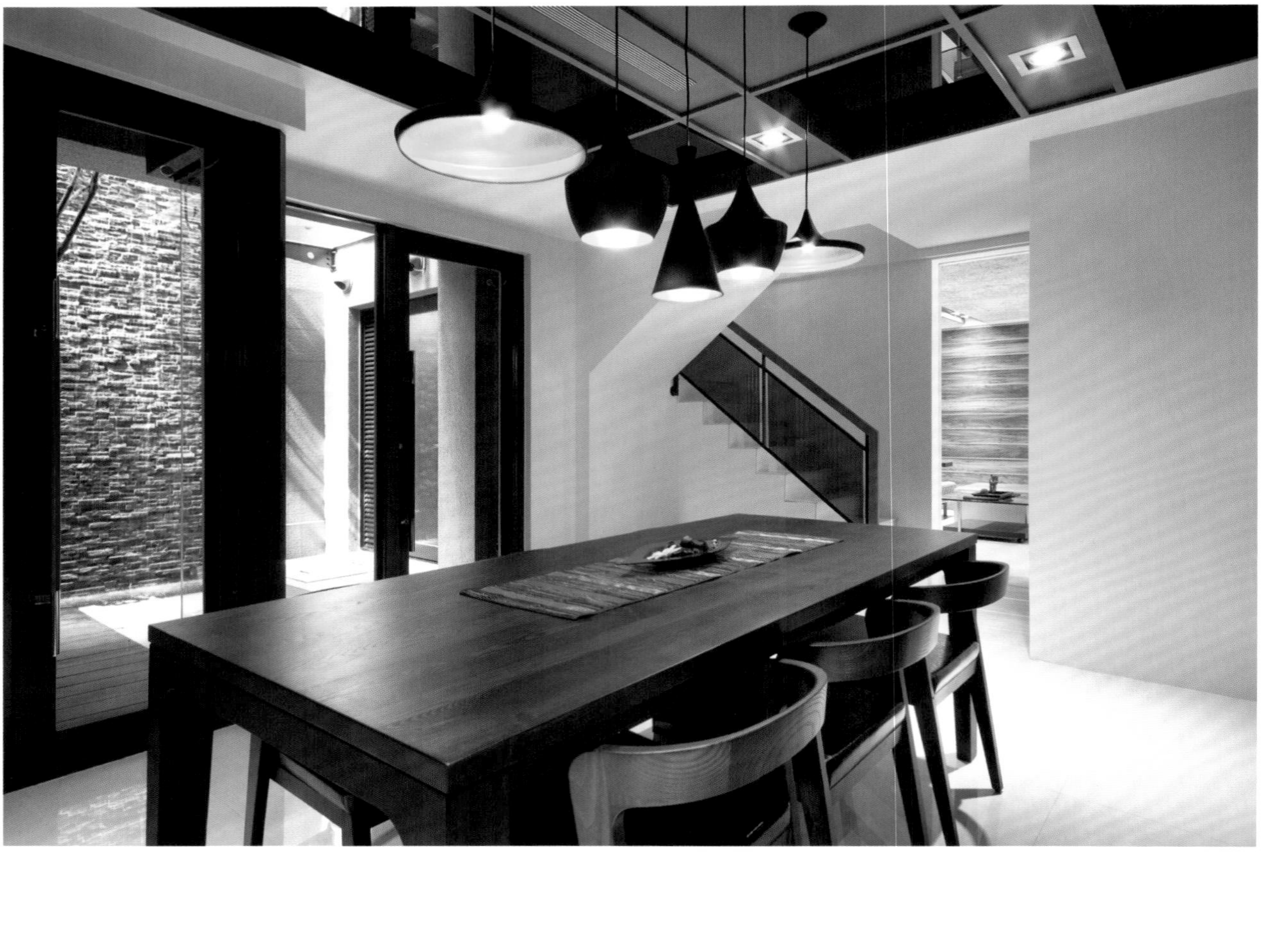

室外光源引進屋內，為深色系比例較高的空間產生一些舒適的時間流動。

黃色光源達到調和冷色系空間的效果。皮革與玻璃異材質搭配的天花板，突顯材質本身特點。

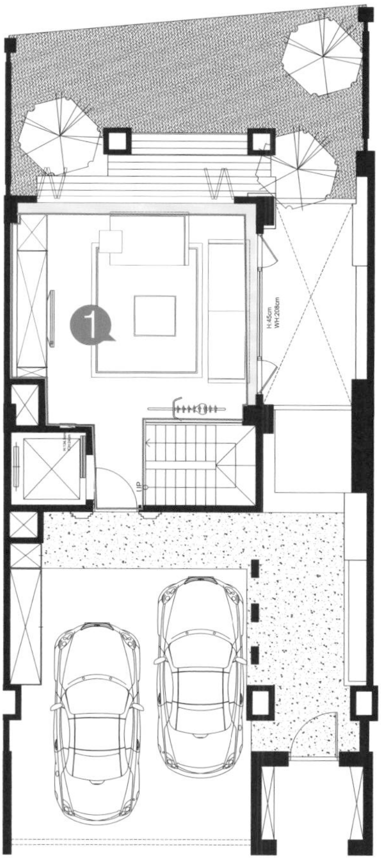

間接照明
天花板分割線
高天花板處
冷氣出風方向

希望用餐時有平穩的心情，因此降低天花板，本區為「坐」下的行為較多，所以略低的天花板是舒適的。

策略關鍵：

❶餐廳區黑玻璃與人造皮革的空間局部對應功能。
❷平頂式天花板要小心燈光安排，才不會有沉重感。

NOIR Design

老屋的印象轉變，玻璃天花板為室內純白添了純淨

傳統老房多屬傳統長形街屋，呈現前後狹長的格局。此案為一件落地四層的老屋改建案。年輕的屋主購屋後，與設計師商量希望融合現代化的新意另賦予老屋新氣象。最上層的空間為客廳相鄰的起居室，設計師設計出玻璃造型的天花板做出天井，光線自窗外再由天花板引進，讓其他暗房開窗的位置都能向著光源，藉此改善老屋內採光不足。最上層也以大開窗方式，以及錯落不規則的小窗為室內引進最大光源，屋內自有細膩的光線明暗變化。

【諾禾空間設計Noir Design】
Designer:諾禾設計團隊

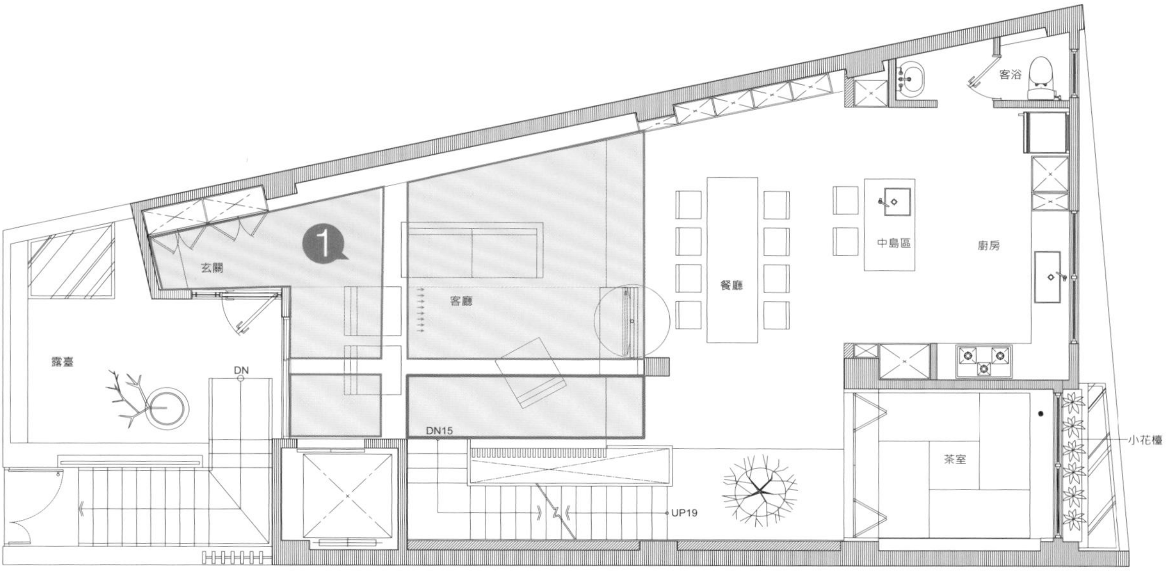

挑高室內避免陰暗部出現視覺死角，錯落的開口窗補助引進多角度的光源。

策略關鍵：

❶順樑切分四區域，讓客廳樑出現的自然。

不規則的壁上開窗為空間帶來些許玩心。

利用天井做好室內自然採光，空間也會被放大。

【意象設計】
Designer:李果樺

TriVision

露出建築的原貌，窄型格柵增添溫暖度

結構是產生建築樣貌的機會，先順著格局整骨，將玄關正面的臥室改到玄關的另一側，讓客廳和餐廳恢復應有的比例與採光，剛好在原始鋼骨大樑下分成開放式的兩區，鋼骨本身只塗了防火層（顆粒狀），看起來非常有趣，讓設計師想到一保留天花板原始接近的工業感，但是如此一來有顯得設計過度「單薄」，格柵就是理想的選擇。立板型的格柵有著現代的美感，鏤空的面積比立板多4～5倍，同時保留房子高度、建築粗曠與家的溫暖感，空調與消防管線也不會太明顯。拿鐵色的底層與原木色形成很好的調配。

臥室基於溫暖感，最好是將整個空間都包覆起來。本區天花板採用的是「脫開」的手法，與量的距離會比較遠。

拆除隔間牆把公共區放大，細長的木格柵帶著溫潤的美感，深色特意裝飾的人工鐵柱，帶點紐約的工業風，並且好似撐起整個公共空間的視覺重量，與另一側封閉的臥室取得的平衡。

左邊白色下降的長形走道整合了空調機件，同時也是分隔公共區與私密的的界線。

—— 間接照明
—— 天花板分割線
高天花板處
↓↓↓↓↓ 冷氣出風方向

只在客廳區施作木格柵天花板界定空間。

策略關鍵：

❶玄關前的走道保留大樑不修飾形成動線。

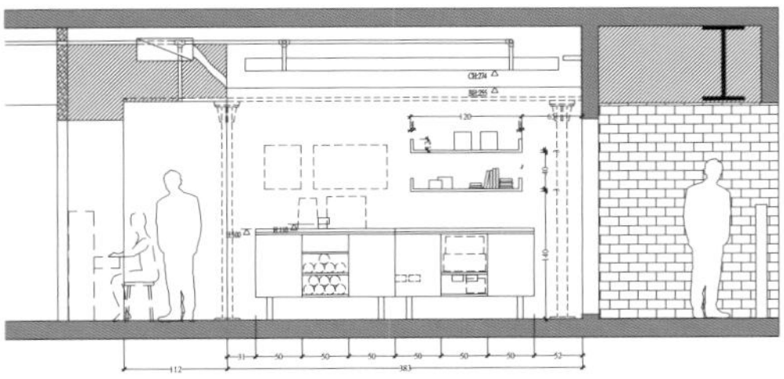

餐廳櫃面立面圖

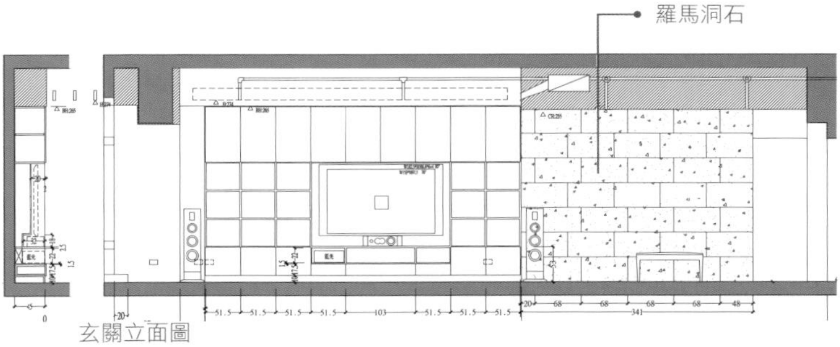

玄關立面圖

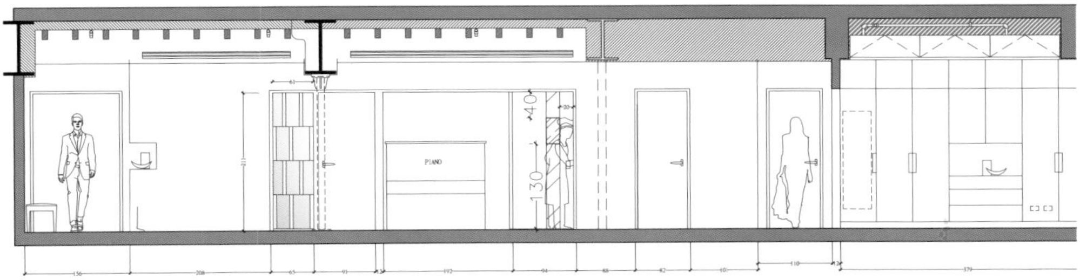

客廳立面圖

TriVision

利用天花板區域穩定舊有不安定的空間格局

一進大門就是餐廳與廚房區，加上餐廳兩側有兩條動線，顯得本區不完整也「不安定」，但又不適合用牆或櫃來處理，此時，天花板就是一個非常好用的幫手。首先使用面積佔比最大的蒂芬妮藍色 L 形框，從玄關包覆到走道底端，讓本區視覺比例與客廳書房區取的不對稱的趣味；第二層是用淺原木色包覆餐廚與公共衛浴區，從天花板到牆面一致處理，才不會有牆面斷掉的畸零感；雙重包覆的好處是，讓用餐區的空間定位鮮明，也有足夠的安全感。

餐廳背後的蒂芬妮藍牆同時也有展示功能，整個藍色一路往內縮，其實也有令上方的樑消失的功能。高度更低的淺色木皮使居住者在用餐時更有安全感，將餐廳、廚房、衛浴牆面統一包覆，就是一種兼具整合與美感的跨界設計。

【意象設計】
Designer:李果樺

——	間接照明
——	天花板分割線
▒▒	高天花板處
↓↓↓↓↓	冷氣出風方向

只在玄關前的大樑採用塗色L框天花板。

策略關鍵：

1+1兩層天花板將玄關入口、餐廳、衛浴結合在一個區塊內。

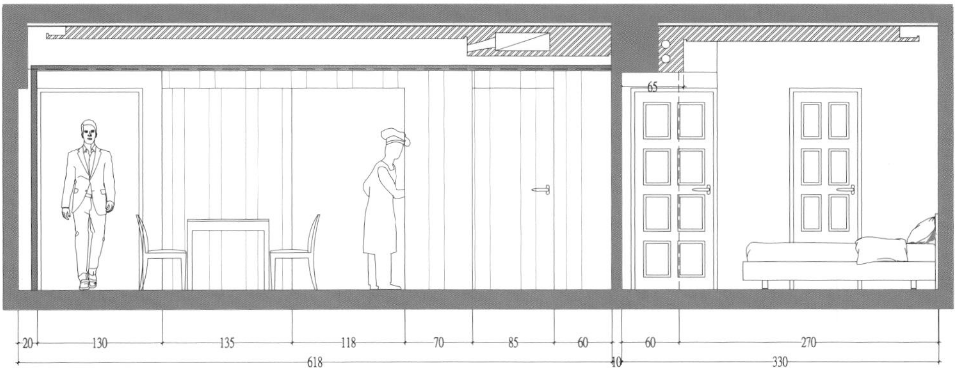

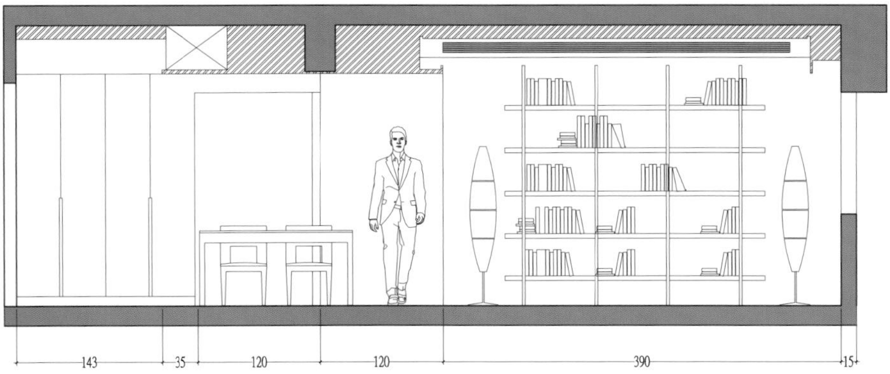

圓弧天花板融合家的空間，45度角的光感時尚

本案為畸零空間的樓中樓，除了臨窗牆，沒有其他完整的安定面，諸多轉折角隅讓空間顯得瑣碎狹小。如何克服平面格局是最大的難題，設計者索性將基地缺點轉化為空間特色，先運用入口左側的收納櫃製造玄關，同時收納鞋櫃與冰箱；再將活動電視牆設在轉角處，讓客餐廳都可觀看電視，但為了修飾電視後方的銳利直角，設計者拉出一排45度角的收納櫃，修飾直角的尷尬位置。最後用一道圓弧天花板串聯廚房、餐廳與客廳，完整道出家的意象。這道弧線不僅化解壓樑，讓畸零空間融為一體，也修飾了視線所及的稜角；搭配間接照明，讓圓弧更加明顯、柔和。

【你你空間設計Nini house】
Designer:林妤如

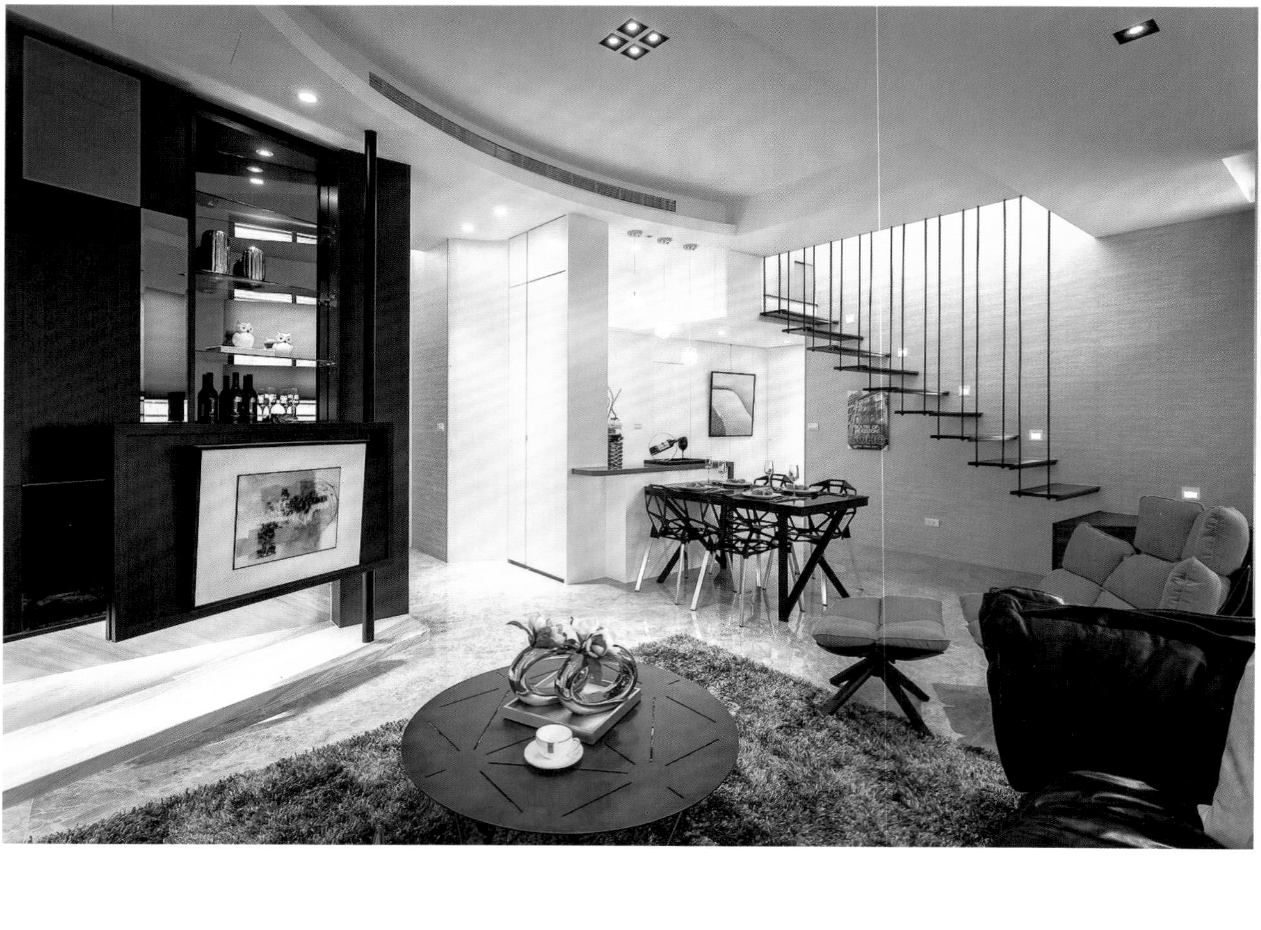

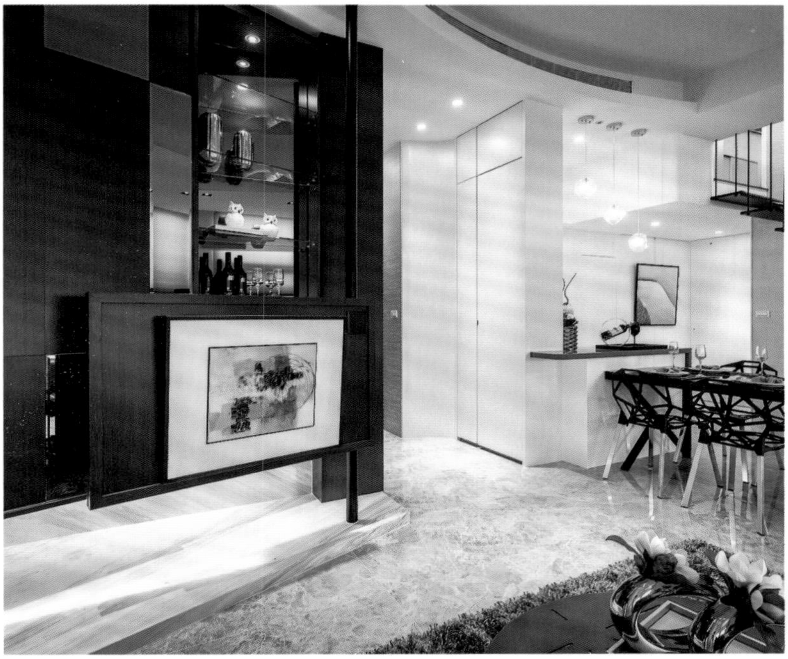

可靈活轉動的電視牆，呼應天花板的圓潤弧度。

45度斜面的櫃子。

天花板弧線串連客廳與餐廚，讓畸零空間不再瑣碎。

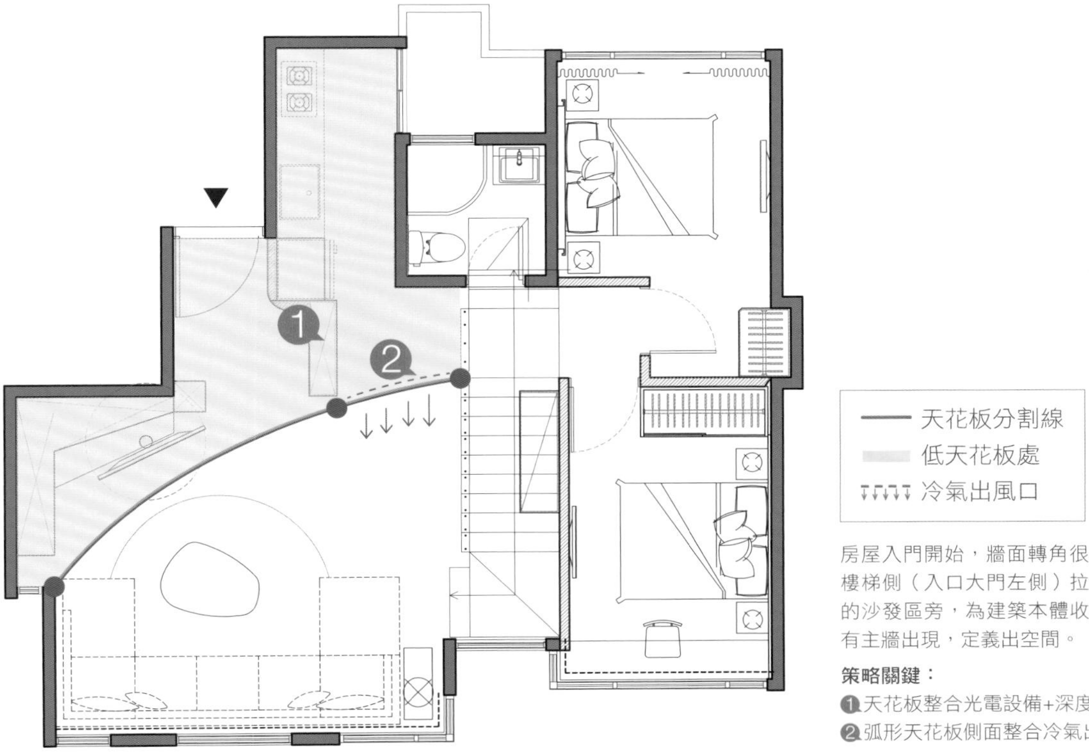

房屋入門開始，牆面轉角很多，因此天花板自樓梯側（入口大門左側）拉出一道圓弧至客廳的沙發區旁，為建築本體收尾，無形中讓客廳有主牆出現，定義出空間。

策略關鍵：

1 天花板整合光電設備+深度可安裝直接照明。

2 弧形天花板側面整合冷氣出風口。

Nini House

天花板折角面提升高度，異材質高低分區

本案是三代同堂的大型住宅，卻面臨沒有玄關的情況，屋主仍希望視覺上有清楚的空間劃分。因此設計者以木質天花板縱深向內，將視覺引導至落地窗旁的格柵，以藝術藏品創造優雅端景，巧妙運用景深賦予場域意義。同時，利用客、餐廳之間的樑位落差設計低調的天花板折角，運用折角面提升客廳尺度，以上揚線條與間接照明接續溫潤的木質天花板，並暗示客餐廳的區域劃分。用餐區域以逐漸上升、堆疊的天花板造型對應長型餐桌，為用餐場域開創空間感受，並讓視覺聚焦於大面書牆。整個空間皆利用同樣的折角手法賦予開放區域清晰完整的語彙。

[你你空間設計Nini house]
Designer:林妤如

入口進門沒有玄關，以略高的異材質天花板帶出有形的視覺導向。

策略關鍵：

❶拉高天花板+間接照明

❷餐桌與客廳使用塗裝天花板，對比入口前的木造天花板。

漸層上升堆疊的天花板定位出不壓迫的長型餐桌。

三種材質的天花板造型，搭配往兩側漫射的照明，暗示三個機能區域。

入口延伸向內的木質天花板為大宅導入端景。

Nini House

木作天花板連接展示壁櫃，充滿夫妻的童趣與回憶

30坪的新成屋是新婚夫妻的第一個家，除了簡單舒適的風格基調，希望將兩人共同的收集興趣展示在空間中。為了修飾格局中央突兀吃重的大樑，設計者設置一左一右的壁櫃與電視牆，以一淺一深的色彩區塊平均劃分客餐廳；並在中間創造了一道木作天花板，一路延伸向內，至廚房門片轉折而下。溫潤的木質天花板不僅化解壓樑，同時搭配嵌燈照明將生活動線指引向內，串聯空間縱軸。對應天花板的壁櫃則平整切齊樑體深度，規劃成收納展示的開放櫃體，擺設兩人於世界各地收藏的星際寶貝史迪奇、隨行杯，以充滿童趣與回憶的收藏品創造廊道端景，凝聚家的歸屬感。

【你你空間設計Nini house】

Designer:林妤如

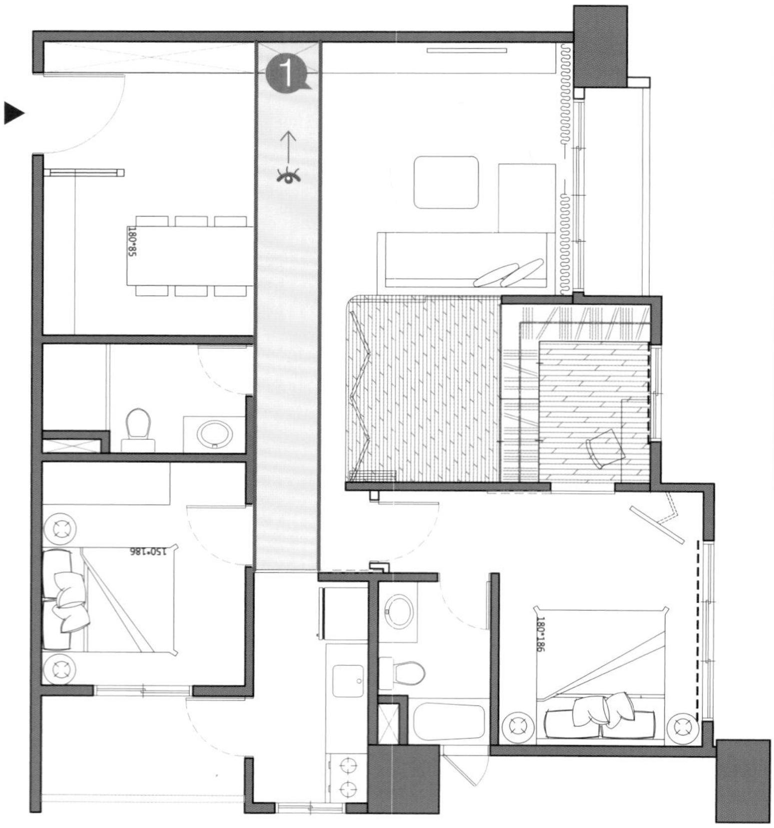

視覺停留
樑修飾線
低天花板處

作為不停留區的走道，天花板還指引自入口一路向屋內的動線。

策略關鍵：

❶降低樑的高度+照明設計

客廳區域保留原始屋高，創造空間段落的挑高感受。

木作天花板穿越公私領域，緩和大樑的壓迫感。

Nini House

鏡面天花板 共譜現代新古典饗宴

踏入玄關後，筆直延伸向內的玻璃茶鏡首先映入眼簾。設計者以鏡面搭配天花板的拉框造型，先化解橫樑的壓迫感，再將視覺引導至明亮窗景，讓空間具延展效果，並以動線劃分開放空間與後方書房。面對電視牆，俐落的天花板茶鏡接續書房的清透玻璃，最後延伸至大理石電視牆，不同材質共譜出和諧的輕重韻律。鏡面天花板上的照明選用超薄嵌燈，和橫樑間只有2公分的輕薄距離。設計者分享近來鏡面玻璃的接受度逐漸增加，但須注意擺設位置，避免視覺干擾，且鏡面天花板的照明必須向下聚光，避免選用間接光源，光線才不會被鏡面反射吸收。

【你你空間設計Nini house】
Designer:林妤如

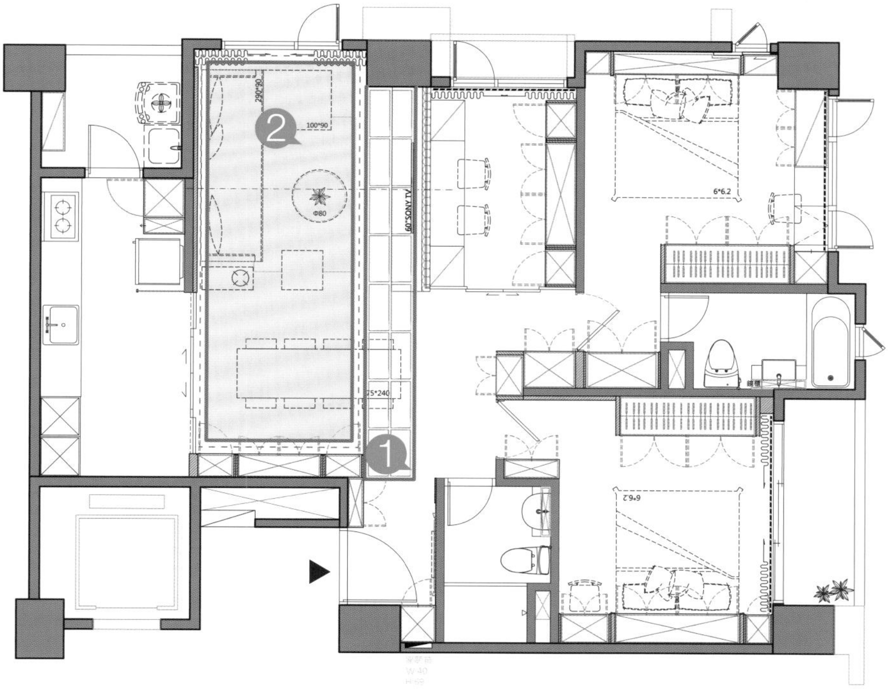

鍍鈦鏡面天花板
天花板分割線
高天花板處
間接照明

進門後先壓低、後拉高的天花板，可放大室內空間。

策略關鍵：

1. 鏡面天花板修飾大樑+區分公共與私密區。
2. 長型天花板收攏客餐廳。

由玄關延伸向內的玻璃茶鏡化解壓樑並區分公私領域。

鏡面天花板以俐落線條放大空間尺度，延伸視覺。

鏡面玻璃上選用超薄嵌燈，將光源匯聚向下。

Nini House

簡約天花板造型 順著建築修飾與變化

客餐廳是一家三口經營知性生活的公共空間。尺度開闊、樓高充裕的客廳選用倒吊天花板，定義家人交流的開放場域，並以間接光帶勾勒邊緣低調的斜切折角；簡約的天花板造型循序漸進鋪陳景深，不破壞開闊尺度，引導觀者視覺駐留在知性美感的木質書牆上。走廊順著大樑一路延伸至私領域，拉長空間尺度、收整機能，同時刻劃出獨立的餐廚區域。餐廳以純淨天花板襯托木色主題，並延續折角的造型手法，搭配氣孔嵌燈，呈現凹凸有致的視覺效果，為雅緻空間增添趣味性。

[你你空間設計Nini house]

Designer:林妤如

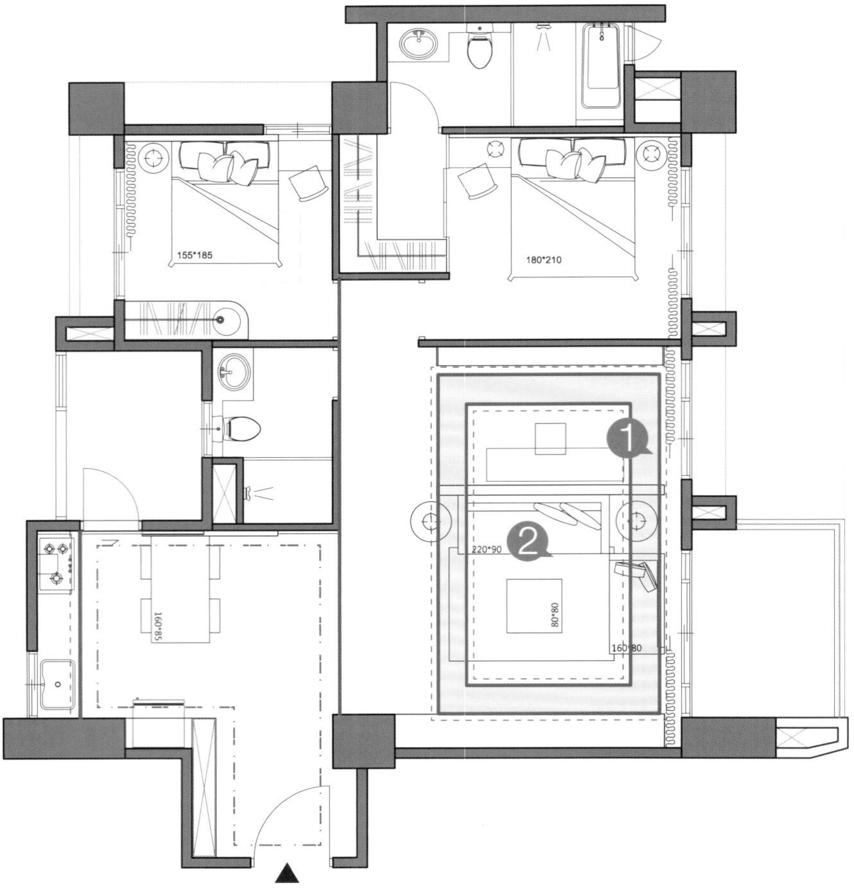

—— 天花板分割線
高天花板處
- - - - 間接照明
— · — 間接光帶斜切折角範圍

順應屋內大樑，將天花板拉高以穩定客廳區域。

策略關鍵：

❶脫開式的天花板+寬光帶提供足夠照明。

❷拉高的天花板爭取室內空間的寬闊感。

客廳的倒吊天花板搭配間接光帶，定義知性生活空間。

餐廳的天花板也以折角的手法點綴空間趣味。

CH4

美感鑑賞

天花板是個多元化的設計項目，有美麗與修飾的功能，
還要融入空間整體的設計概念，加入企業識別與居住習慣的調整。

台灣的表現手法擅長在實用主義之中找尋變化的蹤跡，
國際間的作品則是因為建築本體變化多，
可以展玩更大的原創發想。

〈圖片提供：Danny Cheng Interiors Ltd.〉

1

4

2

5

3

[你你空間設計Nini house**]**

1. 2. 客廳矩形倒吊天花板化解壓樑、區隔樑位，以純淨造型放大空間。

3. 餐廳圓弧造型的倒吊天花板搭配流線燈飾賦予團圓意象。

4. 直條紋天花板、鑽面壁櫃、線性床頭板，複合式線條呈現主臥氣度。

5. 提煉英倫風格的線性元素，以經典菱格紋天花板打造男孩房。

1.2.3. 在公共領域，利用天花板做空間上的區隔，並搭配層次感的設計，讓居家有挑z高的效果，空間視覺放大。

4. 由於男屋主喜愛現代簡約風，女屋主喜愛法式古典風格，設計師在空間上將兩者做結合，而天花板則使用古典層次線板妝點。

1

2

【好室佳室內設計】

1. 在百坪的辦公空間中，不加隔間牆，以直線的延伸擴大視覺，展示出企業的延綿不斷的活力與長久的經營，全室空間以純白為基底，再點綴企業活力色。
2. 天花板的光軌設計，承沿一貫的科技形象，創造一個絕佳數位空間，利用光的速度、軌跡表現整體設計理念，設定透光的比例形成光束，造成視覺上的速度感，透過玻璃隔間的折射，無限延長光的軌跡。
3. 由辦公空間延伸至室外公共空間，梯廳部份以黑鏡、大理石為主打造一個氣派且具有光影的空間，天花板採用輕鋼架設計，排成一格一格的白色方塊，加上燈光照射，讓空間光影變化更加活潑趣味。

3

1

3

2

【好室佳室內設計】

1.2. 因應長輩希望家庭圓圓滿滿，所以設計師在客廳天花板中巧妙地加入其元素，搭配圓形水晶燈飾營造出圓潤柔和的觀感。

3. 設計師亦發揮巧思將冷氣維修孔，完美隱藏在天花板的造型與燈光後，並做修飾讓光線更立體明亮。

1.2. 設計師透過透視法設計，創造獨特的人與空間的互動性，讓生活更加有質調，也讓空間呈現不同的風貌。

3.4. 挑高的房型在天花板上可以發揮的作用很多，透過屋主喜愛的風格做簡單的設計，將照明、空調機能含在其中，另外照明燈光同時又可以照亮2樓空間，真的是一舉兩得。

1

2

4

3

1

3

2

[好室佳室內設計]

1. 開放式廚房與餐廳，延續樸質的溫度，以黃色調勾勒出餐桌上的溫馨感，餐桌上方天花板使用圓形線板，富含團圓意味。

2.3. 廚房小吧檯除了方便女屋主與客人對話，也兼做廚房與餐廳的分野。而天花板也相互呼應，將兩空間做視覺上的區分。

1

2

3

[好室佳室內設計]

1.2. 各空間利用不同折射材質，使空間擁有更多不同表情，也增加空間寬闊的視覺感。

3. 天花板上方的大橫樑，運用灰鏡加木紋格柵設計，橫向的溝縫帶動視覺上的延展，巧妙的使樑成為造型的一部分，設計師擴大感的設計，使空間更具有獨特魅力，吸睛度百分百。

2

[林祺錦建築師事務所]

1. 韻律起伏的天花板造型為空間植入活潑氛圍。
2. 格柵材質選用香杉，散發淡雅木氣。
3. 建築外圍的木格柵轉至室內，延續室內外的視覺感受。

1

3

【林祺錦建築師事務所】

1.2. 「外凸」的方塊天花板呼應「內挖」的建築立面。

3. 室內玄關的木格柵天花板，回應牛奶盒的建築原型。

4. 開放式廊道以凹凸有致的天花板造型點亮回家的路。

【直方設計Straight Square Design】

設計師不選擇全部封頂的手法，只在大門口與吧台區以木造天花板區分地域位置，為室內空間增添一抹新意。

[聯寬室內裝修]

1.2.3. 透過創建不同的天花板高度，它也可以幫助空間區塊定義。

4.5. 天花板以線型造型為主，透過LED調光燈光照明擴展來創建高天花板，從而解決空間中的大列。

[芸采室內設計]

1. 以木質主題打造舒適的泡湯空間，滿足屋主的生活重心。天花板材質選用寮檜，泡湯時可享受獨特的檜木香氣。
2. 間接照明藏於天花板側邊，不影響泡湯的放鬆視覺。

1

2

[芸采室內設計]

1.2. 天花板的韻律節奏增加廊道延伸感，將視覺引至壁面端景。

3. 凹槽內藏投射燈，以溫和光源賦予進出的氣氛轉換。玄關天花板以深色的分割凹槽呈現深淺反差，拉高空間層次。

[隱室設計]

1. 業主喜歡中性甚至帶點陽剛的風格，客製化訂製的鐵網櫃與放置樂器的固定夾器結合，看似擺設藝術以外也兼具實用性。
2. 因應著固定窗的分割與平面圖上的配置，將電線以垂直水平的方向性呈現，天花板與牆面為冷冽的水泥質感，紅銅色管線與暖白光相配，使整體空間融合為一體。
3. 空間雖小卻有著小陽台，適合創作者伴著陽光吸收靈感，簡潔俐落的分割固定窗，利用金屬浪板作為陽台設計的一部份，與室內空間的金屬感相呼應。

【Neri & Hu】

保留原有建築的木頭樑柱天花板，拉高空間，融合新舊，散發樸實的人文調性。

[Millimeter Interior Design Ltd.]

摺紙的概念，打破辦公空間的制式窠臼，不規則的多邊立體線條從牆壁到天花板，任意伸展屈折，摺過來摺過去，摺出一個自由好玩、充滿無限想像的魔幻辦公室。

[HEI:interior]

開放的辦公空間，用木板穿過黑色鋼構形成三角形、長條形等鏤空天花板，搭配大片呈現木紋質感天花板，虛實層次交織，為辦公室帶來難得一見的自然愜意。

[Joey Ho Design Ltd.]

金黃色天花板燈槽下，以簡約線條打造樹屋結合溜滑梯，彷彿陽光恣意灑落，映照愉悅歡樂氣息。

[Millimeter Interior Design Ltd.]

裸露水泥、水管，搭配對稱的幾何鋼構造型天花板與支柱，並內置LED燈，
創造震撼的立體視覺效果。

[Danny Cheng Interiors Ltd.]

由室外水池的水波靈感，延伸到室內以一片片組成的白色波浪造型天花板，配合燈光設計，從白天到夜晚盡展不同的迷人空間風采。

【梁錦標設計有限公司】

大膽的把50年老屋橫樑融入天花板造型中，以新作的長方框穿插於舊有的2根大橫樑，佐以LED燈光照明，打造出立體的結構與光影層次，消彌大樑的壓迫感。流線造型的天花板，巧妙化解主臥室樑壓床的風水禁忌，內藏燈光照明，增添空間層次。

[PplusP Designers Ltd.]

將戶外一覽無疑的自然美景，納進室內化為餐廳天花板上的立體樹枝，並於天花板樹枝間懸掛球形吊燈，意味樹上結實纍纍，為家注入回歸自然的寫意舒適。

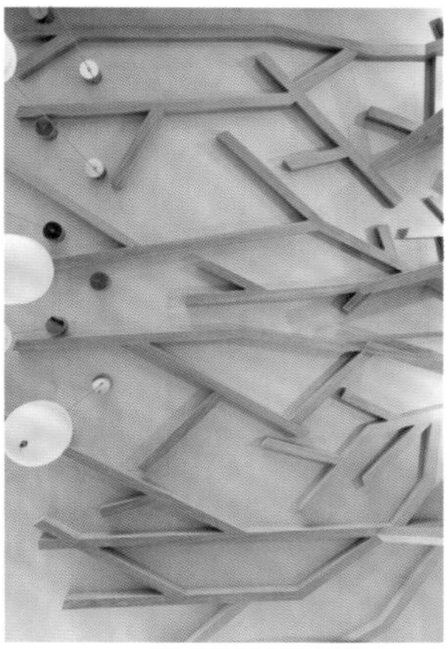

【劉汶霭裝飾設計事務所】

挑高七米的大廳，天花板以可開闔的電動天窗，讓屋主可隨氣候與需求自由調整光線。打開天窗自然光灑入室內，藍天白雲一覽無疑；關上天窗，金色天花板烘托恢宏大器。圓形天花板以黑色線條勾邊更顯立體，也與圓形水晶吊燈、圓桌、大理石圓形拼花圖騰地板相互輝映，散發高貴典雅氣息。

[Danny Chiu Interior Designs Ltd.]

內凹的不規則塊狀、圓形與長方形高低錯落交織而成的天花板，於開放寬敞的公共場域巧妙界定出客、餐廳與鋼琴區，以金箔勾勒客廳與鋼琴燈槽，完美演繹高雅生活品味。餐廳以鏡面舖貼於內凹的長方形天花板裡，加上量身訂作的水晶燈，空間更顯挑高優雅。

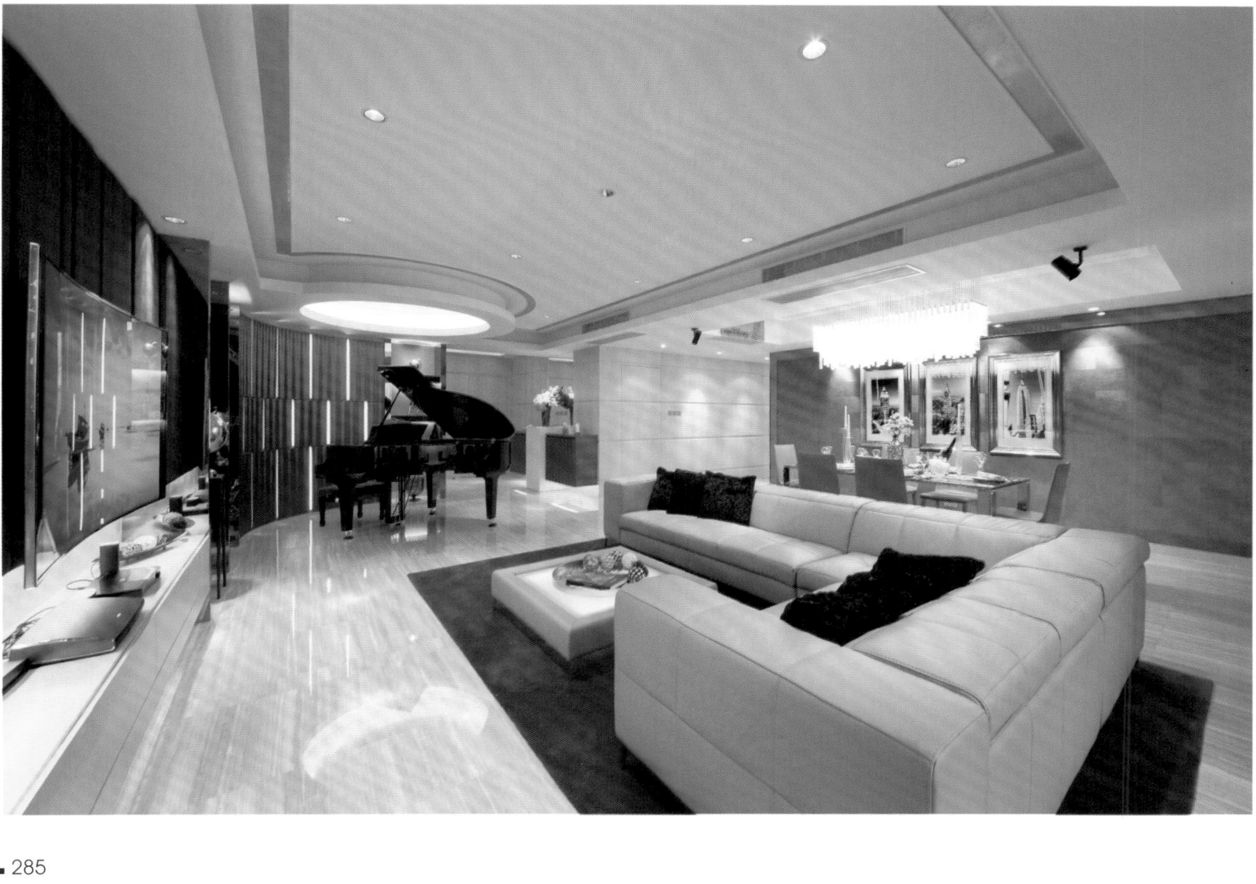

[Ben’ s Design Ltd.]

天花板四邊運用圓角收邊創造燈槽，配上加作一層弧形銀箔天花板，高低不同的形狀，塑造出立體層次；柔和的流線造型，刻劃一室優雅的律動旋律。

[Corde Architetti]

一樓起居室的木頭船板造型天花板，配上顯露在外的粗獷實木橫樑，樸實溫馨的自在氣息於空間四處飄散。

[SamsonWong Design Group Ltd.]

圓弧的設計語彙從地板、編織隔間牆，延伸到多層次的圓形天花板，內層搭配嵌燈、外圍內置圓形間接照明，柔化處處充滿律動的流線造型。

[Icon Interior Design Ltd.]

大廳天花板在四周以長方形內置嵌燈，搭配內凹天花板隱藏間接照明，再加作一圓形天花板配上圓形水晶燈，營造中西薈萃的寬宏大度與華麗精緻。天花板以雙層凹槽內藏間接照明，搭配最上層的旗盤造型鏤空天花板，虛實之間交織出獨特的現代古典氛圍。

[SamsonWong Design Group Ltd.]

高低天花板拉高空間層次，中心內凹圓形天花板作裂紋效果與圓桌相得益彰，加上知名設計Tom Dixon的Etch Web吊燈，為居家空間注入現代藝術品味。

[Thomas Chan Designs Ltd.]

樓梯間以白色、玫瑰金雙色交織的五角形鏤空圖騰，從牆壁蔓延到天花板，遮掩天花板的外露管線，更為走樓梯製造視覺美感。

【梁錦標設計有限公司】

不規則線條天花板，為簡約自然的空間注入不凡的品味，並有效轉移視覺，巧妙化解原本斜角的格局缺失。

[Kyle Chan & Associates Design Ltd.]

客廳灰鏡玻璃天花板，映照出室內優雅的家具陳設，也折射窗外一覽無盡的城市景觀，不僅放大空間，也讓空間處處玩味

[Smart Interior Design]

白色格柵天花板呈現極具層次感的線條，配上工業風吊燈，演繹多元化的混搭美感。

[Mon Deco Interior]

客廳典雅的歐式家具及藝術飾品，配以純淨的白色格子天花板，並用多層次線板內藏嵌燈，詮釋現代經典兼容並蓄的低調華麗。

【高文安設計公司】

以簡單的白色空間架構，搭配局部於天花板裝飾的古木片，略帶斑駁的木頭及彩色圖騰，與滿室來自屋主各式古物與家具傢飾的收藏，饒富藝術感，值得玩味。

[SamsonWong Design Group Ltd.**]**

木紋與水泥交錯的立體幾何造型天花板，宛如雕塑藝術品的精準比例，帶來視覺震撼效果。

[Danny Chiu Interior Designs Ltd.]

沈穩色調的開放式公共空間，搭配白色天花板佐以突起小圓形投射燈、以及窗台頂長條不規則斜角木天花板內嵌LED燈，可隨心所欲變化多種不同的燈光效果，營造精品飯店氛圍。餐廳天花板以多層次斜角木天花板　呼應胡桃木地板與名師設計玫瑰金餐椅，配上可轉換不同顏色的內嵌LED燈，襯托出非凡魅力。

[PplusP Designers Ltd.]

入口處以兩個內凹長方形交叉的簡潔線條天花板，呼應一長排的大理石小花朵拼花圖騰，描繪現代典雅氣息，更具界定客、餐、廚及引導動線的功能。刻畫於客廳天花板的白色花朵圖案，是擷取於舖貼於餐廚區大理石地材上的拼花圖案，天地錯落相互呼應，共譜一室的簡潔純淨而優雅舒適。

[Robert A.M. Stern Architects, LLP .]

對映木質地材的木質方格天花板，內置投射燈配上一盞水晶燈，為開闊寬敞的大廳挹注優雅自在氣息。

[ARRCC]

橫跨客、餐廳一片片拼貼組成的木質天花板，內置間接照明使木紋質感更加立體而細膩，將視覺延伸同時形成空間上的焦點。

[KNQ Associates]

客、餐廳天花板以半圓弧白色與水泥材質高低交疊，拉出空間層次，並巧妙將空間中的多種色彩與材質和諧融合，次臥室天花板以黑、白線條，延伸到壁面與櫥櫃，勾勒出立體塊狀組合，賦予空間簡潔明快有個性。

[Danny Chiu Interior Designs Ltd.]

橫跨客、餐廳整個公共場域的天花板，裱貼上大面積的小方塊金箔，搭配鏡框及楓影木勾出燈槽，層次分明中綻放香檳金色光芒，流露低調奢華的精緻尊貴。衛浴空間天花板舖貼鏡面，反射出清水白玉雲石舖飾倒影，放大空間，臻至氣派。

[Man Lam Interiors Design Ltd.**]**

藉由天花板燈槽轉角的圓弧，柔化原本客廳電視牆與廚房的斜角格局，將空間稜角轉化為優美的律動。

[Millimeter Interior Design Ltd.]

面對一望無盡的自然美景，天花板以平鋪式木條綴飾內藏嵌燈，視覺簡約俐落中盡是看不膩的河岸流動風光。

[Danny Cheng Interiors Ltd.]

輕薄木片如摺紙般在天花板上摺出立體而輕盈的流線造型，將視覺隨之延伸到戶外的大片綠意，置身其中，一派閒適寫意。

[Danny Cheng Interiors Ltd.]

宛如行雲流水的弧形線條天花板，從玄關、延伸到客廳、餐廳，高低層次的流暢線條內嵌投射燈，如滿天星光，譜寫出一室的柔美優雅氣息。

CAFEDECO

[Danny Cheng Interiors Ltd.]

沿用舊有餐廳重要裝飾拆下重裝的天花板鏤空圖案金屬板，配以新創的白色拱形天花板與延伸而下的Art Deco風格三角柱，以及訂製的紅銅框架吊燈，既保留昔日風味又有新意，重現璀璨流金風華。

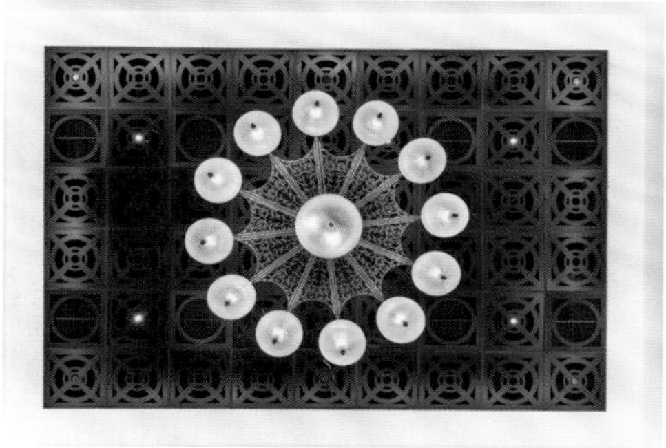

CH5

板材介紹

「工欲善其事，必先利其器」，

好設計要能選用適合的材質搭配，

才能表達設計師心中規劃、令屋主滿意的美感呈現。

本章列舉幾個應用範圍廣泛且可塑性強的材質作介紹。

資料提供：永逢企業、環球水泥、直方設計、水相設計

〈圖片提供：二三設計〉

名稱	特性	案例
TOTAL PANEL SYSTEM	1.Total 裝飾面板是一種新概念裝飾面材，集合「輕、薄、大、真」的建材優點於一身，為裝潢裝飾材質做重新的定義。 2. 全新一代的 (G.F.R.P.) 技術聚合天然氧化石材、強化玻璃纖維及聚酯樹酯纖維。板材能夠以極薄輕量化的方式鑄形生產，玻璃纖維賦予強度，聚酯纖維增加彈性及韌性。	 **永逢企業/**西班牙巴塞隆納城堡餐廳
舒活防潮裝飾板 (OSB 板、調濕板)	1. 環保再生林松木，通過 PEFC 森林驗證認可計畫 (Program for the Endorsement of Forest Certification) 。 2. 甲醛釋放量符合歐盟 E1 環保標準。 3. 以酚膠黏合木片，使木片無縫隙，300℃高溫製成，完成殺菌處理。 4. 板材表面上蠟，防蟲害 & 防潑水 (防止液體第一時間滲透板材)。 5. 具有保溫隔熱效能、防潮、防潑水、隔音、抗震抗風、抗蟲蛀……等優點。	 **永逢企業/**Three tea三茶手作飲品文山店
福瑞斯木纖企口板	1. 是由天然松木纖維製成吸音底板，表面再以特殊亮面 PVC 紙壓花製成。 2. 多孔結構可達到良好隔音隔熱效果。可應用於 PUB、KTV、音樂教室、醫院、鐵皮屋、飯店……等區域。 3. 企口設計，簡單可自行 DIY 安裝。 **注意：不適用於潮濕空間。**	 **永逢企業**
甘蔗板 (密集板)	1. 屬於低密度塑合板材，凹凸表面具有吸音效果，通常會作一些表面的防潮處理，是市面上被廣泛使用的板材。 2. 在水氣較重的地方板材容易膨脹，較不適合使用在浴室。	 **直方設計/**北投陳宅和室

名稱	特性	案例
福瑞斯木紋水泥板	1. 纖維水泥板製成，耐用穩定，使用年限長，有韌性，不易變形。 2. 水泥為主，具良好防水防潮性，耐腐性、不易蟲蛀，適合台灣海島型氣候。 3. 耐燃一級，室、內外都能使用，安全無虞。 4. 可用於庭園造景、浴室以及各種室內裝潢。	 **永逢企業/**森原六十六
康柏纖泥板	1. 松木纖維與水泥混合製成，因松木刨絲即浸泡水泥，使木絲有機細胞死亡，表面水泥披覆，蛀蟲不易啃食。 2. 多孔結構，可以發揮良好的吸音及隔音性。 3. 質地輕，結構穩定可以作為結構材料。 4. 厚度 15mm 以上，耐燃二級。	 **永逢企業/**台南星巴克
環球石膏板	1. 防火耐震不含石綿、甲醛等揮發性有毒物質，符合健康及再生綠建材認證。 2. 石膏板吸水長度變化率低，材質穩定。接縫處不需離縫且不易龜裂。 3. 石膏不會老化，所以石膏板經久耐用。 4. 環球石膏板可回收再製，是最環保的板材。 5. 環球石膏板屬耐燃一級之板材，不會引燃，確保生命財產的安全。 6. 環球防潮石膏板吸水率 10% 以下，不易受潮。	 **環球水泥**
玻璃纖維加強石膏板 GlassFiber Reinforced Gypsum(GRG)	1.GRG 是一種特殊改良的纖維石膏裝飾材料。 2. 可塑性高，可加工成單曲面、雙曲面……等各種幾何形狀以及浮雕圖案。 3. 不受環境冷熱、乾溼影響素材。符合專業聲學反射要求，適用於大劇院、音樂廳等場地。	 **水相設計/**知美診所

特別感謝 Special Thanks

依章節次序排列(圖片版權分屬設計公司／MH 雜誌／Before+After 所有，請勿翻印)

台灣

大湖森林室內設計公司 02-26332700
http://lakeforestdesign.pixnet.net/blog

DS&BA Design Inc 伊國設計 02-25216986
dsbadesigninc.com

築川室內裝修設計有限公司 02-27772178
https://www.facebook.com/ 築川室內裝修設計有限公司 -212505699101853

新悅室內裝修設計有限公司 02-23120755
http://www.hsin-ho.com.tw/

恆岳空間設計有限公司 02-25627755
www.hengyueh.com.tw/

拾鏡設計·淨設計 04-23729735
https://www.10pure.design/

寓子設計 02-28349717
http://www.uzdesign.com.tw/

Bellus interior design 06-2211889
https://www.bellusspace.com/

諾禾空間設計 02-27555585
noir.tw/

意象空間設計 02-82582781
http://www.imagespace.com.tw/

你你空間設計 02-27595582
http://www.ninihouse.com.tw/

好室佳室內裝修股份有限公司 02-29997537
housegood.com.tw/

RK 聯寬設計 04-22030568
www.rkdesign.com.tw/

Insitu 隱室設計 02-27846806
www.insitu.com.tw/

永逢企業股份有限公司 02-22325028(總公司)
http://www.efcl.com.tw/

環球水泥 02-25077801
www.ucctw.com/

水相設計 02-27005007
www.waterfrom.com/

森境 / 王俊宏室內裝修設計工程有限公司 02-23916888
http://www.senjin-design.com/

林祺錦建築師事務所 02-66130988
http://cclarch.wixsite.com/ccl-architects

澄穆空間設計 02-25536997
http://mokdesign.com.tw/

格綸設計 02-27089811
www.guru-design.com.tw/

魏子鈞建築師事務所 04-22220152
https://www.studiodotze.com/

芸采室內設計 02-89682078
www.yuncai.com.tw/

福研設計 02-27030303
happystudio.com.tw/

YHS DESIGN·YHS 設計事業 台北 02-27352701
http://www.yhsdesigngroup.com/

直方設計 02-23880916
www.straightsquare.com/

參與室內設計有限公司 02-27005810
www.involvedesign.com.tw/

大不列顛空間感室內裝修設計·水田總部 03-5356475
http://britishdesigner.blogspot.tw/

一水一木設計工作室 03-5500122
http://www.1w1w-id.com/

思為設計 02-28824471
https://www.facebook.com/sw.design.ing

明代室內設計 02-25788730
www.ming-day.com.tw/

禾光室內裝修設計有限公司 02-27455186
www.herguang.com/

二三設計 23Design 03-3165223
www.facebook.com/23designinc.com/

特別感謝 Special Thanks

依章節次序排列(圖片版權分屬設計公司／MH 雜誌／Before+After 所有，請勿翻印)

國際

Kyle Chan & Associates Design Ltd.
+852- 28899408
http://www.kyle-c.com/

Smart Interior Design +852-23650809
http://www.smartdesignhk.com/

Mon Deco Interior +852-23110028
https://www.mondeco.com.hk/

高文安設計公司 +852-26049494（香港）
http://www.kennethko.com/

Robert A.M. Stern Architects, LLP
212-967-5100（美國）
www.ramsa.com/

ARRCC 021-468-4400（南非）
www.arrcc.com/

KNQ Associates +65-62220966（新加坡）
https://knqassociates.com/

Man Lam Interiors Design Ltd.+852-25286889
http://www.home136.com/

Neri&Hu
+8621-60823777 如恩設計研究室（上海）
+8621-60823788 如恩製作（上海）
http://www.neriandhu.com/

Millimeter Interior Design Ltd.
+852-28389669
https://www.millimeter.com.hk/

HEI:interior +852-21470228
http://www.hei-interior.com/

Joey Ho Design Ltd. +852-28508732
http://www.joeyhodesign.com/

Danny Cheng Interiors Ltd. +852-28773282
http://www.dannycheng.com.hk/?lang=2

梁錦標設計有限公司 +852-90131868
https://www.setmund.com.hk

PplusP Designers Ltd. +852-35903340
ppluspdesigners.com/

劉汶霮裝飾設計事務所 021-54231582（上海）
sadesign.y.115.com

Danny Chiu Interior Designs Ltd.
+852-23214138
www.dannychiu.com.hk/

Ben’s Design Ltd.
+852-24114278
+852-24127304
www.bensdesign.com/

Corde Architetti +39-041-5383317（義大利）
www.corde.biz/

SamsonWong Design Group Ltd.
+852-21040286
http://www.samsonwong-design.com.hk/

Icon Interior Design Ltd. +852-28878871
http://www.iidd.com.hk/

Thomas Chan Designs Ltd. +852-23081280
www.thomaschan.hk/

國家圖書館出版品預行編目(CIP)資料

天花板設計聖經 / 風和文創編輯部著. -- 初版. --
臺北市：風和文創, 2018.03
面；19*26公分
ISBN 978-986-94932-9-1(平裝)

1.家庭佈置 2.室內設計 3.天花板

422.32 107000041

天花板設計聖經
Plafond Design Ideas

作者 風和文創編輯部
總經理 李亦榛
特助 鄭澤琪
主編 張艾湘
編輯協力 idSHOW、香港 MH 雜誌
採訪 黃詩茹、王程瀚、李心純、楊亞欣
圖面繪製 盧彥瑾、許寶聰設計師
封面設計 盧卡斯工作室
版型設計 何仙玲
內頁編排 何瑞雯
出版公司 風和文創事業有限公司
公司地址 台北市大安區光復南路 692 巷 24 號 1 樓
電話 02-27550888
傳真 02-27007373
EMAIL sh240@sweethometw.com
網址 www.sweethometw.com.tw

台灣版 SH 美化家庭出版授權方
IESG
凌速姊妹(集團)有限公司
In Express-Sisters Group Limited
公司地址 香港九龍荔枝角長沙灣道 883 號 億利工業中心 3 樓 12-15 室
董事總經理 梁中本
EMAIL cp.leung@iesg.com.hk
網址 www.iesg.com.hk

總經銷 聯合發行股份有限公司
地址 新北市新店區寶橋路 235 巷 6 弄 6 號 2 樓
電話 02-29178022
製版 彩峰造藝印像股份有限公司
印刷 勁詠印刷股份有限公司
裝訂 祥譽裝訂有限公司

定價 新台幣 499 元
出版日期 2022 年 8 月五刷